U0170048

微孔混凝土技术及其在节能建筑中的应用

Cellular Concrete Technology and Its Application in Energy Saving Buildings

石云兴　蒋立红　宋中南
张燕刚　倪　坤　冯　雅　等编著

中国建材工业出版社

图书在版编目（CIP）数据

微孔混凝土技术及其在节能建筑中的应用/石云兴
等编著．--北京：中国建材工业出版社，2020.9
ISBN 978-7-5160-2763-9

Ⅰ.①微… Ⅱ.①石… Ⅲ.①轻集料混凝土－应用－
节能－建筑材料 Ⅳ.①TU5

中国版本图书馆 CIP 数据核字（2019）第 280899 号

内容提要

本书是关于微孔混凝土及其在节能建筑中应用的技术著作，主要内容有微孔混凝土拌合物的制备与基本性能、微孔混凝土制品的生产、力学性能和热工性能以及工矿废渣资源化相关内容等；还介绍了微孔混凝土外挂板、复合大板的挂装构造节点和挂装施工及其在重要工程中的应用等。

本书可作为从事微孔混凝土的生产、科研和管理以及节能建筑的设计和管理人员的参考书，也可供大专院校相关专业师生参考使用。

微孔混凝土技术及其在节能建筑中的应用
Weikong Hunningtu Jishu jiqizai Jieneng Jianzhu zhongde Yingyong
石云兴 蒋立红 宋中南 张燕刚 倪 坤 冯 雅 等编著

出版发行：中国建材工业出版社
地　　址：北京市海淀区三里河路 1 号
邮　　编：100044
经　　销：全国各地新华书店
印　　刷：北京鑫正大印刷有限公司
开　　本：787mm×1092mm　1/16
印　　张：18.5
字　　数：450 千字
版　　次：2020 年 9 月第 1 版
印　　次：2020 年 9 月第 1 次
定　　价：98.00 元

序

　　绿色建造一直是建筑行业追求的目标，它的基础是绿色建材，没有材料的绿色，就不能从根本上实现建造的绿色化，而围护结构材料又在其中扮演着重要的角色。

　　本项目团队依托中国建筑集团强大的研发平台，多年来在微孔混凝土及其建筑围护结构部品的领域潜心研究，不仅在绿色墙材产品和技术的研发方面成果丰硕，紧密对接市场，而且在基础性研究方面取得了可喜的进展。其成套技术和专利产品已在多项重点工程中应用，获得良好的技术社会效益和经济效益，被评为中国建筑集团 2018 年度科技一等奖。目前充分利用现场原材料的微孔混凝土保温装饰结构一体化墙材，已被北京—张家口冬奥会等重点工程列为首选围护结构材料，展现出广阔的发展前景。

　　本书内容是基于作者团队长期试验研究和工程应用的成果总结，同时吸取了国内外最新成果，具有很强的实用价值；本书的另一特点是技术纵深较大，系统性较强，内容丰富，从微孔混凝土的制备原理和工艺、性能、墙材制品的生产以及工程应用等都进行了较为详细的表述，且有一定理论深度和创新性，是相关领域工程技术和研发人员的一本很有价值的参考书。

　　在此祝贺本书出版，并愿为之作序。

中国建筑股份有限公司总工程师
中国建筑学会施工分会理事长
2020 年 8 月

前　　言

建筑围护结构的构造优化和材料性能的提升是提高建筑物节能效果的关键环节，微孔混凝土在热工综合性能、耐久性及施工便捷等方面有显著的优点。作为围护结构材料具备独特的优势，采用新技术提升其综合性能，发展高效的装饰、保温和结构一体化墙材部品正是我国绿色建造发展所急需。此外，采用先进技术手段使大量工矿废弃物变为微孔混凝土的优良组分材料，不仅拓宽了原材料资源渠道，也带来了更好的生态环境效益，是利国利民的长远之举。

本书的作者团队在微孔混凝土及其制品的绿色生产技术以及工程应用方面的研究已历时多年，成果不断应用于重大工程，获得了良好的技术社会效益和经济效益。作者团队在总结所积累的成果和经验的基础上，编写了本技术著作，内容包括了材料的基本性能与制备，墙材部品的生产、性能与工程应用等，期待本书能为我国建筑节能与绿色建造事业的发展贡献一份力量。

各章编写人员如下：

第1章：石云兴、蒋立红、宋中南；　　第2章：石云兴、张鹏、倪坤；

第3章：石云兴、宋中南、刘伟；　　　第4章：石云兴、任晓光、王庆轩；

第5章：王庆轩、石云兴、任晓光；　　第6章：张燕刚、石敬斌、刘伟；

第7章：张燕刚、杨少林、刘伟；　　　第8章：倪坤、张燕刚、杨昌中；

第9章：张发盛、倪坤、杨昌中；　　　第10章：冯雅、石云兴、张发盛；

第11章：石云兴、蒋立红、冯雅；　　　第12章：石云兴、蒋立红、罗叶。

在项目的实施和本书的编写过程中，得到了中国建筑股份有限公司总工程师、中国建筑学会施工分会理事长毛志兵教授的支持和指导，在此深表谢意。

同时，也十分感谢中国建材工业出版社对本书编写和出版给予的精心指导和帮助。

本书引用了诸多国内外文献，所引用的内容都已在参考文献中标明出处，向各位相关作者谨表谢意。

由于作者的水平所限，书中难免存在缺点和欠妥之处，恳请各位读者不吝指正（联系 E-mail：yunxing _ shi@sina.com）。

作　者

2020 年 8 月

目　　录

第1章 绪 论

1.1 混凝土与孔隙

孔隙也是混凝土的组分之一，在多数情况下，我们就是通过配合比和制备工艺使混凝土含有一定体积和特征的孔隙，从而赋予混凝土一些在密实状态下所不具有的性能，如热工性能、声学性能、抗冻性或渗透性等。这样的孔隙在总体上构成了一个"孔隙系统"，孔隙率仅是它的基本指标之一，还有孔隙的特征参数，如孔径及其分布、封闭或贯通性以及形状等。与此相关的混凝土就是根据这些参数来分类的，例如，常见的有多孔混凝土（porous concrete）和微孔混凝土（cellular concrete）等，前者"多孔"指的是由大孔形成的以透水、透气功能为目的的贯通孔隙体系，而后者"微孔"是以保温、隔热为目的的封闭小孔隙体系，而且都要达到一定的体积含量。一些情况下，孔隙对混凝土的性能会有很重要的影响，随着孔隙特征和总体积占比的改变，混凝土的性能会发生质的变化。

可以认为，迄今还未见到绝对不含孔隙的混凝土，至少含有毛细孔和胶凝孔，但是在孔隙含量和特征这个语境下，普通混凝土及高强度混凝土可视为密实混凝土，因为它们含有的孔隙体积所占百分比和孔径与上述两种混凝土相比是很小的[1-6],[17-19],[25]，即使普通混凝土及高强度混凝土为了提高抗冻性引入了一定量的气泡，我们仍视其为密实混凝土，因为引气量小，一般仅在5%左右，并没有从根本上改变其基本力学性能。

1.2 微孔混凝土的概念、分类与特点

1.2.1 微孔混凝土的概念与分类

微孔混凝土是密度为 $400\sim1600kg/m^3$，内部包含孔径小于3mm的封闭孔体系，孔径的最可几分布为 $0.5\sim1.5mm$，且孔隙总体积不低于25%的轻质混凝土，它包括泡沫混凝土和加气混凝土。泡沫混凝土是一个从历史上沿用下来的笼统的称谓，实际上如果准确划分，还可进一步细分为泡沫水泥、泡沫砂浆和轻骨料泡沫混凝土。但是由于历史原因，一直到今天业内对这些术语的表达也不尽统一，而且多数情况下把前两种也称为"泡沫混凝土"。虽然从混凝土的定义来看，有胶结材浆体能将骨料胶结成硬化体都可以

称为"混凝土",但是要准确地表达其意义,一般我们把包含了粗骨料的才称为"混凝土",否则称为"砂浆"或"净浆"。为了在本书中表述得方便且有针对性,表 1-1 中对相关术语的脉络做了一个简单的梳理。

表 1-1　微孔混凝土的分类及其对应的英文表达

微孔混凝土 (cellular concrete, CC)	泡沫混凝土 (foamed concrete, FC)	发泡水泥 (foamed cement slurry, FCS)	
		泡沫砂浆 (foamed mortar, FM)	
		轻骨料泡沫混凝土 (lightweight aggregate foamed concrete, LAFC)	陶粒泡沫混凝土 (ceramsite foamed concrete, CFC)
			火山渣泡沫混凝土 (volcanic cinder foamed concrete, VCFC)
	加气混凝土 [autoclaved lightweight concrete, ALC; autoclaved aerated concrete, AAC (欧洲); autoclaved lightweight aerated concrete, ALAC]		

在国内外,通过预制物理发泡工艺制备泡沫混凝土是目前的主流工艺手段,虽有通过化学发泡(产生气体为氧气)制备的发泡水泥等,但还没有成为主流,不在本书的讨论范围之内。这里统称的泡沫混凝土是包括通过预制物理发泡再与基材料浆相混合的工艺制备的泡沫水泥、泡沫砂浆和轻骨料泡沫混凝土系列,在需要指明时则分别采用各自的称谓,在不加细分的情况下,以 ALC 代表加气混凝土,以 FC 代表泡沫混凝土的统称,以 FCS 代表泡沫水泥,以 FM 代表泡沫砂浆,以 CFC 代表陶粒泡沫混凝土,在不致引起混淆的语境下也称 CFC 为微孔混凝土。

1.2.2　泡沫混凝土的细观形貌

由胶结材浆体、细骨料和轻质粗骨料通过预制物理发泡工艺分别制成的泡沫水泥、泡沫砂浆和轻骨料(陶粒)泡沫混凝土的断面细观形貌如图 1-1 所示。正常情况下,泡沫混凝土中的微孔基本上为圆形封闭孔,多为孔径不超过 3mm 的独立封闭孔,众多的孔隙形成网络体系,虽然孔隙多但不容易渗水。即使孔隙率相同,但由于孔径以及最可几分布的不同,对 CFC 力学性能的影响也会不同[15-16],[18-19]。

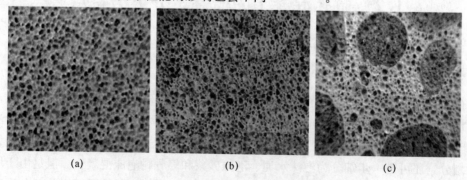

(a)　　　　　　　　　　　(b)　　　　　　　　　　　(c)

图 1-1　泡沫水泥、泡沫砂浆和陶粒泡沫混凝土的断面形貌
(a) 泡沫水泥;(b) 泡沫砂浆;(c) 陶粒泡沫混凝土

当泡沫混凝土制备过程中出现泡沫不稳定，如泡沫的合并、破灭或逸出等，则在断面上所看到的气孔的形状将不是均匀分布的封闭圆形，而是有各种各样的形状，特别是形成很多开放孔隙；当轻骨料的密度与含泡沫的基材浆体的密度不相匹配时，骨料会发生上浮或下沉而不是均匀地分布于基材中（详见第2章、第3章相关内容），这种情况对混凝土的强度和耐久性会产生比较大的负面影响，应该在混凝土的生产和施工中加以避免。

1.2.3 ALC 的生产原理与常用制品

1. 生产原理

加气混凝土（ALC）是微孔混凝土中的另一大类，如表1-1所示。虽然其内部结构与泡沫混凝土类似，但生产工艺完全不同，性能也有差别。加气混凝土（ALC）是由钙质材料（主要为水泥、石灰）、硅质材料（硅质砂、粉煤灰或火山灰等）、铝粉和石膏等制备料浆，浇筑后随着养护温度升高，铝粉和碱性组分反应产生氢气而膨胀，大量的微小氢气气泡形成微孔。坯体切割之后再于蒸压条件（8个大气压，180℃）下养护10多个小时而进一步水化硬化而成，形成的水化产物主要是板状结晶的托贝莫莱石（$C_5S_6H_5$），其化学和高温稳定好[5],[9],[17]，托贝莫莱石的形成与蒸压温度、钙硅比（C/S）和原材料的性质等因素有关，控制生产条件尽可能多产生托贝莫莱石，有利于提高制品的性能。图1-2是ALC的断面孔隙（a）和托贝莫莱石的微观形貌 ［（b），放大约5000倍］。

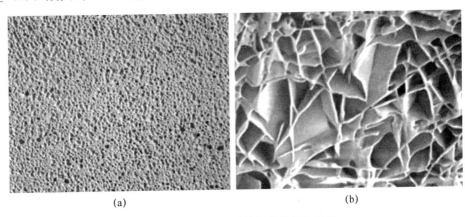

(a)　　　　　　　　　　　　　(b)

图 1-2　ALC 断面形貌与水化产物形貌

(a) ALC 断面形貌；(b) 托贝莫莱石的微观形貌（SEM）

2. 主要制品

（1）ALC 砌块

ALC 砌块是通过上述工艺原理经料浆制备、浇注、预养、切割、蒸压等工艺过程制成的轻质微孔硅酸盐制品。ALC 砌块的密度一般为 $500\sim700kg/m^3$，只相当于黏土砖和灰砂砖的 1/4～1/3；导热系数为 0.11～0.16W/（m·K），用其砌筑墙体可以使整个建筑的自重比普通砖混结构降低 40% 以上，大大提高建筑物的抗震能力，而且有良好的保温隔热性能。

ALC 砌块常用 590mm×240mm×190mm 和 390mm×190mm×190mm 等规格尺寸，用于隔墙的砌块强度等级一般为 A3.5，外墙为 A5，砌筑砂浆强度等级不低于 M5。

（2）ALC 板材

ALC 板材是利用与 ALC 砌块相近的工艺，但没有切割工序，加以配筋、立模浇筑、蒸压等工艺过程生产的预制轻型板材，ALC 的密度为 500kg/m³ 左右，由于配有钢筋，按体积得出的板材的密度稍高。ALC 板材有质轻、抗震、耐火、保温隔热和隔声等优点，通常为可用于轻型房屋、隔墙或外围护结构的墙材。ALC 板材的宽度一般为 600mm，厚度为 35～75mm 的多用于低层建筑、木结构的外壁或防火隔离层；厚度为 75～180mm 多用于中、高层建筑的钢结构、钢混结构的外墙和内隔墙等。图 1-3 所示的是其中类型之一板材的外观和挂装现场状况。

图 1-3　ALC 轻质板材和外围护结构挂装现场（日本）

1.2.4　各类微孔混凝土特点的比较

利用预制泡沫工艺生产的泡沫混凝土（FC）与 ALC 不仅其原材料和制备工艺原理不同，而且两者性能有诸多差别。ALC 由于其蒸压养护而形成了晶相为主的水化产物，其收缩值较 FC 低 30% 左右，化学稳定性也较好[9],[17]，但是与砂浆的粘结力较 FC 差，在其表面直接抹灰易发生空鼓、脱落现象，所以在抹灰时常采用加贴网格布或专用砂浆的方法；此外，ALC 的内部孔隙网络有较多的贯通孔隙，有资料表明其容易吸潮，抗冻融性不及 CFC，现将相关性能归纳于表 1-2。

表 1-2　不同类别微孔混凝土的特性

项目	ALC	FC
气泡形成的阶段	浇筑后发泡	预制泡沫
气泡产生方式与种类	铝粉与碱反应产生 H_2，化学发泡	发泡剂（表面活性剂）、空气，物理发泡
养护方式	蒸压	自然养护
可施工性	预制，程序化控制	可以预制和现场浇筑，现场控制有一定难度
与砂浆的粘结力	不良	良好

续表

项目	ALC	FC
收缩	较小	较大
微孔状态	孔隙之间连通较多	孔隙之间封闭较多
导热系数	0.17~0.25W/(m·K)	0.12~0.28W/(m·K)，依密度变化
脆性	较大	较小
抗冻融性	较差	较好

1.2.5　陶粒微孔混凝土（CFC）

将陶粒作为轻骨料引入泡沫混凝土制备 CFC，有几方面的效果，首先从在技术层面来看主要的效果有：

（1）可提高混凝土强度，降低拌合物密度（当然也降低了硬化混凝土的密度），也就是能够提高比强度，因为大多数情况下选用陶粒的表观密度低于基材浆体的密度；

（2）减小收缩，因为采用陶粒后减少了基材的体积量，而收缩主要来自基材；

（3）节能和绿色效果，CFC 及其制品具有质轻、隔热、耐火、抗震、隔声和可锯可钉等优点；而且用于 CFC 中的陶粒可以利用淤泥、下挖土和煤矸石等工矿废弃物作为原料来烧制，有良好的技术经济和环境生态效益。

此外，陶粒作为轻骨料引入其中还能降低材料成本。

1.2.6　利用生土和工矿废弃物的轻质微孔材料

泡沫混凝土另一种类型材料是轻质微孔生土材料，它利用与制备泡沫混凝土基本相同的原理，以 30%~50% 的土壤或泥浆（以干土质量计）取代水泥，制成水泥土（可以含砂）与泡沫的拌合物，可以现场拌制和就地泵送，用于坑道回填、基础设施管廊环外周充填稳定和护坡等。这一技术降低了材料成本，而且可将工程挖土就地利用，节省外运费用，具有经济和环境效益。

通过调整配合比和加入固化增强组分，将轻质微孔生土材料的抗压强度（龄期 28d）提高到 3.5MPa 以上，可以作为轻质墙体材料使用，特别适合于干燥少雨地区的生土建筑。用这种材料作为围护结构材料，将克服传统生土建筑保温性能差，强度低、不耐水等缺点，将带来传统生土建筑的一个重大进步（更详细的应用情况将在本章的后部分介绍）。

煤矸石及其自燃灰渣、工业炉渣和灰分都可以作为掺合料或轻骨料用于微孔混凝土，而且有相当一部分粉料具有对拌合物工作性的改善作用和火山灰效应。

1.3　微孔混凝土的发展历史简介

1.3.1　泡沫混凝土的发展历程与现状

泡沫混凝土是在引气混凝土的基础上发展起来的，而引气混凝土的雏形出现于

2000 多年前，当时的罗马人利用发热的石灰和水与粗砂、细砾石混合制备了最初的混凝土，正是在这一过程中发现混入动物血并加以搅拌，拌合物中能产生小气泡，而且拌合物的工作性变得良好，也提高了硬化后的耐久性。但是从现代的定义来看，这些还不能称为泡沫混凝土，只能称为引气混凝土，因为其中的泡沫总体积含量较低。而真正意义上的泡沫混凝土直到 20 世纪初才出现，瑞典的斯德哥尔摩开发了商业化的高含气量混凝土（可以称为泡沫混凝土），其中 Axel Eriksson 做了重要的基础性工作。应对极端寒冷的天气而寻求高效保温建筑材料正是瑞典开发这一技术的动力，泡沫混凝土作为隔热材料的首个专利产生于 1923 年，之后在全球范围内，特别是在欧洲和苏联作为保温材料得以广泛应用[8]。

在此后的几十年里，泡沫混凝土的设备和发泡剂都在不断进步，混凝土的性能也随之提升，使得它能应用于更广阔的领域。从单一的保温用途发展到坑道、旧矿井回填充，抗震和护坡加固等。例如，1980 年英国首次在苏格兰 Falkirk 的铁路隧道工程，用于环形隧道的外周填充，围绕隧道外的环形空间里浇筑了约 4500m³ 密度为 1100kg/m³ 的泡沫混凝土。在英国，最大的应用泡沫混凝土的工程是伦敦的 Canary 码头基础工程，为了加固公共事业电缆管廊和管道，将泡沫混凝土填充于外围环形空间，这一工程应用了 70000m³ 密度为 500kg/m³ 的泡沫混凝土[8]。

作为泡沫混凝土重要组分的发泡剂目前已经发展到第四代，从来源分，有植物蛋白类、动物蛋白类、脂肪酸类、合成类和复合类；从本身的性质划分有阴离子型、非离子型和两性类型等多种。实际应用时应根据对混凝土的要求以及原材料的相容情况做好试验和优选工作。

由于预制泡沫在混凝土混合料中难以稳定存在较长的时间，很难像普通混凝土那样制备和较长距离运输泡沫混合料。欧洲过去多采用混凝土罐车将预拌混凝土或砂浆运至施工现场，而在现场设置有气泡发生设备，在现场发泡直接注入罐车，罐车的自行旋转将泡沫与新拌基材混合均匀后出料浇筑，如图 1-4（a）所示。但是这种方法，可能由于运距的限制影响产量。近年来，泡沫混凝土制备工艺和技术在不断发展，正在朝着制备、浇筑施工一体化和智能化的方向发展。在欧洲，将原材料的装载、基材混合料的搅拌与发泡、注泡和搅拌一体化，也就是将原材料仓、搅拌设备、发泡设备装接成一个内联系统，并将整个系统装载在一个运输车上，可实施连续作业，并可随时移动，大大提高了施工效率，如图 1-4（b）所示。但是，此种运输车所配置料仓容量毕竟有限，当遇到工程对泡沫混凝土用量很大，又不能够在施工现场就近解决原材料，特别是水源补给的情况下，施工会有很大不便。

在日本，自 20 世纪 60 年代就有将火山渣与人造轻骨料（类似于现在的陶粒）用于泡沫混凝土的研究，并在工程中得以成功应用[22-24]。近些年来除了膨胀页岩陶粒轻骨料在混凝土中有一定的应用外，黏土陶粒已应用得比较少，而以使用泡沫水泥和泡沫砂浆的居多，这可能是由于土地资源相对不够丰富的缘故。但日本是一个火山渣（日语称轻石）资源丰富的国家，火山渣作为轻骨料仍在应用，可是火山渣比陶粒的密度大，不适合制备密度小，绝热性能好的泡沫混凝土。

(a)   (b)

图 1-4 现场使用的泡沫混凝土生产系统

(a) 采用预拌料现场加泡沫的生产方法；(b) 车载连续作业系统

1.3.2 加气混凝土及其制品的发展历程与现状

加气混凝土（ALC）是 20 世纪 20 年代由瑞典开发出来的，30 年代在我国上海就有厂家开始生产，主要工艺是用铝粉作为发气剂搅拌于浆体中通过化学反应发泡，但那时采用的还不是现代工业化的生产方式，而是自然养护的方法。当时的国际饭店、上海大厦和锦江饭店等工程都使用了这种砌块[21]。我国在 70 年代初从瑞典引进现代化生产线，采用蒸压釜进行蒸压养护，经过多年的国产化进程和技术水平的不断提升，目前年产量超过 1 亿立方米，并且实现设备完全国产化并向国外出口。ALC 在欧洲主要产品是砌块，日本在 20 世纪 60 年代就从瑞典引进 ALC 生产技术，结合其国内建筑业的需求，对技术进行了提升和优化，除了生产砌块外又开发了配筋的 ALC 轻型板材，大量应用于建筑外围护结构、内隔墙和屋顶保温隔热等。我国的 ALC 轻型板材生产技术最初由日本引进，现已在工程中大量采用。鉴于 ALC 制品在我国的应用已比较普及，相关资料也较多，在本书中将不作为主要内容来讨论。

1.4 微孔混凝土作为建筑节能材料的优势

1.4.1 流动性与充填性好

拌合物含有的大量微小气泡起滚珠轴承作用，使其易于浇筑和填充空间，可以作为混合料以自流平的方式进行施工浇筑，容易充填至狭小空间；既可以在施工现场浇筑，也可以在工厂浇筑预制板材或砌块等。

1.4.2 质轻且比强度高

由于 CFC 的质轻，能大幅度减轻结构静荷载，而且为了适应不同的工程用途，通过调整配合比，使密度可以在 $400\sim1600\mathrm{kg/m^3}$、强度 $2\sim15\mathrm{MPa}$ 内选择；可以和轻骨料（如陶粒、火山渣和工业废渣等）制备成轻骨料泡沫混凝土，其比强度、体积稳定性优势更为明显[20]。一般情况下，CFC 的比强度高于 ALC。

1.4.3 热工性能

有试验表明，密度为 $1000kg/m^3$ 的 FC 的导热系数是水泥砂浆的 $1/6$[8],[15-16]。在实际工程中，可根据建筑物对节能的指标要求，选择不同密度的泡沫混凝土用作围护结构材料，以及与其他材料复合作为围护结构材料与制品，满足建筑的节能要求。

虽然泡沫混凝土的导热系数要比聚苯板类的导热系数大一些，但是其热惰性值是聚苯板的近 4 倍，因此对房间内热量的储存和缓和室内温度剧烈变化有比较好的效果，在一个稳定的周期内，室内温度波动较小，避免设备频繁启动制冷或制热，可降低能耗，而且能增加室内的舒适感，因此从较长的使用周期来看，它较热惰性值小的材料节能效果更优[10-13]。

1.4.4 防火性能与耐久性

CFC 的原材料全部为水泥基材料和烧土材料，不燃，满足 A1 级防火指标，而且耐久性好，可以达到与建筑物同寿命，克服了有机保温材料的使用寿命与建筑物设计年限不相符的问题。

1.4.5 隔声性能

CFC 有良好的隔声性能，虽然密度较小，仅从对空气载声的阻隔效果来看，不如密度大的材料，但是由于其微孔体系有较强的吸声能力，使透过声能较小，因此总的阻断声音传播效果较好。作为建筑墙材应用时，通过设置一定的厚度和选择密度，能达到良好的隔声效果[12-14]。

1.4.6 易于重新开挖作业

作为 FC 和它的衍生技术之一的轻质泡沫土，施工后如发现需要更新施工或再挖掘，可以较为容易地进行重挖和再次充填作业，相对来说施工成本较低，而且挖出的废旧材料可以经过简单处理后重新作为轻骨料就近使用。

1.5 微孔混凝土的工程应用

1.5.1 泡沫水泥和泡沫砂浆

泡沫水泥和辅助性胶凝材料（如粉煤灰等）与水和泡沫混合，可以加入细骨料，通过高压气流推动拌合物在管道内流动输送，用于浇筑室内地暖隔热层、屋顶保温隔热层等，如图 1-5 所示。

(a)　　　　　　　　　　　　　　(b)

图 1-5　FCS 或 FM 铺设地暖和屋顶隔热层

（a）地暖隔热层；（b）屋顶保温隔热层

1.5.2　现浇泡沫混凝土墙体

对于非承重墙体可以采用现浇泡沫混凝土，由于其侧压力小，通常采用塑料卡扣模板，以气流泵送方法将泡沫混凝土浇筑于墙体模板内，拆模后的墙体如图 1-6 所示。

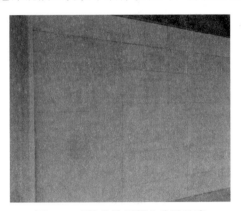

图 1-6　现浇泡沫混凝土非承重墙

1.5.3　CFC 轻质砌块

CFC 可以用来生产轻质砌块，有直接浇筑的砌块和浇筑坯体后经切割砌块，分为实心微孔和空心微孔砌块，主要规格尺寸 $190 \times 190 \times 590$ 和 $190 \times 390 \times 590$（单位为 mm），外观和尺寸如图 1-7 所示。砌块的密度为 $600 \sim 1000 \text{kg/m}^3$，用于砌体时根据荷载和热工要求选择。中国建筑技术中心改扩建三期工程中的内隔墙大量应用了 CFC 空心砌块，如图 1-8 所示。

1.5.4　作为生产轻质墙材部品的材料

1. 复合大板

将微孔混凝土与普通混凝土一次性连续浇筑制成装饰、保温和承载一体化复合大

图 1-7　CFC 实心和空心砌块

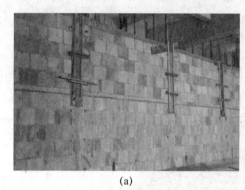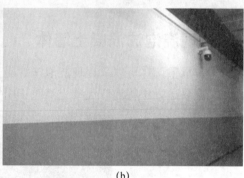

　　　　　　　（a）　　　　　　　　　　　　　　　　　　（b）

图 1-8　CFC 砌块在中国建筑技术中心改扩建三期工程中的应用

（a）砌块内隔墙与浇筑完工的构造柱；（b）竣工后的砌块墙体

板，是发展节能墙材的新途径。中国建筑技术中心研发了系列微孔混凝土轻质复合墙材，如复合外挂板、多功能装配式复合大板，以及采用煤制气渣及其粉料分别作为骨料和辅助胶凝材料生产的复合外挂板等，获得多项国家发明专利[26]。

　　特别是用于建筑工业化和节能建筑的微孔混凝土复合大板，由装饰混凝土层、微孔混凝土保温隔热层、普通混凝土持力层和表面防护层构成，集装饰、保温隔热、防水、防火和结构持力的"5 合 1"功能为一体，获得国家发明专利，产品属国内外首例[27]，图 1-9、图 1-10 所示是部分实例。大板已在工业化生产线实现批量生产，分别在北京、成都、武汉、福州和长沙的 5 个示范工程中成功应用，为新型工业化节能墙材开辟了新的途径。

　　复合大板的生产及其挂装施工也是本书讨论的主要内容之一。

　　2. 非承重轻质板材

　　除 ALC 板外，日本还开发了轻质泡沫混凝土板作为隔墙板和非承重外围护结构挂板，采用物理预制发泡再与料浆混合或铝粉混合发泡，并且以蒸汽养护的工艺制成。材质的密度为 $1.1 \sim 1.4 kg/m^3$，抗压强度达到 24MPa，在 20 世纪 90 年代就开始用于高层建筑的外围护结构的挂板，图 1-11 所示为板的外观和应用的工程实例。

图 1-9 功能 "5 合 1" 复合大板

图 1-10 吊装施工中的复合大板

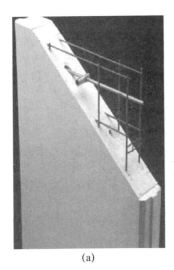
(a)

(b)

图 1-11 超轻泡沫混凝土板和工程应用实例
(a) 板的外观；(b) 工程应用实例（仙台）

1.5.5 轻质微孔生土材料的应用

利用生土作为建筑材料建造的生土建筑在国内外都有悠久的历史，世界上在一些气候干燥少雨的地区，如欧洲、中东和我国的一些地区至今还有使用着的生土建筑，图 1-12 分别是摩洛哥的扎古拉古镇和我国的土楼。生土建筑就地取材，节省能源，而且冬暖夏凉，生态环保效益突出，但不足之处是，保温性能和耐水性能不够好，抗震性较差。采用轻质微孔生土作为墙材完全可以克服这些缺点。

轻质微孔生土以水泥、生土（以砂性土为宜）、泡沫和固化剂为主要原材料，经过发泡、混合搅拌制成的含有微孔的轻质水硬性材料。不同用途的轻质微孔生土可以大致分为两种：一种是在建筑工程中作为墙体材料的；而另一种是在土木工程中作为坑道回

(a)　　　　　　　　　　　(b)

图 1-12　仍在使用中的生土建筑实例

（a）扎古拉古镇；（b）福建土楼

填、挖掘坑回填，旧矿井回填，管廊、围绕管道稳定和护坡等方面的材料的。前者对混合料的充填性能、浇筑后的硬化性能、强度和体积稳定性有更高的要求。伴随我国基础设施建设迅速发展产生大量工程下挖土和疏浚泥浆，如不加以利用会带来较为严重的环境问题，轻质泡沫土正好将其就地变为资源得以有效利用。

　　轻质微孔生土材料在土木工程和建筑领域的各种用途如图 1-13 所示，分别是旧露天矿井或基坑的充填；提高地板下面软土地基承载能力的充填；建筑物下面旧坑道的充

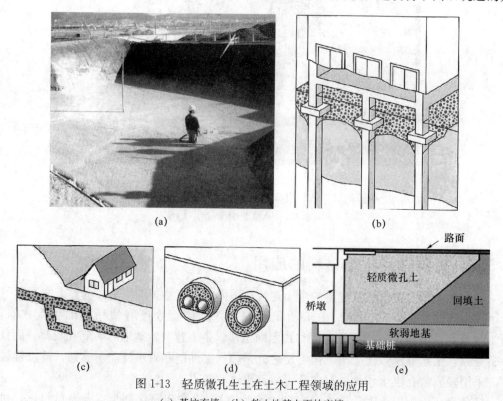

图 1-13　轻质微孔生土在土木工程领域的应用

（a）基坑充填；（b）软土地基上面的充填

（c）房屋下面坑道的充填；（d）管道周围的充填保护与隔热；（e）桥墩侧面的充填

填；管道的固定、隔热与充填保护；为减轻桥墩受到的软土侧压力进行的充填。实际上，轻质微孔生土材料在工程上的用途远不止这些，作为轻质墙体材料的工程应用尚处于起步阶段。

1.6 CFC 制备与施工常遇到的问题

1.6.1 气泡的稳定性

泡沫是在微孔混凝土中起着关键作用的组分，但是由于泡沫自身的不稳定性，会给微孔混凝土的性能和施工质量带来诸多不确定性。特别是对于生产制品的拌合物与充填用途的不同，消泡对于产品的外观和内在质量有较大的负面影响，是在发泡剂的选用、发泡过程、混凝土原材料的选用和拌合物的制备以及浇筑过程中始终要充分注意的问题[5],[7]。掺用粉煤灰等矿物掺合料和增加拌合物的黏度以及使用稳泡剂等措施可以提高泡沫的稳定性，增加水泥的水化硬化速度，尽快在气泡表面形成硬膜，也有助于泡沫的稳定。气泡稳定性的提高有助于提升微孔混凝土的比强度。

1.6.2 收缩的减低

无轻骨料的泡沫混凝土的收缩一般为普通混凝土的 6 倍以上，所以当随着水化硬化过程，特别是在养护过程中失水较快时，极易发生微裂纹；采用轻骨料的情况下，收缩有明显的降低，依骨料的用量和混凝土密度不同而有别。减少收缩和防止开裂是泡沫混凝土使用过程中应十分注意的问题，主要措施有优化配合比，掺加纤维和部分细砂，加入合适的轻骨料和加强养护等。

1.6.3 陶粒的来源

陶粒占 CFC 微孔混凝土体积的 30% 以上。陶粒分为黏土陶粒、页岩陶粒、粉煤灰陶粒、煤矸石陶粒和淤泥陶粒等。黏土陶粒除了少量添加剂，原料基本上全为黏土；粉煤灰陶粒、煤矸石陶粒等含有一定的黏土，可以大量掺入粉煤灰、煤矸石等工矿副产品。近年来，由于保护农田的需要，生产黏土陶粒在很多地方受到了政策性限制，对 CFC 的应用有一定影响。但与此同时，近些年大规模基础设施的建设产生了大量的下挖土，尚无有效的消化渠道，还有城市河道清理出的淤泥、工程疏浚泥浆等，这些土、泥浆等有相当一部分可以作为烧结陶粒的原料，将这些排放物和煤矸石等作为陶粒主要原材料的技术研发及其产业化，应该成为一个重要的发展方向。

1.7 本书的基本内容与特点

混凝土的发展历史证明，它的科学原理到其规模化应用技术的实现大多经历了一个比较长的历程，同一原理也可以通过不同的工艺和技术途径来实现。原理和机理的突破相对比较慢，而在工艺与应用技术阶段的进步却比较活跃。近百年来，混凝土的技术领域正是通过后一阶段的快速进步不断达到新的境界。

本书以陶粒微孔混凝土（CFC）的制备、性能和应用为主线，较为系统地介绍了原材料、CFC的相关制备技术、基本性能、CFC砌块、复合大板的生产与工程应用以及微孔生土材料等，并与FCS、FM进行了对比分析。在生土建筑材料方面，介绍了利用不同种类生土制备轻质微孔生土材料的相关技术及其工程应用等。

传统的泡沫水泥和泡沫砂浆应用已有多年，但是把陶粒引入其中制备轻骨料泡沫混凝土并应用于工程在近些年才开始。陶粒作为粗骨料引入微孔混凝土最直接的技术效果就是降低了收缩，提高了比强度。但是引入轻骨料也增加了新的变量，如与基材的协调性以及微孔混凝土各物理力学性能之间新的相关性等。此外，在面对能源和环境巨大挑战的今天，把微孔混凝土技术与生土材料的结合，发展具有我国特色的轻质微孔生土材料技术，特别是微孔生土墙体技术和产品，进而发展新一代轻型节能生土建筑具有重大的现实意义。

微孔混凝土的重要组分是泡沫，泡沫的制备及其性能是微孔混凝土技术的一项基础性内容，本书讨论了用于CFC的泡沫形成的物理化学原理、制备方法和基本性能。本书将CFC的拌合物和硬化混凝土分别来讨论，因为相对于普通混凝土来说，由于CFC中的泡沫只能在短时间内稳定。拌合物工作性的时效性是很重要的，只有在一定时间内完成浇筑，才能保证硬化后混凝土的性能和工程质量。它与原材料的选择、制备技术和制备过程密切相关，因此保证拌合物的质量必须从关注原材料和拌合物的制备过程开始。

CFC微孔混凝土与有机保温材料相比，在热惰性值、隔声、耐久和耐火以及传质特性方面有突出的优势，用其作为围护结构材料的建筑物将比用有机保温材料的更宜居。有关章节对常用几种砌体材料的热工性能进行了同条件测试，克服了很多资料上提供的砌筑材料热工数据"可比性差"的问题；同样，对不同厚度和不同密度CFC层的复合板的热工性能进行了同条件测试，为工程应用提供了翔实的数据。

后面有3章内容对项目所实施的装配式复合大板的工业化生产和示范工程应用作了较为详细的表述，特别是直接采用足尺寸复合大板进行了加载试验、力学性能计算和讨论，在此基础上又用有限元法对其力学行为进行了分析。如此大规模的生产与应用以及试验研究在国内外尚未见报道。本书还对工矿废弃物的资源化利用进行了有益的探讨和研究。而且，绝大部分资料来自作者多年的试验研究和工程应用积累的第一手资料，有较高的实用价值。

本章小结

本章作为本书内容的一个引导，概括性地讨论了微孔混凝土发展的历史、分类及其各类的特点，对微孔混凝土与各类建筑制品的应用领域也进行了表述，同时也对CFC微孔混凝土的衍生技术——轻质微孔生土材料等进行了介绍。孔隙体系（包括孔隙自身的特征和总含量）作为微孔混凝土的组成部分，与微孔混凝土的物理力学性能、热工和声学性能有密切的相关性，是改进微孔混凝土性能的一个重要方面。发挥微孔混凝土系列产品在物理力学、施工和热工以及环境生态方面的优势，有针对性地研发工程所需的各类技术和产品，是本领域研发的重要方向。

本章参考文献

[1] Y. H. Mugahed Amran，Nima Farzadnia，A. A. Abang Ali. Properties and applications of foamed concrete；a review [J]. Construction and Building Materials，2015（101）：990-1005.

[2] 鎌田英治. セメント硬化体の微細構造とコンクリートの凍害 [J]. コンクリート工学，1981（11）.

[3] 石云兴，宋中南，蒋立红. 多孔混凝土与透水性铺装 [M]. 北京：中国建筑工业出版社，2016.

[4] 井戸康浩，梅本宗宏，ほか. FC200N/mm² 超高強度コンクリートの製造品質に関する研究 [D]. コンクリート年次論文集，2014（1）.

[5] 重庆建筑工程学院，南京工学院. 混凝土学 [M]. 北京：中国建筑工业出版社，1981.

[6] 冯乃谦. 高性能混凝土结构 [M]. 北京：机械工业出版社，2004.

[7] 申相澈，金振晩，ほか. 気泡剤種類および希釈濃度によるフレッシュ気泡コンクリートの特性 [D]. コンクリート工学年次論文集，Vol. 34，No. 1，2012.

[8] Use of foamed concrete in construction，edited by Ravindra K. Dhir，Moray D. Newlands and Aikaterini McCarthy，Proceedings of the international conference held at the University of Dundee，Scotland，2005. 7.

[9] 松下文明，柴田純夫，中村文彦，等. 軽量気泡コンクリート（ALC）の耐久性向上－耐炭酸化性に優れたALCの開発 [C]. 日本建築学会技術報告集，1999. 12（No. 12）.

[10] Yunxing Shi，Yangang Zhang，Jingbin Shi，et. al. An engineering example of energy saving renovation of external wall of original building with lightweight insulation composite panel. Concrete Solutions 2016，Thessalonica，2016. 6.

[11] 王庆轩，石云兴，屈铁军，等. 不同构造形式轻质保温复合板传热特性试验研究. 施工技术 [J]. 2016，3（45）.

[12] 石云兴，蒋立红，李景芳，等. 中国建筑工程总公司工法. 保温复合外挂板施工工法 ZJGF013—2015 [S]. 2015.

[13] 任晓光. 微孔混凝土基本力学性能、热工及隔声性能试验研究 [D]. 2018.

[14] 任晓光，石云兴，屈铁军，等. 微孔混凝土墙材制品的隔热与隔声性能试验研究 [J]. 施工技术，2018（16）.

[15] Jones M R，McCarthy A. Preliminary view on the potential of foamed concrete as a structural material. Mag Concr Res，2005（57）.

[16] Y. H. Mugahed Amran，Nima Farzadnia，A. A. Abang Ali. Properties and applications of foamed concrete；a review，Construction and Building Materials [J]. 2015（101）.

[17] A. Georgiades，C，Ftikos，J. Marinos. Effect of micropore structure on autoclaved aerated concrete shrinkage [J]. Cem. Concr. Res，1991（21）.

[18] K. Ramamurthy，E. K. Kunhanandan Nambiar，G. Indu Siva Ranjani. A classification of studies on properties of foam concrete [J]. Cement and Concrete Composites，（31），2009.

[19] George C. Hoff，Porosity-strength considerations for cellular concrete，Cement and Concrete Research，Vol. 2，1972.

[20] 任晓光，石云兴，屈铁军，等．微孔混凝土基本力学性能试验研究 [J]．混凝土，2018（6）．

[21] 麻毅．我国最早的加气混凝土产品 [J]．硅酸盐建筑制品，1979（6）．

[22] 田中積．現場打ち気泡コンクリートとその施工について [J]．コンクリート工学，1975.5.

[23] 仕入豊和，川瀬清孝．軽量骨材の使用による気泡コンクリートの強度性状の改善に関する研究 [J]．コンクリート・ジャーナル，1967.8.

[24] 山田哲夫．超軽量コンクリートPCa板 [J]．コンクリート工学，2000.5.

[25] 大浜嘉彦．手段を尽せばここまで高強度になる——高強度コンクリートの限界 [J]．セメント・コンクリート，1992.8.

[26] 石云兴，蒋立红，石敬斌，等．煤制气渣轻质微孔混凝土复合板材的制备方法，发明专利，ZL201410847088.0，2016.

[27] 石云兴，宋中南，张燕刚，等．装饰保温—体化轻质混凝土板材及其生产方法，国家发明专利 ZL2012104894 90.7，2015.

第2章 微孔混凝土拌合物的制备与基本性能

CFC拌合物除了要像普通混凝土拌合物那样具有满足浇筑要求的工作性之外，还要在搅拌、浇筑和硬化过程中保持泡沫的稳定，使浇筑体硬化成具有均匀分布的微孔体系的硬化结构。要保证CFC拌合物的良好工作性和气泡的稳定，原材料的性能和制备工艺是重要的环节。

2.1 CFC原材料的技术要求

2.1.1 胶凝材料

1. 水泥

水泥是微孔混凝土中最主要的胶凝材料，常用的有硅酸盐系列水泥、硫铝酸盐系列水泥或铝酸盐系列水泥等，所选用的水泥必须符合现行国家标准。由于浆体中泡沫的稳定性与水泥的水化硬化进程快慢相关，所以一般采用42.5等级以上的水泥，且宜优先选用R型。在寒冷季节或对混凝土早期强度有要求的条件下施工，则可以使用硫铝酸盐等快硬水泥或高强度等级的普通硅酸盐系列水泥；在环境气温较高的夏期施工，可优先选用混合材含量高的水泥，或混凝土制备中掺用矿物掺合料调节水化热；有些水泥在粉磨时加入的助磨剂可能会对气泡的稳定有负面影响，使用时应予以注意；硬化较慢的水泥或过期的水泥会降低浆体的稠度且早期强度低，都不利于气泡的稳定。

2. 辅助胶凝材料

辅助胶凝材料具有改善拌合物性能、降低水化热、减少收缩和提高力学性能等作用。常用的辅助胶凝材料有粉煤灰、硅灰、矿渣粉和稻壳灰等。适当采用辅助胶凝材料除能改善物理力学性能外，还可降低成本。

（1）粉煤灰

粉煤灰是微孔混凝土制备中常用的辅助胶凝材料，质量好的粉煤灰有良好的稳泡作用[1-3]，掺量一般为20%左右，特殊情况下超过40%，所选用粉煤灰的质量等级应不低于Ⅱ级。从实践经验来看，多数粉磨过的粉煤灰对泡沫的稳定性有负面的影响，所以尽量选用原状粉煤灰。

（2）硅灰

硅灰对微孔混凝土有早强效果，而且也有一定的稳泡效果和增稠作用，在制备的

CFC 密度较低，且要求强度发展快的情况下应尽量采用，一般掺量为 5％左右即可。但采用热养护的情况下，应优先选用粉煤灰而不是硅灰，因为硅灰可能会使放热峰提前，而增加热胀开裂风险。

2.1.2 骨料

1. 细骨料

细骨料一般采用河砂、机制砂、再生细骨料或其他轻质细骨料（破碎的陶粒、火山渣和工业废渣等）。细骨料可减少收缩，提高强度和弹性模量，对改善微孔混凝土的综合物理力学性能有好的效果，还能降低成本。采用河砂或机制砂时，其粒径不宜超过 2mm，浆体也要有合适的稠度，否则容易发生细骨料的下沉。

另一种轻质细骨料是膨胀玻化微珠，它是一种无机玻璃质矿物颗粒材料，粒径在 2mm 以下，堆积密度 $80\sim120kg/m^3$。由于经过了膨化工艺，内部为多孔空腔结构，表面玻化封闭，具有质轻和吸水率小的特点。

2. 粗骨料

（1）陶粒

陶粒（这里指的是烧制陶粒）分为黏土陶粒、粉煤灰陶粒、页岩陶粒和淤泥烧制的陶粒等，虽表面有少量裂纹，但内部分布着封闭的微孔体系。陶粒按其表观密度分为 14 个等级[1-2]，选用时应考虑筒压强度、堆积密度、表观密度和吸水率等技术指标，粒径一般为 $10\sim20mm$，也有最大粒径达到 30mm 的，几种常用陶粒的外观如图 2-1 所示。

一般常用于建筑工程的陶粒堆积密度为 $300\sim800kg/m^3$，陶粒的堆积孔隙率一般不低于 40％。混凝土生产时常以堆积体积计量，而在混凝土中表现的是其表观体积。表观体积的计算涉及表观密度，其性能指标的测定按照《轻骨料及其试验方法 第 2 部分：轻骨料试验方法》（GB/T 17431.2—2010）规定的方法进行。如果表面孔隙封闭得较好，混凝土的孔隙体积等于引入气泡的体积与颗粒内部总孔隙之和。除了上面提到的陶粒的物理力学性能与微孔混凝土的性能密切相关以外，陶粒的表面性状如粗糙与光滑、表面裂纹多少等对混凝土的性能也有很大影响。

陶粒的堆积密度与筒压强度之间存在大体上的正相关对应关系，而陶粒的筒压强度与 CFC 的合理配制强度也有正相关对应关系，如果配制强度超过合理配制强度，就要通过提高基材部分的强度（包括增加胶结材用量和降低水胶比等）来实现。一些实测和经验性数据如表 2-1 所示。

表 2-1　部分陶粒的性能指标实测与经验性数据

堆积密度（kg/m³）	310	320	360	450	480	630*	660*	备注
表观密度（kg/m³）	500	550	620	760	770	1050	1100	
筒压强度（MPa）	0.9 左右	0.95～1.1	1～1.2	1.2～1.4	1.7～1.9	3	4.2	*为页岩陶粒，其他为黏土陶粒
对应的 CFC 合理强度（MPa）	4～7	5～7	6～8	7～9	8～10	10 以上		

（2）火山渣

火山渣是火山喷发时熔岩喷出地表后在空气中冷凝形成的产物，由于熔岩在地下处于高压环境并含有很多气体，喷出地表突遇低压环境其内部气体迅速膨胀和逃逸，在冷凝过程中形成多孔结构，封住的气体形成封闭孔，逃逸的气体则形成开放孔。

火山渣破碎成粗料粒径的颗粒后，其堆积密度多在 $600\sim1000\text{kg/m}^3$ 的范围，筒压强度为 $0.6\sim2.0\text{MPa}$，由于其表面粗糙，如图 2-1（f）所示，制备混凝土时表面吸水和挂浆较多，混凝土的工作性略低于采用陶粒的情况。日本的火山渣资源比较丰富，从 20 世纪 60 年代前后就开发火山渣轻骨料泡沫混凝土，制备的轻质混凝土干密度为 $900\sim1100\text{kg/m}^3$，抗压强度为 $4\sim8\text{MPa}$，并开始在实际工程中应用。

图 2-1　主要轻骨料品种的外观

（a）黏土陶粒；（b）（c）淤泥陶粒；（d）（e）页岩陶粒；（f）火山渣骨料

（3）粗骨料与浆体的黏度

制备微孔混凝土拌合物，无论是采用陶粒还是火山渣骨料，都存在着骨料的表观密度与基材浆体密度和黏度相协调的问题，否则会发生骨料的上浮或下沉。根据所设计的混凝土浆体的密度大小，选择合适的轻骨料；同时拌合物的密度也可以通过细骨料用量的增减来调整，骨料在料浆中的悬浮稳定性的规律可以用斯托克斯沉降公式来表征（详见 2.4 节）。

2.1.3 减水剂

微孔混凝土的制备可选用聚羧酸减水剂或萘系减水剂，减水剂质量应符合现行国家标准《混凝土外加剂》（GB 8076—2008）的规定。通过选择减水剂的品种、掺量以及用水量可调整浆体的黏度，以期与陶粒的密度相适应，避免拌合物中的陶粒发生上浮或下沉。

2.1.4 发泡剂

常用的发泡剂分为化学合成类发泡剂、植物类和蛋白类发泡剂以及复合发泡剂。发泡剂的发泡倍数应在 15 以上，1 小时（消泡）沉降距离不大于 90mm，但是泡沫自身的稳定性与在混凝土中的稳定性并不完全一致，因为两者所处环境不同，发生在泡沫表面的物理化学过程不同，所以只有能在混凝土拌合物的搅拌和浇筑过程中稳定的泡沫才是CFC 生产所需要的。

泡沫按制备方法又可分为干泡沫和湿泡沫，前者多用于制备低密度的拌合物，后者多用于制备高密度的拌合物。

2.1.5 拌合用水

微孔混凝土的拌合用水必须选用符合现行行业标准《混凝土用水标准》（JGJ 63—2006）的饮用水、地表水和地下水，如采用其他水源，应确认符合国家的混凝土用水标准，特别是泡沫的稳定性与所用水源的 pH 值和各种离子含量密切相关，因此对水的要求较普通混凝土严格，事先应做好相关试验确认。

2.1.6 增强纤维

泡沫混凝土由于其干缩大，容易开裂，增强纤维常用来弥补这一弱点。为了避免增加混凝土的密度，一般不用钢纤维，而采用化学合成纤维、植物纤维或矿物纤维，掺用的纤维的体积分数一般为 $0.2\%\sim0.4\%$。这几种纤维都能增加 FC 的体积稳定性，提高抗弯强度，尤其是聚丙烯纤维（PP）能明显改善泡沫混凝土的力学性能，经常被工程选用。

2.2 CFC 的配合比

要从理论上计算微孔混凝土的配合比，首先根据工程要求先确定目标湿密度，即 $1m^3$ 混凝土拌合物的质量（kg/m^3），它等于各组分原材料质量之和。对于 FCS 和 FM，即不含粗骨料的泡沫混凝土，E. P. Kearsley 等[3-5]给出过计算式，下面的式（2-1）和式（2-2）是根据 E. P. Kearsley 等给出的计算式进行补充，加上轻骨料一项修正的结果，解这两式可得到各材料用量。

$$\rho_m = x + x\left(\frac{w}{c}\right) + x\left(\frac{a}{c}\right) + x\left(\frac{s}{c}\right) + x\left(\frac{g}{c}\right) + RD_f V_f \tag{2-1}$$

$$1000 = \left(\frac{x}{RD_c}\right) + x\left(\frac{w}{c}\right) + x\left[\frac{\frac{a}{c}}{RD_a}\right] + x\left[\frac{\frac{s}{c}}{RD_s}\right] + x\left[\frac{\frac{g}{c}}{RD_g}\right] + V_f \tag{2-2}$$

以上两式为基准配合比，在实际生产时要考虑砂、粉煤灰和轻骨料的实际含水率（分别为 $\frac{w}{a}$、$\frac{w}{s}$ 和 $\frac{w}{g}$），上两式中要加上所用这些材料（可能是其中的 1 种、2 种或 3 种）带入的水分，对于粉煤灰、砂和轻骨料带入的水分分别是：$x\left(\frac{a}{c}\right)\left(\frac{w}{a}\right)$；$x\left(\frac{s}{c}\right)\left(\frac{w}{s}\right)$ 和 $x\left(\frac{g}{c}\right)\left(\frac{w}{g}\right)$。

式中　ρ_m——泡沫混凝土的设计目标湿密度，kg/m^3；

x——水泥用量，kg/m^3；

w/c——水/水泥；

a/c——粉煤灰/水泥；

s/c——砂/水泥；

g/c——轻骨料/水泥；

w/a——水/粉煤灰（含水率）；

w/s——水/砂（含水率）；

w/g——水/轻骨料（含水率）；

V_f——泡沫体积；

RD_f——泡沫的表观密度；

RD_a——粉煤灰的表观密度；

RD_c——水泥的表观密度；

RD_s——砂的表观密度；

RD_g——轻粗骨料的表观密度。

在实际应用时，经常根据实际情况进行调整，如没有粗骨料，应将计算式中粗骨料一项去掉；当不用细骨料时，应将计算式中砂子一项去掉。

采用粗骨料（如陶粒）的情况下，应事先测得其堆积密度、表观密度，在混凝土计算时可事先选定陶粒用量，其表观体积一般占混凝土总体积的 20%～35%，确定用量（kg）后加入计算式中。

在实际中 FC 配合比的确定，也经常根据经验的方法来确定。

微孔混凝土常用的组分材料有胶凝材料、陶粒、水和外加剂等，有时会加入细骨料。配合比按体积法设计，以各组分材料的体积与泡沫体积之和为单方混合料体积来计算各组分材料的用量。当陶粒选定以后，一般以引入泡沫体积的多少来调节混凝土的密度。根据所设计混凝土的密度不同，如果混凝土密度为 600～900kg/m³，陶粒宜选用 400 级以下的；混凝土密度在 900～1200kg/m³，陶粒宜选用 500 级以上的；辅助胶凝材料掺量为 5%～30%，常用的为粉煤灰、硅灰等，特殊情况下粉煤灰可超过 40%；骨料体积（以硬化混凝土中呈现的实际体积计）为 20%～40%，泡沫体积 20%～40%（以硬化混凝土中形成的实际体积计，实际中视泡沫的情况可考虑 5%～10% 的泡沫损失量）。表 2-2 是一些可供参考的经验性配合比。

表 2-2　CFC 经验配合比

目标湿密度 （kg/m³）	胶凝材料 （kg/m³）	陶粒堆积体积 （L/m³）	水/胶材 （kg/m³）	泡沫体积 （L/m³）	备注
600	330～350	450	0.3～0.33	570	（1）陶粒 400 级，使用时为饱和面干状态 （2）减水剂最佳掺量 （3）泡沫考虑损失量
700	390～430	450	0.29～0.32	530	
800	470～500	460	0.28～0.31	490	
900	540～570	460	0.27～0.30	420	
900	520～560	460	0.28～0.31	470	（1）陶粒 500 级，使用时为饱和面干状态 （2）减水剂最佳掺量 （3）泡沫考虑损失量
1000	560～590	460	0.27～0.30	430	
1100	620～660	500	0.26～0.29	400	（1）陶粒 600 级，使用时为饱和面干状态 （2）减水剂最佳掺量 （3）泡沫考虑损失量
1200	660～690	550	0.26～0.29	370	

2.3　CFC 拌合物的制备

2.3.1　主要工艺流程

CFC 的制备工艺基本上属于预制泡沫再混入料浆的干法生产原理，主要工艺过程如图 2-2 所示。

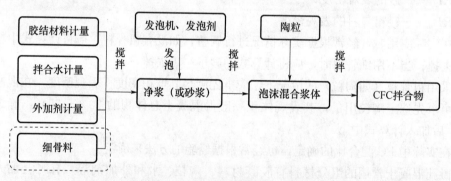

图 2-2　CFC 混合料制备的工艺流程

2.3.2　拌合物的制备方法

拌合物制备的重要工艺过程之一是泡沫的制备。泡沫分为湿泡沫和干泡沫。湿法是将发泡剂溶液和水在压力的作用下喷到细筛网上，液体在通过筛孔的过程中产生泡沫，然后进入混合料，在混合搅拌过程中使气泡均匀混合于料浆。这种泡沫的发生方式类似使用洗发露时产生泡沫的原理，泡沫较为松散，含水率大，且孔径也较大，一般为 2～5mm，稳定性差一些，也称为稀泡沫，一般不用于生产密度低于 1100kg/m³ 的拌合物。干法又称预制泡沫法，是将发泡剂溶液通过高压发泡机喷出，按预先设计的体积分数加入料浆，同时进行搅拌使其均匀分布于料浆。干法制得的泡沫孔径不超过 1mm，且泡沫较为稳定，含水率小，可以用于制备密度为 500～1100kg/m³ 的泡沫混凝土[4],[6-7]。本书主要介绍干法工艺的微孔混凝土技术。

1. 泡沫的制备

生成泡沫的设备是发泡机，它的工作原理是发泡液在高压气流驱动下在管道内进行高速运动，与空气发生激烈撞击混合而产生大量微小气泡，吸附表面活性剂后得以在一定时间内保持稳定。气泡的技术指标有气泡的直径、发泡倍数、泡沫的密度、气泡的半衰期等。质量良好的泡沫由于液膜的强度较高，在一定时间内能支撑住自身，凸起的立体感比较强，否则表面呈较为平坦状，前者的密度较大，后者的密度较小，两种情况的外观如图 2-3 所示。泡沫不仅应满足自身的半衰期、密度等指标的要求，还应在料浆的搅拌和浇筑过程中经受挤压、碰撞和摩擦等外力作用下仍能保持基本稳定。

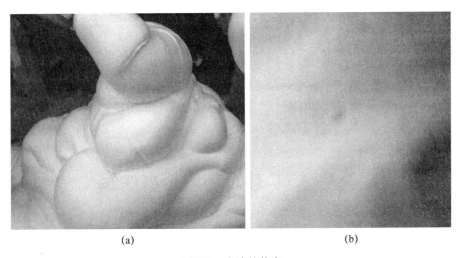

(a)　　　　　　　　　　　　　　　(b)

图 2-3　泡沫的状态

(a) 液膜强度较高的泡沫；(b) 稳定性较差的泡沫

用于 CFC 的发泡剂的发泡倍数，合格品应在 15 以上，一等品应在 20 以上，泡沫密度以 80～110kg/m³ 为宜。泡沫的稳定性是保证生产出高质量 CFC 的关键环节，由于在混合料的搅拌过程中，泡沫受到料浆的挤压和与液膜表面接触到的离子作用、骨料表面的吸附作用等，与单独存在时的情况有很大不同，其稳定的机理比较复杂，在第 3 章将做较为详细的表述。

2. 基材混合料与泡沫的混合过程

首先将计量的胶凝材料、细骨料和拌合水投入搅拌机，加水搅拌 30s 后投入减水剂，稍加搅拌后投入其余水，搅拌成流动度（扩展度）为 160～200mm 的料浆［按《混凝土外加剂匀质性试验方法》（GB/T 8077—2012）规定的方法进行试验］后，投入比计算体积增加 10%～15% 的泡沫量，继续搅拌约 30s 达到初步混合后，投入轻骨料。为防止轻粗骨料对泡沫的吸附，轻粗骨料以饱和面干状态为宜，因此投料时以体积计量或质量计，当以质量计时应将含水率考虑在内。如果直接投入干的轻骨料，则会因其表面吸水作用导致部分消泡，而且表面易形成数毫米厚的"浆壳"。

在流水线生产连续搅拌料时，需伴随搅拌机的运转连续往机内输送泡沫，因此必须事先计量好单位时间内的出泡量，以控制发泡时间来计量投放的泡沫量。中国建筑技术中心研发了与大型搅拌机同步运行的大功率发泡机，该发泡机是为工业化规模构件生产线的大型搅拌机量身定做的专用设备，不仅发泡效率高，而且生成的泡沫稳定，且容易和基材料浆混合均匀，发泡机和发泡过程如图 2-4 和图 2-5 所示。

图 2-4　大功率发泡机　　　　　　　图 2-5　与搅拌系统同步运行的发泡过程

2.4　CFC 拌合物的基本性能

CFC 拌合物的基本性能有密度、工作性和稳定性，而工作性的概念与普通混凝土类似，包括流动性、黏稠性和匀质性。由于 CFC 拌合物浇筑时不用振捣，所以流动性应该包括自充填性能，也属于工作性的范畴。

2.4.1　密度

CFC 拌合物的密度称为湿密度（fresh density），在出料后运输至浇筑地点的过程中还可能发生部分消泡，密度还可能发生改变。浇筑时的密度称为浇筑密度（cast density），硬化后再经干燥的密度称为干密度（dry density）。湿密度等于单方混凝土各原材料的质量总和，由于拌合物在制备过程中不同程度地会发生消泡现象，所以有时会出现实际湿密度比计算湿密度值要大一些的情况，这应在配合比设计时加以考虑。CFC 湿密度与干密度的量化关系将在第 4 章讨论。

2.4.2　工作性和稳定性

CFC 拌合物应具有良好的工作性和稳定性，工作性包括流动性（充填性）和黏聚性。充填性是指拌合物在浇筑时在模板内能自由流动充满模板空间，拆模后构件棱角饱满、表面平整，尤其是对于 CFC 混合料，浇筑时不能进行振捣，只进行简单插捣和表面收平，所以自填充性能很重要；黏聚性是抑制气泡逸出和骨料下沉或上浮的性能，是保证拌合物均匀稳定性的重要指标。而稳定性指的是体积稳定性，包括不发生明显的气泡逸出、合并或消泡，不出现骨料与基材浆体分离的现象。

一般情况下，充填性可以用坍落扩展度来间接地表示，扩展度不低于 500mm 即可满足施工要求，必要时可用拌合物漏斗流出时间的方法测试（见后面的 2.4.4 节）；良好工作性的混合料的性状和发生离析的情况如图 2-6 所示。

良好工作性的混合料浇筑后经过收面，表面光滑平整看不到气孔，而稳定性不良的拌合物，收面后仍有气泡逸出，表面会出现很多开放的小孔，呈麻面状，并伴随着体积的缩减，如图 2-7 所示。

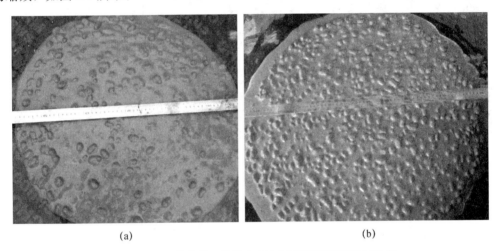

(a)　　　　　　　　　　　　　　　(b)

图 2-6　CFC 拌合物工作性良好与否的不同坍落扩展现象

（a）工作性适宜的情况；（b）黏聚性不足而发生离析的情况

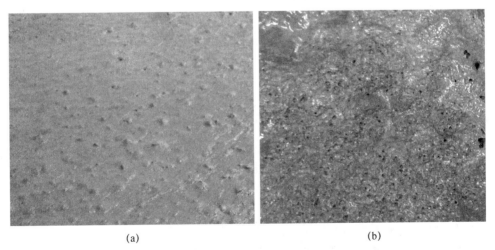

(a)　　　　　　　　　　　　　　　(b)

图 2-7　CFC 拌合物的工作性良好与否的浇筑面情况

（a）气泡无逸出的表面；（b）气泡逸出表面形成孔洞

　　硬化微孔混凝土的断面能较为清楚地反映出骨料的分布状况，图 2-8 为不同粒径的陶粒的密度与浆体密度相匹配，陶粒在混凝土中得以均匀分布的硬化微孔混凝土的断面形貌。按照斯托克斯沉降公式，若骨料的密度一致，大的颗粒更容易发生沉降，在实际生产中应予注意。

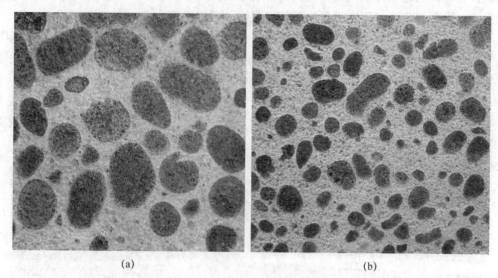

(a)　　　　　　　　　　　　　　　　(b)

图 2-8　工作性良好的 CFC 硬化后的断面形貌
(a) 粗骨料为间断级配的偏大陶粒；(b) 骨料为近于连续级配的陶粒

2.4.3　稳定性的影响因素分析

1. 稳定性不良的情况

　　稳定性是拌合物主要性能之一，指的是在施工所要求的时间区间内各组分（骨料、浆体、气泡等）保持稳定的性能。首先气泡保持均匀分布在拌合物中而不发生破灭或逸出，不会造成混合料的体积缩减和消泡引起的泌水现象；同时骨料均匀地悬浮在混合料中不发生上浮或下沉；消泡现象是制备和浇筑过程中极容易发生的，对工作性的影响很大，不仅使混合料体积缩减，而且由于气泡液膜水分的释放使拌合物瞬间变稀，伴随发生的是骨料和浆体的分离，密度较小的骨料会上浮，较大的则下沉，所以稳定性是 CFC 拌合物十分关键的性能。

　　实际工程中作为保温材料应用于 CFC，而非结构用途的黏土陶粒，其表观密度超过浆体的情况不多，因此容易发生的是陶粒的上浮而不是下沉；但是在某些情况下黏土陶粒也容易发生下沉，就是当基材浆体中加入较多的泡沫，虽然泡沫稳定，但泡沫浆体密度过低，也会发生陶粒下沉现象，尤其是采用页岩陶粒时易发生这种情况；小气泡合并成大气泡后也会发生向上移动的现象。发生陶粒上浮或下沉以及气泡移动的拌合物表面状况以及硬化混凝土断面状况分别如图 2-9～图 2-11 所示。图 2-9（a）是由于浆体密度较骨料大，发生骨料上浮的现象；图 2-9（b）是由于引入泡沫较多而使浆体密度小于骨料，发生骨料下沉的情况。骨料的上浮或下沉的状况从硬化混凝土的断面能看得更清晰，图 2-10（a）是由于基材浆体密度稍大于骨料密度而发生陶粒轻微上浮的微孔混凝土硬化后的断面，而图 2-10（b）所示的情况，是由于小气泡合并为大气泡和消泡同时发生导致的浆体密度增加，迫使陶粒出现严重上浮的微孔混凝土硬化后的断面，可见伴随着陶粒的上浮同时也发生较大气泡的上浮。图 2-11 是由于陶粒的密度大于基材浆体的密度而发生的陶粒下沉的微孔混凝土硬化后的断面。骨料的上浮和下沉都会对混凝土的强度、体积稳定性和热工性能等产生较大的负面影响。

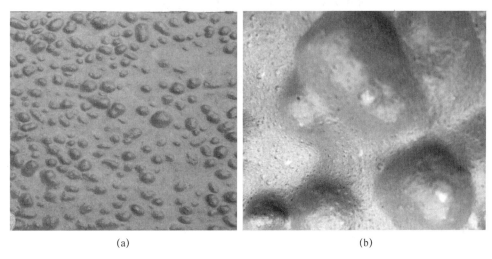

(a)　　　　　　　　　　　　　　　(b)

图 2-9　拌合物工作性不良的表面状况

（a）发生陶粒上浮的拌合物表面；（b）发生陶粒下沉的拌合物表面

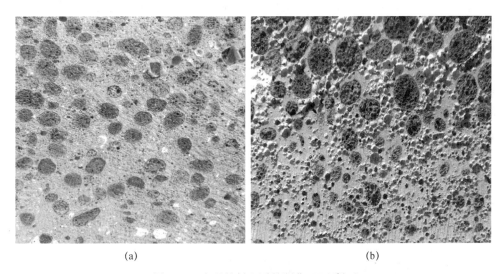

(a)　　　　　　　　　　　　　　　(b)

图 2-10　出现骨料上浮的硬化 CFC 断面

（a）陶粒轻微上浮的情况；（b）陶粒与较大气泡上浮的情况

2. 稳定性影响因素的量化分析

普通混凝土拌合物的流变学性质应当符合宾汉姆体模型，但对于 CFC 拌合物由于气泡在颗粒之间的滑动效应，作为介质的基材浆体接近牛顿流体，粗细骨料的沉降规律基本上可以用斯托克斯沉降公式来表达，如式（2-3）所示。

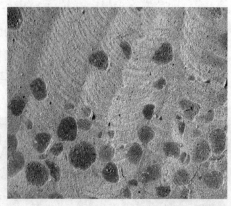

图 2-11　发生骨料下沉的 CFC 硬化后的断面

$$u_t = \frac{d^2 \ (\rho_s - \rho) \ g}{18\mu} \tag{2-3}$$

式中　u_t——粒子的沉降速度；

　　　　d——粒子的直径；

　　　　ρ_s、ρ——球形粒子与介质的密度；

　　　　μ——介质的黏度；

　　　　g——重力加速度。

由式（2-3）可知，骨料的沉降速度与骨料颗粒直径的 2 次方、骨料密度与浆体密度之差成正比，与浆体黏度成反比。因此，当骨料的密度较大时，适当减小骨料颗粒直径，增加料浆基材的黏度，有助于防止骨料和基材料浆之间发生离析。由式（2-3）可见，当颗粒的密度 ρ_s 大于介质密度 ρ 时，u_t 为正值，表示颗粒向下运动；当颗粒的密度 ρ_s 小于介质密度 ρ 时，u_t 为负值，表示颗粒向上运动，即出现上浮。

骨料的密度指的是表观密度，常用陶粒的堆积密度为 $300\sim600kg/m^3$ 时，对应的表观密度为 $450\sim900kg/m^3$。而加入泡沫后浆体的密度多为 $500\sim900kg/m^3$，可以参考斯托克斯沉降公式调整到两者相适应。

增加浆体黏度的方法有掺用硅灰、有机增稠剂或减少用水量等方法；另外，掺用少量细砂可减轻陶粒的下沉，并减轻塑性收缩和硬化收缩，但是细砂也要与浆体的黏度相适应，否则也会出现下沉现象。

2.4.4　CFC 工作性的测定

测定 CFC 工作性的方法，常用的有以下几种。

1. 坍落扩展度

如前所述，坍落扩展度测定 CFC 工作性的方法简便易行，在拌合物黏聚性良好的前提下，坍落扩展度在 500mm 以上即可满足施工要求，试验过程中同时观察泡沫稳定情况，如图 2-6 所示。

2. 测拌合物经漏斗流出时间

对于泡沫水泥和泡沫砂浆拌合物黏聚性的量化指标测定，可以采用日本的 JP14 的漏斗方法。图 2-12（a）、（b）所示为日本 JSCE－F541 规定的漏斗测试装置[7]，通过测定拌合物从漏斗流出时间可以间接地得到拌合物黏度指标。有研究表明拌合物流出时间与其黏度有确定的对应关系[7-8]，图 2-13 所示的仅为研究结果之一。由图可见，拌合物流出时间与塑性黏度是正相关关系，黏度越大，流出时间越长，而且有确定的量化关系。

对于有骨料的 CFC 拌合物，JP14 漏斗的尺寸不合适，要采用图 2-12（c）所示的大开口 V 形漏斗，尺寸为上口（装料口）490mm×75mm，下口（拌合物流出口）65mm×75mm（MIC-122-0-08 型），测试过程与步骤与我国相关行业标准中的规定基本相同，试验时可以参照。

对于普通混凝土评价充填性可以用 U 形箱，但是对含有大量泡沫的 CFC，密度小因而静压力较小，加上黏度的影响，测出的静态的充填性与实际动态的情况可能会有较大差别，因此建议采用漏斗流出时间来测黏度，间接表征其充填性，而不是用 U 形箱测试。

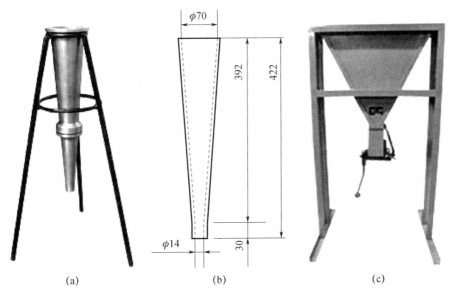

(a)　　　　　　　　　(b)　　　　　　　　　(c)

图 2-12　用于 FCS、FM 和 CFC 拌合物测试的漏斗形装置

（a）JP14 漏斗与支架；（b）JP14 漏斗尺寸；（c）V 形漏斗

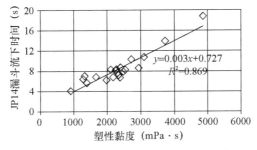

图 2-13　拌合物流出时间与塑性黏度的关系

本章小结

本章讨论了 CFC 的原材料的性能、拌合物制备的工艺过程、拌合物的基本性能和影响因素。拌合物的基本性能有湿密度、工作性和稳定性。所制备的拌合物的湿密度是基于工程设计所要求的干密度来确定，而干密度的选定是基于设计所要求的力学性能和热工性能。工作性指的是充满模板空间的性能和黏聚性，特别是 CFC 在浇筑过程中不能像普通混凝土那样施以机械振捣，以避免出现气泡逸出和破灭以及骨料的分离，因此自填充性能是工作性中很重要的方面。拌合物的稳定性包括骨料悬浮稳定性和气泡的稳定性，在拌合物制备和浇筑过程中气泡始终处于动态过程，浇筑后随着浇筑体的水化硬化才得以逐渐被固定下来成为孔隙，因此泡沫的稳定是重要的环节。泡沫的不稳定会导致骨料状态的不稳定，易发生骨料的下沉或上浮，从而不能形成均匀微孔混凝土硬化结构。因此，对于硬化的 CFC 的性能和工程质量的管理，应从关注原材料性能和拌合物的制备过程开始。

本章参考文献

[1] 中华人民共和国国家标准. 轻骨料及其试验方法：GB/T 17431—2010 [S]. 北京：中国标准出版社，2011.

[2] 中华人民共和国行业标准. 轻骨料混凝土技术规程：JGJ 51—2002 [S]. 北京：中国建筑工业出版社，2004.

[3] KEARSLEY E P, MOSTERT M F. Designing mix composition of foamed concrete with high fly ash contents [M]. Use of foamed concrete in construction. London：Thomas Telford，2005：29-36.

[4] KEARSLEY E P, WAINWRIGHT P J. Ash content for optimum strength of foamed concrete [J]. Cement and Concrete Research，2002，32（2）：241-246.

[5] KEARSLEY E P, WAINWRIGHT P J. The effect of high fly ash content on the compressive strength of foamed concrete [J]. Cement and Concrete Research，2002，32（2）：233-239.

[6] Yunxing Shi, Yangang Zhang, Jingbin Shi, et al. An engineering example of energy saving renovation of external wall of original building with lightweight insulation composite panel. Concrete Solutions2016，Thessalonica，2016.6.

[7] 石山陽介，宇治公隆，上野敦，ほか. 間隙充填モルタルの充填性に及ぼす要因とその方法 C. コンクリート工学年次論文集，2011.

[8] Yunxing Shi, Yangang Zhang, Kun Ni, et al. Research and practices of large composite external wall panels for energy saving prefabricated buildings. Proceedings of Concrete Solutions 7th International Conference on Concrete Repair. Cluj Napoca，Romania，30Sep to 2 Oct，2019（in print）.

第3章　用于微孔混凝土泡沫的制备及其相关性能

微孔混凝土中的孔隙系统由混合料在拌合过程中加入的泡沫而来，而性能优良的泡沫是微孔混凝土中形成封闭均匀微孔体系的首要条件。泡沫属于热力学上的不稳定体系，但通过动力学因素可以使其在混合料的搅拌、浇筑和水化硬化的一定时间内保持稳定，达到在 FC 中形成均匀的封闭微孔体系的目标。

3.1　泡沫形成的原理

以物理发泡方法生成泡沫并且使其相对稳定的过程是基于表面活性剂的作用原理，这一原理用 Gibbs 吸附等温方程式（3-1）来表达。按照体系自由能降低原理，表面活性剂液体和空气搅拌混合过程中，界面（与空气的界面也称表面）将产生过剩吸附，即表面活性剂在空气界面的浓度高于在主体溶液中的浓度而产生过剩浓度差（此处记为 Γ），正是这种过剩吸附使界面自由能降到最低而使气泡从溶液隔离出来得以相对稳定，从而形成了独立的气泡[1-2],[4-5]，以液膜隔离出来的众多气泡构成的群体称为泡沫。

$$\Gamma = -\frac{1}{RT}\frac{\mathrm{d}\sigma}{\mathrm{d}\ln C} \tag{3-1}$$

式中　Γ——溶质的表面过剩浓度差，mol/L；

　　　R——气体普适常数；

　　　T——吸附平衡时的温度，绝对温度，K；

　　　σ——溶液的表面张力；

　　　C——溶质在主溶液中的平衡浓度，mol/L。

正吸附作用：$\mathrm{d}\sigma/\mathrm{d}c<0$　　　$\Gamma>0$

负吸附作用：$\mathrm{d}\sigma/\mathrm{d}c>0$　　　$\Gamma<0$

无吸附作用：$\mathrm{d}\sigma/\mathrm{d}c=0$　　　$\Gamma=0$

由于作为泡沫剂的表面活性剂降低液气界面能（表面能），因此产生的都是正吸附，当发泡剂的浓度到达某一点后发泡量陡然增加，该点称为临界发泡浓度（critical foam concentration，CFC）。而随着其浓度进一步增加达到某一临界点后，发泡量和 Γ 值不再有明显的增加，这一点称为临界胶束浓度（critical micelle concentration，CMC）。达到临界胶束浓度时的溶液的表面张力降至最低值，此时再提高表面活性剂浓度，表面张力不会进一步降低，而是大量形成胶束，随着表面活性剂浓度的进一步增加，胶束会从单分子转变为球状、棒状和层状结构。

3.2 泡沫的结构

当空气混入含有泡沫剂的水溶液中时，发泡剂的憎水基和亲水基分别朝向空气和水，迅速将空气包围而形成具有一定厚度液膜的气泡，气相为分散相，水为分散介质，因此泡沫是气体与水溶液组成的分散体系。表面活性剂的单分子层厚度有 20～30nm，可是泡沫壁的厚度能达到 300nm 以上，这是由于形成吸附层的缘故[1],[3],[7],[14]，如图 3-1 (a) 所示。处于净水中的气泡基本上瞬间就会消失，但在有表面活性剂存在的水溶液中能在一定时间内稳定存在，因为吸附层的存在增加了泡沫的稳定性。用于 CFC 中泡沫的稳定时间不仅要满足泡沫与料浆的均匀混合以及拌合物的浇筑过程，而且要满足浇筑之后随着浆体凝结硬化，孔隙液膜周围产生支撑强度为止的整个过程，以保证最终在基材中形成封闭微孔的硬化结构。

应用于 CFC 的泡沫经过高压气流打出，其体积密度大（即泡沫之间的间距较小），呈相互挤压状态；又随着自发排液，泡沫间距进一步缩小，各个被液膜包围的气泡在压力平衡时变成多面体，也被称为多面体泡沫，形貌如图 3-1 (b) 所示。三个气泡相邻时互成 120°最为稳定，其交接处被称为普拉特奥边界（Plateau borders，以下简称 Plateau 边界），伴随着 Plateau 边界的产生，液膜表面之间会发生一系列物理化学变化。

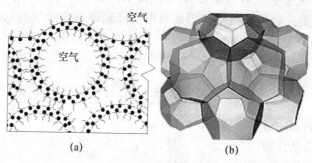

图 3-1 泡沫的形态
(a) 球形泡沫；(b) 多面体泡沫

3.3 泡沫的经时物理化学变化

泡沫在以水为介质的液体中即使是含有表面活性剂，也只能稳定存在一定的时间，这里有稳定和不稳定因素的相互作用，而使其不稳定的因素都是自发的热力学因素，使其暂时稳定的是动力学因素。从泡沫形成到破灭的时间区间内，液膜随着时间发生着一系列的物理化学变化，我们这里称其为经时物理化学变化。

3.3.1　泡沫不稳定的机理与影响因素

1. 气泡液膜的压力

由上述原理可知，表面活性剂在气泡表面的吸附形成了液膜，根据表面活性剂的种类和分散介质不同，有单层液膜和双层液膜甚至多层液膜的泡沫，但本书内容仅涉及双层液膜结构，如图 3-2 所示。这一结构可以认为属于凹液面状态，液膜产生指向中心的附加压力，而根据 Young-Laplace 方程，双层液膜产生的附加压力如式（3-2）所示。

$$P_s = P_{s,1} + P_{s,2} = 4\sigma/R \tag{3-2}$$

式中　P_s——气泡内部压力；

　　　$P_{s,1}$——外层液膜产生的压力；

　　　$P_{s,2}$——内层液膜产生的压力；

　　　σ——溶液的表面张力；

　　　R——气泡的半径。

2. 液膜的排液

图 3-3 是多面体泡沫排液过程示意图，图（a）为刚从发泡机生产出的泡沫的状态，这时的泡沫孔径较小，液膜较厚，且基本为圆形；但随着排液过程的进行，液膜变薄，孔径变大，初步形成 Plateau 边界而导致排液加快，如图（b）所示；排液过程的持续进行使得 Plateau 边界更加明显，液膜进一步变薄，而形成如图（c）所示的多面体形状。

图 3-2　气泡的结构
与压力分布

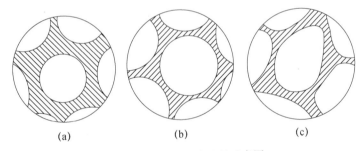

图 3-3　液膜的演变过程示意图

（a）泡沫初始状态；（b）初步形成 Plateau 边界；（c）多面体形状

在实际的多面体泡沫体系中，Plateau 边界是由多个泡沫形成的交界，为便于分析，以如图 3-4 所示的 3 个气泡形成的 Plateau 边界剖面为模型，从理论上分析一下排液的原理。气泡壁之间的液体处于凹面状态，此处为了简化，按单液膜考虑，气泡之间的两液膜内的液体压力 P，气泡的内压为 P_i，由于表面张力引起的附加压力为 P_s，根据 Young-Laplace 方程，它们之间的量化关系如式（3-3）和式（3-4）所示。

$$P = P_i - P_s \tag{3-3}$$

$$P_s = \frac{2\sigma}{R} \tag{3-4}$$

附加压力的方向指向曲率圆的中心，式中的 σ 为表面张力，R 为曲率半径。

由式（3-3）和式（3-4）可知，交界点 P_b 处的曲率半径小，产生指向中心的附加压力大，因而壁膜之间的液体的压力 P 较小；而 A、B 和 C 处的曲率半径大，产生的附加压力小，因而液体内的压力 P 较大。因此 A、B 和 C 处的液体会自动流向 P_b 处，导致 A、B 和 C 处的液膜逐渐变薄，当薄到一定程度时就会发生泡沫的破裂[3-6]。

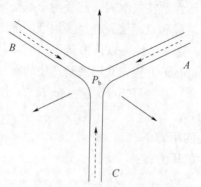

图 3-4 P_b 边界液体移动示意图

3. 液膜内液体的重力移动

液膜的液体由于受到自身重力作用，顶部的液体流向底部，底部液膜逐渐变厚，而顶部逐渐变薄，以至破裂，如图 3-5 所示。当液膜越厚时，受重力作用析液越快，黏度越高的液体析液越慢，反之越快。但是，当液膜黏度过大，吸附水分较多时，也会加快初期水分的流失。

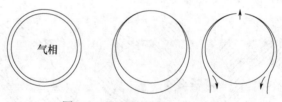

图 3-5   液膜内液体的重力移动

已有研究[7]、[14]指出，在气泡壁薄膜上出现小孔时，表面能转变为膜破裂的动能，小孔扩大的速度 u 可表示为式（3-5）。

$$u=\left(\frac{2\sigma}{h\rho}\right)^{0.5}$$
（3-5）

式中的 σ、h 分别为表面张力和液膜厚度。由式（3-5）可见，液膜表面张力越大，厚度越小，破裂的速度越快。

4. 气泡间气体的转移

在液体泡沫体系中泡沫直径大小不一，根据 Young-Laplace 方程得出式（3-6），由此式可见，小气泡（半径 R_2）与大气泡（半径 R_1）的半径相差越大，两气泡之间的压差（Δp）越大，于是压力大的小气泡内的气体自动扩散到大气泡里，小气泡逐渐变小而消失，大气泡由于液膜变薄而破灭，原理示意图如图 3-6 所示。

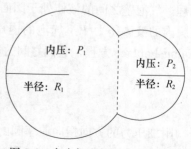

图 3-6   大小气泡的压力差示意图

$$\Delta P = P_2 - P_1 = 2\sigma\left(\frac{1}{R_2} - \frac{1}{R_1}\right) \tag{3-6}$$

小气泡中的气体透过液膜扩散至低气压的大气泡里，气泡的大小处在变化中，其半径变化与表面张力和时间的关系如式（3-7）所示。

$$R^2 = R_0^2 - 3k\sigma t/P_0 \tag{3-7}$$

式中　R_0、R——$t=0$ 和 t 时刻的半径；

$\quad\quad\quad\sigma$——表面张力；

$\quad\quad\quad P_0$——大气压；

$\quad\quad\quad k$——透过性常数。

通常利用气泡半径随时间变化的速率来表示液膜的透气性，以此表达气泡的稳定性。

5. 黑膜现象

从微观来看，刚生成的泡沫液膜的结构是由两层吸附表面活性剂的膜层中间分布着表面活性剂的水溶液（以下简称中间液层）构成的，这一水溶液层可达数百纳米的厚度，而当厚度为可见光波长的整数倍时，就会出现光的干涉现象，在泡沫表面可见类似彩虹的条纹。

但是，随着水分的蒸发和泡沫自发排液的进行，液膜的厚度越来越薄，光的干涉现象不再出现，而中间液层的表面活性剂浓度逐渐增大，就会发生如图 3-7（a）所示的结构变化，两层吸附表面活性剂的膜层因中间的溶液层变薄而进一步靠近，且以亲水基朝内相对排列，膜层的密集排列从外观来看就是黑膜。而每一对膜层的厚度为 5nm，这时的液膜由数个成对的膜层构成[1]。

黑膜形成与表面活性剂的种类、溶液的浓度和黏度等有密切的关系，当原始溶液中表面活性剂的浓度较高时，随着排液和水分蒸发的进行，中间液层达到临界胶束浓度时就会形成胶束，可能会形成如图 3-7（b）所示的球形胶束分布与中间的类似"三明治"

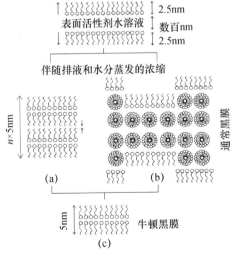

图 3-7　泡沫黑膜的形成过程

（a）两层液膜靠近；（b）"三明治"结构的黑膜；（c）牛顿黑膜

结构的黑膜[1]。黑膜只是泡沫演变的物理化学过程的一个阶段，随着中间液层中表面活性剂的流失，泡沫在破灭之前的液膜变成以亲水基相对排列的内外层，且厚度在 5nm 的内外吸附层构成的黑膜，称为牛顿黑膜，如图 3-7（c）所示。

3.3.2 利于泡沫相对稳定的机理与相关因素

1. 自修复作用

泡沫液膜有一定的自修复作用，分别被称为吉布斯（Gibbs）弹性效应和马拉高尼（Marangoni）效应，两者是紧密联系的过程，都是来自液膜的表面物理化学作用。

（1）吉布斯弹性效应

吉布斯弹性效应的原理如式（3-8）所示，当液膜被拉伸使其面积增大时，局部的表面活性剂浓度降低而导致表面张力增大，使得液膜的 Gibbs 弹性力增大而促使其恢复原态，过程的示意如图 3-8 所示。

$$E = 2A\ (d\gamma/dA) \tag{3-8}$$

式中 E——Gibbs 弹性力；

A——液膜的表面积；

γ——表面张力。

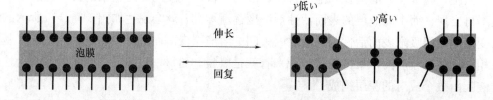

图 3-8 液膜的 Gibbs 弹性效应示意图

（2）马拉高尼效应

Marangoni 效应对液膜的修复作用的原理是，当液膜受到外力作用而发生局部变薄时，相应部位面积增大，所吸附的表面活性剂分子的密度随之减小而导致表面能增高，这时表面活性剂会自动向减薄的部位聚集使液膜得以修复[5],[7],[12-13]，因此 Marangoni 效应有助于泡沫的稳定，它源于表面活性剂趋于平衡的自发移动，其过程的示意如图 3-9 所示。

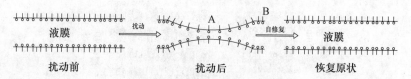

图 3-9 液膜的 Marangoni 效应示意图

2. 表面黏度

当液膜的表面黏度增大时，排液速度减慢，同时表面强度增加，因此增加介质的黏度有利于提高泡沫的稳定性。但是在机械发泡时，如果黏度过大，会使发泡倍数减少，泡沫的携液量过大，使拌合物流动性增加较大，发生各原材料组分的分离现象（上浮或下沉等），所以应用于 CFC 的发泡剂要有合适的黏度，过小或过大都不利于泡沫的稳定。

图 3-10 为黏度与泡沫寿命相关性一例[2],[4-5],[15]，表现的是月桂酰异丙醇胺对 0.1% 月桂酸钠溶液（pH＝10）泡沫表面黏度影响的曲线，由此可见，随着溶液中前者浓度的很小量增加就可使液体表面黏度显著增加，而使泡沫寿命有较大延长，这是由于增加了液膜强度的缘故。

而泡沫在 CFC 拌合物中表现出的黏度以及对拌合物工作性的影响，不仅仅是泡沫本身的问题，还与混凝土拌合物各组分材料的性能有关。

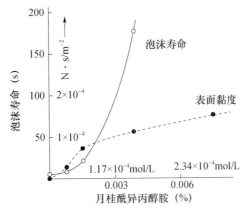

图 3-10 泡沫寿命和表面黏度的关系

3. 温度的影响

一般来说，当温度升高时，气泡内的气体膨胀，同时液膜中的水分蒸发加快而使液膜变薄，泡沫更易破灭，因此泡沫的稳定性随温度升高而下降，如 OP 剂等，实例如图 3-11 所示[6]。但是，有一些种类的泡沫在一定的温度范围内，其稳定性会随着温度升高而提高，这是因为这类发泡剂有随着温度提高而溶解度增加的特性。如 SDS 就有这样的特点，当温度在 40℃ 以下时，由于随温度升高其溶解度增加而使气泡的直径减小，泡沫的稳定性提高；而超过 40℃ 后，随温度升高气泡直径迅速增大，稳定性明显下降[16]，如图 3-12 所示。

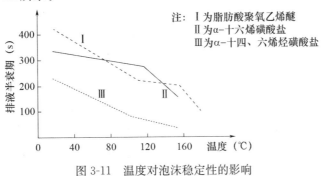

图 3-11 温度对泡沫稳定性的影响

由于形成泡沫的表面活性剂种类和泡沫制作的工艺过程不同，各种泡沫的稳定性对于温度相关的程度也不同。图 3-13 是合成发泡剂与生物发泡剂复合的预制泡沫的稳定与温度相关性的测试结果（中国建筑技术中心试验数据），可见温度升高加快了泡沫的析液速度，40℃ 环境下经过 40min 已经超过了 23℃ 环境下 80min 的析液量。析液量因温度升高 17℃ 约增加了 50%，可能是由于温度升高加快了泡沫的膨胀速度和液膜水分蒸发的缘故。

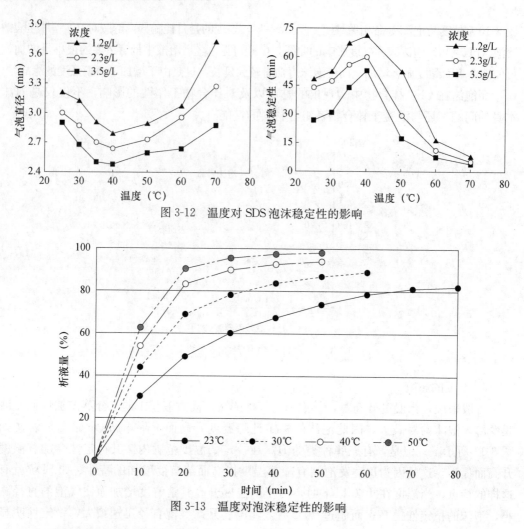

图 3-12 温度对 SDS 泡沫稳定性的影响

图 3-13 温度对泡沫稳定性的影响

4. 液膜的表面电荷

液膜表面的电性作用较为复杂，以离子型表面活性剂稳定的气泡为例，液膜的表面吸附表面活性离子形成带有同号电荷的表面，反离子分布在液膜表面形成扩散双电层，双电层越厚越能够阻止泡沫的聚集，有利于泡沫的稳定。低价的反离子需要聚集得更多才能保持表面电性的动态平衡，因此形成的双电层较厚，如 Na^+ 较 Ca^{2+} 形成的双电层较厚，有利于泡沫的稳定。另一方面，当介质中电解质浓度增大或是有更多高价的离子解离出来都会压缩双电层，导致气泡之间的距离变小，而按照库仑定律，两带电粒子距离小于或等于 r_0（平衡距离）时，其相斥作用力陡然增加，又能阻止气泡的进一步接近，有利于泡沫的稳定。在实际情况中，前一种作用的效果应该可以肯定，而后者的效果只有在距离小于或等于平衡距离（约为 $10^{-7}mm$）时才会发生，对应用于微孔混凝土拌合物的泡沫来说，通常情况下处于这一状态的概率有多大尚不清楚。

另外，能使得液膜外双电层的致密度和强度提高的因素，也对增加气泡的稳定性有正面的效果，如增稠剂和某些无机盐等。有文献报道，加入水溶性无机盐有稳定气泡液膜的作用[9-10],[17]，可能不仅仅是上述化学作用，或许伴有物理作用增加液膜密实性的效果。日本有研究表明[24]，在含有微小 SiO_2 粒子的泡沫水溶液中加入 NaCl 促进了泡沫的稳定，而且随着 NaCl 摩尔浓度的增大，相应的泡沫体积也随之增加。

3.4　用于 FC 的泡沫的制备及其基本性能

上述讨论的是泡沫自身的物理化学特性，但是在混凝土拌合物中或与浆体混合过程中的泡沫，泡沫受到物理和化学以及力学的综合作用，其稳定性与泡沫单独存在的情况有很大不同，两者并不是完全对应的关系。只有在水泥基拌合物中稳定的泡沫，才是制备 FC（包括 CFC）所需要的。

3.4.1　泡沫的制备方法

应用于 FC（包括 CFC）中的泡沫是经机械发泡后再混入料浆的，具体又分为湿法和干法泡沫。较为详细的内容在第 2 章已述及。干法制得的泡沫相对于湿法的泡沫含水分较少，泡沫孔径也较小，其多面体状态更多，泡沫较为稳定，可以用于制备密度在 $1100kg/m^3$ 以下的 FC[8],[12-13]。本书所讨论的主要是干法泡沫的 FC。

干法泡沫制备的工艺原理是将发泡剂在高压气流的推动下在管内进行高速流动，类似快速搅拌作用，在这一过程中发泡剂、水和高压气流被充分地混合，由于上述的表面能原理，发泡剂吸附于被分散的气体表面形成气泡，泡沫通过输送管排出后的形态如图 3-14 所示。

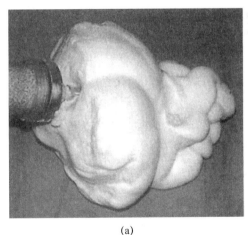
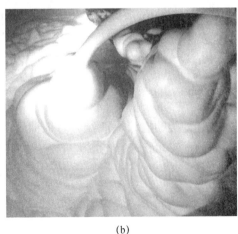

（a）　　　　　　　　　　　　　　　　（b）

图 3-14　干法泡沫的形态
（a）含水率较低；（b）含水率较高

3.4.2　泡沫稳定性的表征

用于 FC（包括 CFC）的泡沫的最重要的性能是其稳定性，稳定性常以泡沫的半衰期指标表征，即泡沫体积减少一半或析液量占泡沫总质量的一半所经历的时间来表示[10]。本研究改进相关试验提出的比较准确而实用测定方法如图 3-15（a）所示，这种方法可以实时测出泡沫的析液量，得到泡沫的半衰期和稳定性的经时曲线。在实际生产中常采用便捷的测定方法，用一个量筒装入一定体积的泡沫，记录泡沫体积消失一半时经过的时间，即为半衰期，如图 3-15（b）所示，此方法虽然不如前者方法精确，但简便易行适合现场应用。行业标准《泡沫混凝土》（JG/T 266—2011）中推荐以发泡倍数、沉降距和泌水量作为泡沫剂的性能指标，其中后两者用来表征泡沫的稳定性，方法也较为简便实用。用于发泡倍数测定的主要仪器的容积为 25mL、直径 60mm 的无底玻璃筒；用于沉降距和泌水量测定的仪器是如图 3-16 所示的泡沫质量测定仪。沉降距测定时先将泡沫装满仪器至与上口齐平，将 25g 的薄铝板浮于泡沫表面，静置 1h 薄铝板下沉的高度即为沉降距，析出的水量即为泌水量。

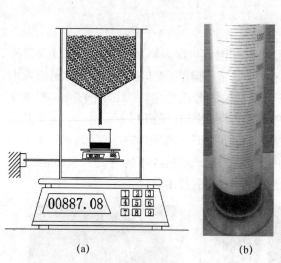
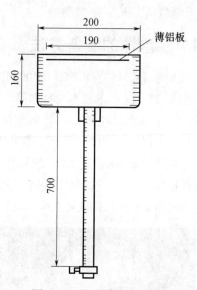

(a)   (b)

图 3-15　析液量或泡沫半衰期的测试方法　　　　图 3-16　泡沫质量测定仪
（a）精确测量（质量）方法；（b）观察方法

大多数种类的泡沫析液经时特征曲线如图 3-17 所示，可见泡沫的析液开始较快，随着时间的推移，析液速度逐渐变缓。这可能是由于随着液膜之间的水分逐渐减少液膜

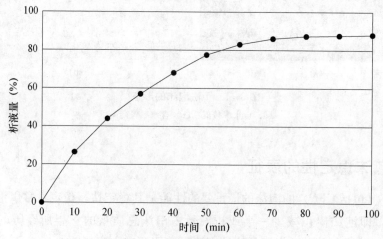

图 3-17　泡沫析液经时特征曲线

变薄，泡沫自重变小而使重力排液减弱的缘故，但是以不同种类泡沫剂制备的泡沫的特征曲线有别。

　　应该指出的是，上述几种方法都是表征泡沫单独存在时的稳定性，泡沫的自身稳定性与在微孔混凝土拌合物中的稳定性还不是完全一致，某些情况下会有较大的差别，在拌合物中比单独存在时不稳定或更稳定的情况都可能有，这跟水泥、掺合料和使用的外加剂的性质有关，在生产中应予注意。

3.5　FC 拌合物中泡沫的基本性能

3.5.1　泡沫的密度与携液量

　　通常情况下，应用于 FC 的泡沫的密度以 $80\sim110\mathrm{kg/m^3}$ 为宜，当密度过小时，泡沫的液膜较薄，容易消泡，特别是当拌入混凝土混合料中时，受到浆体的挤压更容易发生消泡现象。但是密度过大，携液量也大，容易使排液加快，也会影响泡沫的稳定。发泡剂有合理的稀释倍数，当稀释倍数大时，生成的泡沫密度较小。

　　特别是当携液量较大且不稳定的泡沫搅拌于混合料时，释放的水分会迅速增大浆体的流动性，易发生料浆的离析而影响混凝土的质量。

3.5.2　制备过程的气压与气泡孔径

　　制备用于 FC 的泡沫的机械给出的气压一般为 $0.4\sim0.8\mathrm{MPa}$，在一定范围大小可调。当气压较大且与进液量匹配时，不仅生成的泡沫总量体积大，而且孔径小，气泡稳定，泡沫之间相互挤压，形状为多面体，呈现如图 3-1（b）所示的状态，外观如图 3-13 所示。而当气压小，进液量大时，生成的泡沫孔径较大，最大可达 5mm，且液膜较薄，泡沫的承载力低泡沫不稳定，不足以支撑自身重力，因此整个泡沫体积不易呈现立体状，而成为平面状态，气泡的形状多为圆形且气泡间距较大，如图 3-18 所示。这样的泡沫用于 CFC 会使拌合物立刻变稀，极易发生气泡上浮和消泡，使拌合物的工作性受到明显影响。

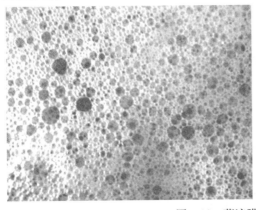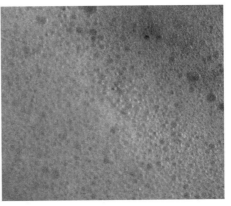

图 3-18　薄液膜泡沫的外观

3.5.3　拌合物中泡沫液膜的吸附现象

泡沫在 FC 料浆中的环境与其单独存在时有很大不同,水泥水化过程中各种离子以及水化产物等会吸附或分布于液膜周围,对其稳定性有明显影响。若液膜为离子型的表面活性剂构成时,表面会吸附活性离子形成具有同号电荷的表面,反相离子分布在其周围,形成扩散双电层,液膜接近时会受到相同电荷的相斥作用,使各气泡保持一定距离而处于相对稳定状态;但当较多离子存在于液膜之间时,双电层被压缩而变得较为致密,对稳定气泡有正面作用。有些矿物粒子能够吸附于液膜外表面,增加了液膜的厚度因而增加其稳定性[11],因此处于水泥浆体中的泡沫其稳定性高于单独存在时;对于阴离子表面活性剂构成的泡沫,如果加入较强疏水性表面的添加剂会降低其稳定性,但是加入有适当疏水性的微小颗粒添加剂时有一定的稳泡效果,这取决于其湿润角(即接触角)的大小[9-10],[24]。粒子与液相的接触角接近 90℃时的稳泡效果最好,因这时接触面的自由能下降最多,因而最稳定,原理如式(3-9)所示。

$$\Delta G = \gamma \pi R^2 \ (1-\cos\theta)^2 \tag{3-9}$$

式中　γ——接触面的表面自由能;

R——粒子的半径;

θ——粒子与液相的接触角。

泡沫在混凝土拌合物中所处最多的环境主要是水泥、粉煤灰和硅灰等,它们的水化或吸附情况影响气泡的稳定性。图 3-19 是中国建筑技术中心相关试验结果,图中所示的各种材料的添加量是按稀释后的发泡剂液体的百分比计算的,虽然在发泡过程中分别添加上述材料之一的情况与混凝土拌合物中气泡所处多离子环境还是有差别的,但是试验结果对于理解拌合物中泡沫的稳定性仍有一定参考价值。

试验以泡沫的析液量(%)作为测定稳定性的指标,析液快代表泡沫稳定性差。由试验结果可见,分别加入水泥、粉煤灰和硅灰对降低泡沫析液量效果明显,特别是初期析液量降低尤为显著,但后期逐渐与基准趋于一致。就三种胶凝材料/辅助胶凝材料的早期效果而言,以水泥的效果最突出,粉煤灰优于硅灰的效果。可以理解为水泥的水化较快,水合离子和水化产物吸附或分布在气泡表面,增加了膜层厚度,因而提高了其稳定性。

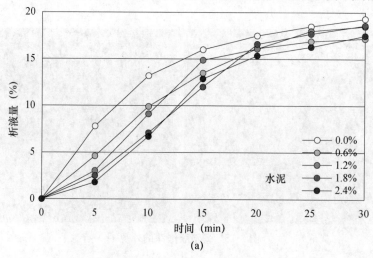

(a)

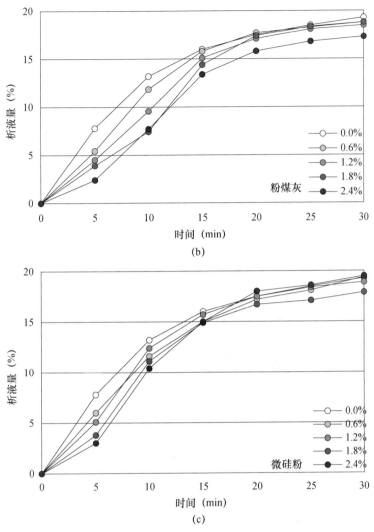

图 3-19 胶凝/辅助胶凝材料对泡沫稳定性的影响

（a）加入水泥；（b）加入粉煤灰；（c）加入微硅粉

3.5.4 气泡合并对 FC 硬化结构的影响

如前所述，小气泡变成大气泡的合并是一种自发趋势，在制备 FC 时，搅拌过程使气泡均匀分布于拌合物中，正常情况下气泡在拌合物终凝之前保持稳定，随着水化硬化就形成微孔均匀分布的硬化结构，如图 3-20（a）所示；但是，如果泡沫不稳定，泡沫容易发生合并现象，小气泡的气体合并到大气泡导致大气泡破灭，在拌合物内部的气体不易逸出，出现不均匀的大孔，这一过程持续进行而释放水分使浆体稀化，已浇筑的混合料会发生不均匀下沉现象，会使硬化体变成不均匀的结构，如图 3-20（b）所示。如果大的气孔在表面，就会直接逸出，会在表面留下孔洞，不仅破坏了浇筑面的美观，严重时还会出现表面下沉。

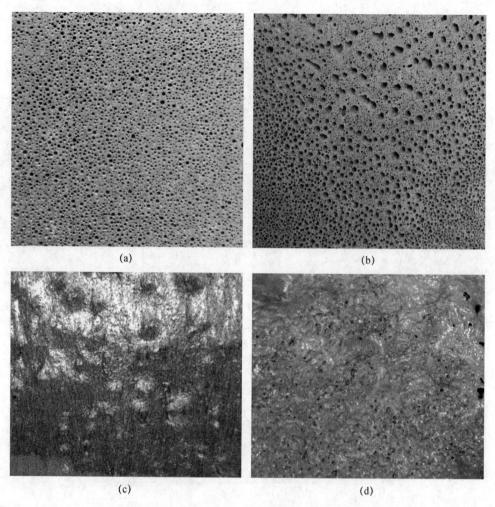

图 3-20　气泡稳定性对 CFC 结构和浇筑面的影响
（a）气泡稳定 CFC 内部结构；（b）气泡合并导致的 CFC 内部沉降
（c）气泡稳定的浇筑面；（d）气泡逸出导致浇筑面的开孔麻面

3.5.5　温度对 FC 拌合物中气泡稳定性的影响

前面已述及温度对泡沫的影响，但各个行业使用的泡沫的类型较多，受温度影响的情况也不尽相同。对于用于 FC 的发泡剂来说，当温度低于 10℃时，一般会变得黏稠，影响在发泡机管路中的流速，而且不易充分发泡；当温度高于 35℃，虽能充分发泡，但在放置时间段内，受水分蒸发影响，液膜减薄较快，泡沫的稳定性也会受影响。

正常硬化的 CFC 的表面没有气孔且呈光滑状态，如图 3-20（c）所示，而对于已经混合于拌合物中的泡沫，当温度较低时水泥水化硬化变得缓慢，甚至离析，这时其中的泡沫容易破裂，表面的气泡则容易逸出，在 CFC 表面形成许多开放性孔隙，类似图 3-20（d）。而气泡稳定，适当升高温度虽然也会使其中的气体膨胀，泡沫容易破裂，但是同时也加快了混凝土的硬化，对泡沫产生封闭效果。但是如果升温过快（如太阳能养护或蒸汽养护的情况下），气泡的迅速膨胀可能会使混凝土产生许多裂纹，甚至出现酥松现象。

3.5.6　低气压条件下泡沫在 FC 中状态的变化

通常的 FC 的制备和应用是在常压下进行的，随着国民经济和国防建设事业的发展，将有更多的工程在高原低压环境条件下施工建设，因此研究 FC 拌合物中泡沫在低压下的状态有重要的实际意义。

海拔为 3000m、4000m 和 5000m 高度的气压分别约为 0.68、0.6 和 0.53（atm），在这些环境的 FC 拌合物中的气泡会发生膨胀，导致整个浆体的体积增大，同时由于气泡的膨胀，液膜变薄，增加了破灭的危险，这与在常压下 FC（含 CFC）的制备和施工环境有很大不同。

本试验采用的原材料为水泥、细砂（粒径 2mm 以下）、水、减水剂、泡沫和增黏剂；水泥：细砂为 2：1（质量比），通过掺入泡沫的多少来制备湿密度（以下简称密度）分别为 805kg/m³、986kg/m³ 和 1160kg/m³ 的拌合物，而同一密度的拌合物分别制备两份，分别为基准的（不加增黏剂）和加入增黏剂两种，加入增黏剂的编号在密度后面标"♯"。由于浆体的塑性黏度与 JP14 流出时间有确定的相关性（见第 2 章相关内容），本试验中浆体的塑性黏度按照日本标准 JSCE—F541 规定的 JP14 漏斗的流出时间进行表征，如图 3-21 所示。经测定制备基准拌合物的流出时间为 20～24s，增黏拌合物的流出时间为 39～43s，后者（称为高黏）约为前者（称为基准）的 1.86 倍，可以近似理解为黏度增加的倍数。

图 3-21　用 JP14 测定浆体流出时间

图 3-22 是测试常压和减压条件下密度为 805kg/m³ 的泡沫砂浆（FM）拌合物形貌的照片，图（a）为减压用的真空泵，图（b）和图（c）分别为常压下和 0.5atm 下基准拌合物孔隙状态的形貌，图（c）为高黏拌合物在 0.5atm 下形貌。在试验过程中观察到低压下泡沫的破裂并不明显，但是可以观察到随着气压的降低料浆发生持续膨胀，直至达到与压力平衡，这是料浆里气泡发生膨胀的结果。在这一过程中，气泡在料浆中均匀分布的状态似乎无改变，也无离析的情况出现。但是气泡的膨胀倍数与拌合物黏度有比较确定的相关性，黏度高的拌合物中的气泡直径明显小于低黏度的（基准拌合物）。

图 3-23 为不同密度的 CFC 拌合物（基准）随着压力降低发生的体积膨胀倍数，可见随着气压降低拌合物体积膨胀，而密度越小的料浆，膨胀倍数越大。与基准浆体相比密度增加 170～180kg/m³，膨胀倍数降低 5%～6%。图 3-24 是高黏度拌合物的压力降低与体积膨胀的关系，由试验结果可见，随着环境压力的降低，拌合物的膨胀倍数与其黏度有着确定的相关性，黏度大的拌合物膨胀倍数和孔径明显小于基准的，在本试验条件下，高黏度的拌合物比基准的膨胀体积降低了 10%左右。所以，低压下制备与施工 CFC 拌合物，提高黏度也是控制拌合物气泡稳定性的措施之一。

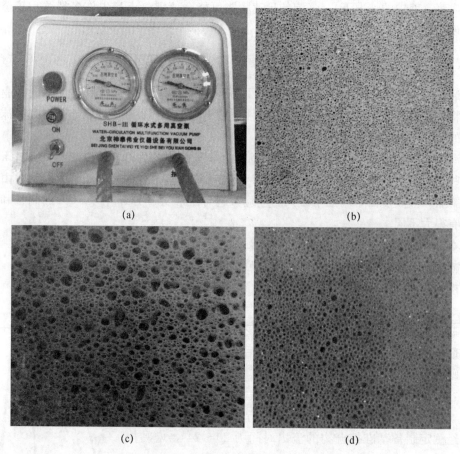

图 3-22　抽真空设备与不同压力下拌合物气孔的变化
（a）试验用真空泵的仪表盘；（b）常压下拌合物的孔隙
（c）0.5atm 下的拌合物（低黏度）的孔隙；（d）0.5atm 下的拌合物（高黏度）的孔隙

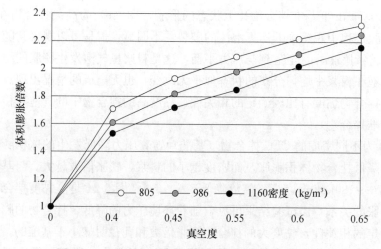

图 3-23　环境气压降低与拌合物（基准）的膨胀倍数

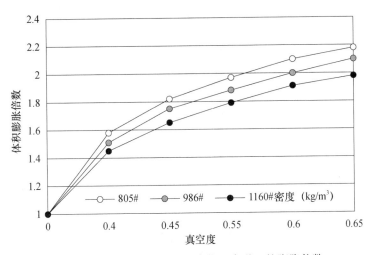

图 3-24　环境气压降低与拌合物（高黏）的膨胀倍数

除了上述的环境压力变化对拌合物中的气泡形态产生影响外，在生产、拌合物以气流输送过程中和浇筑投放时都会对气泡产生撞击和挤压，按照流体力学的伯努利定理，当拌合物在管道内高速度流动（如轻质微孔生土拌合物常以高速气流输送方式进行充填施工）时，内部的静压力会降低因而导致气泡变大，不利于气泡的稳定。特别是在拌合物通过断面变窄或经过产生涡流的部位，压力会进一步降低而引起气泡膨胀，当随后进入较高的静压段时就容易使泡沫破灭，类似于流体的"空化"现象，这与拌合物自身的黏滞性和温度也有密切的关系。

研究拌合物中的气泡在动力条件下的稳定性有重要的实际意义，日本有学者采用试验和模拟解析的方法研究了温度、压力以及介质流动状态对气泡稳定性的影响，所涉及的内容较为复杂，此不赘述。

但是值得一提的是，日本学者对于含有气泡的新拌混凝土在不同气压下养护的研究也得到一些很有参考价值的结论[20-23]。试验的主要过程是，通过 AE 引气减水剂引入气泡的混凝土拌合物在浇筑试块之后分别在 $0\sim0.5MPa$ 范围内的不同气压下养护。试验结果表明，在混凝土水化硬化的过程中，其中的气泡始终处于与外压的平衡中，外压影响着气泡的状态、结构形成和混凝土的性能。得出的主要结论有：

（1）养护时的压力越大，混凝土的强度越高；

（2）对新浇筑的混凝土施压养护，结果使 $0.2\mu m$ 以上的毛细孔隙减少，而使 $0.01\mu m$ 以下的更微小孔隙增多；

（3）气泡直径的减小对混凝土强度的提高有正面的作用，但会因混凝土的具体情况不同而有别，当导致气泡数量减少并且使气泡间隔系数增大的情况发生，可能对混凝土的抗冻融性能产生不利的影响。

本章小结

本章表述了用于 FC（含 CFC）的预制泡沫制备的物理化学原理和方法，介绍了泡沫的基本性能、表征方法以及稳定的条件和影响因素。作为 FC 重要组分之一的泡沫的状况对 FC 拌合物和硬化后的性能有着重要的影响，由于预制泡沫仍是处于亚稳定状态，消泡现象极易发生。在实际生产中要通过技术手段使其能够在混凝土制备、浇筑和水化硬化具备能支持微孔结构的初始强度为止这一阶段内保持稳定，达到使浇筑体形成具有封闭微孔体系、体积稳定的硬化结构的目标。

　　用于 FC 中的泡沫与通常的化工等行业所用的泡沫有所不同，除了所处浆体中的水泥水化产生的各种离子、添加剂等对泡沫的影响外，搅拌和施工过程中来自料浆和骨料的挤压、摩擦以及混合料浇筑投放的冲击、环境的温度和压力等也会对泡沫的稳定性产生负面或许是正面的影响，依具体情况有别。在生产实践中应从发泡剂、发泡设备和泡沫制备过程（即动力学过程）、拌合物的性质以及浇筑投放方式等方面综合考虑才能收到好的效果。

本章参考文献

[1] 竹内节.界面活性剂 [M].千叶：米田出版，2010.

[2] 青木健二.泡の安定化と消泡機構に関する考察 [J].塗料の研究，No.156，2014.10.

[3] 沈钟，赵振国，王果庭.胶体与表面化学 [M].3 版.北京：化学工业出版社，2004.

[4] 谢剑耀，樊世忠.泡沫的稳定性 [J].油田化学，1988 (5).

[5] 赵国玺.表面活性剂作物理化学 [M].北京：北京大学出版社，1991.

[6] 赵国玺，朱瑶.表面活性剂作用原理 [M].北京：中国轻工业出版社，2003.

[7] 刘德生，陈小榆，周承富.温度对泡沫稳定性的影响 [J].钻井液与完井液，2006 (7).

[8] 顾惕人，朱瑶，李外郎，等.表面化学 [M].北京：科学出版社，1994.

[9] Use of foamed concrete in construction，edited by Ravindra K. Dhir，Moray D. Newlands and Aikaterini McCarthy，Proceedings of the international conference held at the University of Dundee，Scotland，2005.7.

[10] 李兆敏，孙乾，李松岩，等.纳米颗粒提高气泡稳定性机理研究 [J].油田化学，Vol. No.4，2013.12.

[11] 林霖，翁韬，房玉东，等.压缩空气泡沫析液过程分析 [J].中国科学技术大学学报，2007 (1).

[12] 吕科宗，蒋新生，徐建楠，等.防灭火三相泡沫发泡稳定及流动性能研究 [J].工业安全与环保，2017 (11).

[13] ROJAS Y V，PHAN C M，LOU X. Dynamic surface tension studies on poly (N-vinylpyrrolidone/ N，N-dimethylaminoethyl Methacrylate) at the air-liquid interface [J]. Colloids Surf. A，2010.

[14] BEHKISH A，LEMOINE R，SEHABIAGUE L，et al. Gas holdup and bubble size behavior in a large-scale slurry bubble column reactor operating with an organic liquid under elevated pressures and temperatures [J]. Chem. Eng，2007.

[15] 肖进新，赵振国.表面活性剂应用原理 [M].北京：化学工业出版社，2005.

[16] 张艳霞，吴兆亮，武增江，等.温度对高浓度 SDS 水溶液泡沫稳定性及其分离的影响 [J].高校化学工程学报，No.3，Vol.26，2012 (6).

[17] 赵涛涛，宫厚键，徐桂英，等.阴离子表面活性剂在水溶液中的耐盐机理 [J].油田化学，Vol.27，No.1，2010.

[18] ZHANG T T，ESPINOSA D A，YOON K Y，et al. Engineered nanoparticles as harsh-condition emulsion and foam stabilizers and as novel sensors [A]. SPE Offshore Technology Conference [C]. Houston，Texas，USA，2011.

［19］KAPTAY G. Interfacial Criteria for Stabilization of Liquid foams by solid particles ［J］. J Colloid Interf. Sci，2004，230（1）.

［20］BINKA B P，LUMSDON S O. Influence of particle wettability on the type and stability of surfactant- free emulsions ［J］. Langmuir，2000（23）.

［21］清野和徳，菅田紀之，ほか. 圧力環境下で養生されたコンクリートの気泡組織と細孔構造についてC. 土木学会北海道支部論文報告集，1999.2.

［22］梅村悠，姫野武洋，渡辺紀徳. 加熱面上における気泡成長・脱離過程の数値解析 ［J］. 日本マイクログラビティ応用学会誌，Vol.29，No.1，2012.

［23］高川眞一，中西俊之，土屋利苧，ほか. キャビテーション発生機構に関する研究 ［R］. 海洋科学技術センター試験研究報告，1988.

［24］藤井秀司，村上良. 微粒子で安定化された泡 ［J］. 表面技術，Vol.59，No.1，2008.

第4章 微孔混凝土的水化硬化与基本物理力学性能

硬化 CFC 的基本性能分为物理性能、力学性能、耐久性和功能特性。物理性能主要有孔隙率、密度、干缩和吸水性等；力学性能主要有抗压强度、抗拉强度、弹性模量和泊松比等；耐久性主要有耐蚀性、耐水性、抗冻性和中性化等；功能特性主要有热工性能、声学性能以及抗火性能等。国外对于泡沫水泥（FCS）、泡沫砂浆（FM）和加气混凝土（ALC）研究得较早，得出的结论对于研究 CFC 的性能有一定的参考价值[1-8]。

4.1 CFC 水化硬化过程的影响因素

4.1.1 CFC 水化硬化的特点

在实际工程中，CFC 拌合物浇筑后随着继续水化逐渐进入水化热高峰阶段，随后硬化加快。当其湿密度低于 $500kg/m^3$ 时，由于泡沫含量多而孔隙率大，若受内外因素的影响使水化硬化变得缓慢，在浇筑后的 6~7h 容易发生塌陷或不同程度的沉降。水化硬化缓慢的常见原因有水泥活性低或用量少、掺合料过多、发泡剂的缓凝作用和环境温度过低等。用于生产制品的 CFC，不同于用于坑道充填、地暖或屋顶隔热的 FM，前者不允许有明显的沉降，比如出现收缩超过 1％的情况。而后者对在硬化过程中发生体积变化的控制标准不如前者严格，因为即使出现了明显的体积变化，也比较容易修补。

此外，也有一些环境因素是促进 CFC 拌合物水化硬化的，因而有利于气泡的稳定，最常见的就是相对高的温度和湿度。CFC 与普通混凝土的不同之处，就在于它的微孔状态使其具有隔热特性，使内部的水化热不容易释放出来，而外部环境的热也不容易传到内部。如果浇筑的块体比较大，会造成中心部位温度明显高于表面温度，这些热量的蓄积会加速浇筑物混凝土的水化硬化过程，有可能影响硬化混凝土的物理力学性能，同时存在着内外温差较大引起表面开裂的风险。

4.1.2 浇筑块体的不同部位与水化硬化

图 4-1 是 CFC 浇筑体积为 1.2m×1.2m×0.6m 的砌块坯体的不同部位的温度时程曲线。实测结果显示，浇筑后 6~10h，相继达到水化热高峰，而且从边缘开始越接近中心部位温度越高，在中心部位的温度到达 100℃，这是由于 CFC 的微孔结构使内部水化热不易散出的结果[9-14]。

经对不同部位切块实际测试证明，中心部位的抗压强度较靠近边缘部分的高 15％左右。SEM 观察显示，取自中心部位样品的托贝莫莱石相较边缘部位明显增多，而托贝莫莱石正是水化产物中提高强度和体积稳定性的物相，可见这一特点有利于改善中心部位 CFC 砌块的性能，如图 4-2 所示。但是如前所述，如果内部与表面温差过大，会增加浇筑体在养护期间发生表面裂缝的风险。

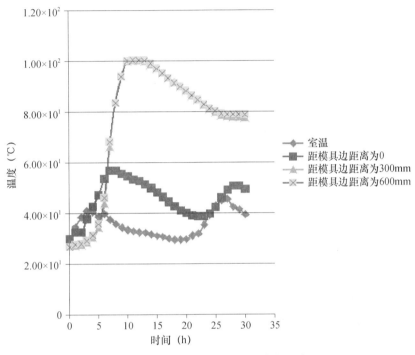

图 4-1　浇筑坯体不同部位的水化温升

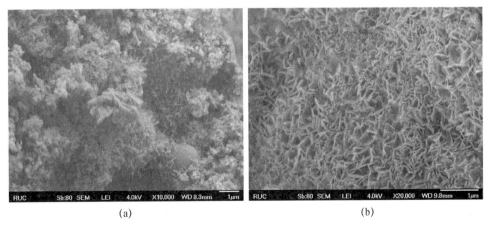

（a）　　　　　　　　　　　　　　　（b）

图 4-2　坯体不同部位样品的 SEM 观察

（a）取自边缘部位的样品；（b）取自中心部位的样品

4.1.3 矿物掺合料和细骨料的影响

1. 粉煤灰的影响

图 4-3 是粉煤灰不同掺量时 CFC 的水化温升，数据是同时采集自几个粉煤灰不同掺量 CFC 浇筑坯体的中心部位，粉煤灰掺量 10％，最高温度峰值的出现推迟了近 5h；粉煤灰掺量 20％，最高温度峰值的出现推迟了超过 7h；粉煤灰掺量 30％，最高温度峰值出现推迟了近 10h，而且温度峰值降低了近 10℃。可见粉煤灰的掺加对水化热峰值的延迟和降低有显著的效果。

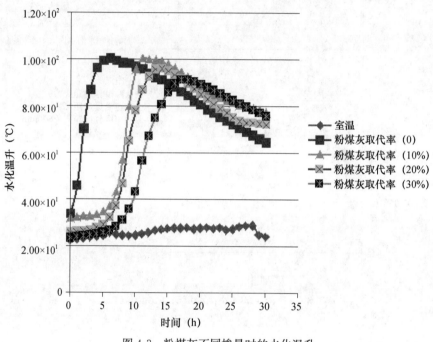

图 4-3　粉煤灰不同掺量时的水化温升

2. 硅灰的影响

图 4-4 是掺加硅灰的温度时程曲线，数据同时采集自对照坯体和 2 个硅灰不同掺量的坯体中心部位，硅灰掺量分别为 25kg/m³ 和 50kg/m³，分别占胶结材总量的约 6％ 和 12％。由试验结果可见，掺加硅灰 25kg/m³，放热峰的出现提前了约 5h，掺加硅灰 50kg/m³，放热峰的出现提前了约 8h，可见硅灰对于水泥早期水化有明显的促进作用，在有热养护的条件下应该谨慎使用。

3. 细骨料的影响

在 CFC 中常用细砂作为细骨料，图 4-5 是加入细河砂对 CFC 水化热的影响，本试验条件下，加入河砂 50kg/m³，不仅放热峰延迟，而且峰值降低约 5℃。推迟放热峰值，有利于降低开裂的风险，所以采用细骨料是改善 CFC 物理力学性能的有效措施之一。

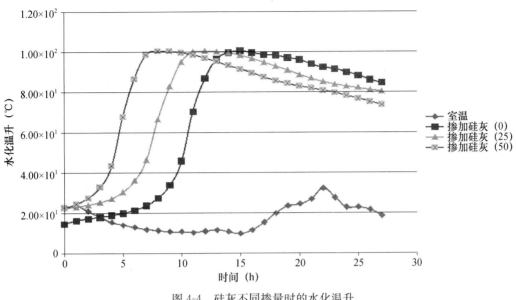

图 4-4　硅灰不同掺量时的水化温升

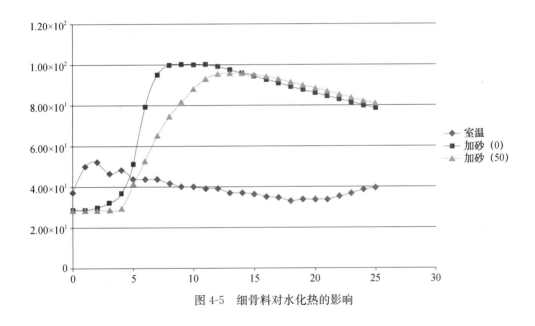

图 4-5　细骨料对水化热的影响

4.2　物理性能

微孔混凝土的物理性能包括密度、收缩、孔隙率和吸水率等，细观结构上孔隙体积超过 20% 的特点使其物理性能较普通混凝土有很大不同。

4.2.1 湿密度与干密度

1. 湿密度与干密度的经验性数据

FC 混合料的密度称为湿密度（fresh density）。硬化后再用干燥箱在不超过 100℃ 的条件下烘干，蒸发掉自由水和吸附水之后的密度称为干密度（dry density）。在自然条件下放置与环境湿度平衡时的密度称为自然干密度，自然干密度会随着所处环境湿度的变化而变化。

对于普通混凝土，测试其湿、干密度并不是很重要，因为两者之间的差别很小，基本上是个稳定的数值。但对于 FM 来说，测试其湿、干密度的数据有着重要的意义。首先因为 FC 从湿密度到干密度降低的幅度大，同时工程上应用的 FC 的密度等级跨度很大，加上骨料的差别，使得其数值产生很大范围的波动。在工程上，其湿、干密度关系到浇筑对模板的侧压力计算、分次浇筑的高度以及结构的净荷载计算等，所以研究 FM 的湿、干密度的变化规律也具有重要的实际意义。

FC 的制备密度不同、原材料的不同，使得其湿密度到干密度减少的幅度差别很大，加入粗、细骨料情况下，变化幅度有所稳定。图 4-6[7] 是原材料相同、密度不同的泡沫砂浆（FM）的湿密度与干密度的关系，由图的数据可见，从湿密度到干密度，减少约 100kg/m³。

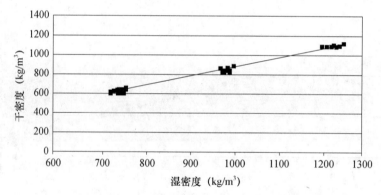

图 4-6　FM 湿密度与干密度的对应量化关系

依据如图 4-6 所示的干、湿密度的试验结果，总结出的两者关系的数学表达式[6] 如式（4-1）所示。

$$\rho_m = 1.034\rho_{dry} + 101.96 \qquad (4\text{-}1)$$

式中　ρ_m——湿密度，kg/m³；

　　　ρ_{dry}——干密度，kg/m³。

按式（4-1），FCS 和 FM 的干密度比湿密度一般要低 100kg/m³ 左右，依新拌混凝土的含水量不同而有所差别。

对于采用陶粒轻骨料的 CFC，原则上说，从湿密度到干密度减少的幅度应该有所降低，因为骨料占据了含自由水的浆体体积，但是实际上由于骨料的吸水率以及用量的变化，增加了湿、干密度之差的不确定性，一般来说减少的幅度多在 60~180kg/m³ 的范围波动。

图 4-7 是中国建筑技术中心的研究者从多批试块中统计出来的 CFC 的湿、自然干燥和绝干的密度的数据。CFC 的湿密度 800～820kg/m³，黏土陶粒的堆积密度为 310kg/m³，陶粒堆积体积掺量为 44％，其表观体积占 CFC 的体积比约为 28％，放置试块的室内相对湿度约为 55％。由图可见，由湿密度到自然干密度约降低了 60kg/m³，到绝干密度降低了 100～150kg/m³。

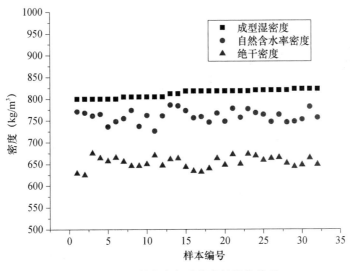

图 4-7　CFC 湿密度与干密度的量化关系

中国建筑技术中心的另一部分试验结果表明，当 CFC 的湿密度增大到 900kg/m³ 以上时，干、湿密度相差的数值可以为 80～110kg/m³，设计密度越大，两者相差越小，这与浆体含水率和骨料的吸水状况有很大关系。当陶粒密度较大，而且自身吸水率不大的情况下，拌合物的密度又是通过增加陶粒的用量来提高到 900kg/m³ 以上的，这时的湿、干密度之差可能低于 80kg；但当拌合物的密度是通过增加胶凝/辅助胶凝材料用量来提高到 900kg/m³ 以上的，湿、干密度之差仍可能达到 100kg。实际生产中依原材料和配比的不同，可能会有较大波动的情况出现。

2. 国外研究总结的干、湿密度的量化关系

国外资料关于微孔混凝土的干、湿密度规律性的研究也很多，以下归纳了部分研究结果。

ASTM C796 推荐的密度计算式[9],[18]为

$$\rho_{dry} = (W_c + 0.2W_c) / V_{batch} \tag{4-2}$$

式中　ρ_{dry}——干密度，kg/m³；

　　　W_c——水泥用量；kg；

　　　V_{batch}——混凝土体积，L。

显然上式适合于不含骨料的情况。

ACI 推荐的密度计算式[9]为

$$\rho_{dry} = 1.2C + A \tag{4-3}$$

式中　ρ_{dry}——干密度，kg/m^3；

　　　　C——水泥质量，kg/m^3；

　　　　A——骨料质量，kg/m^3。

另有其他研究者[9],[19]提出的计算式为

$$\gamma_{dry} = 0.868\gamma_{cast} - 55.07 \tag{4-4}$$

式中　γ_{cast}——湿密度，kg/m^3；

　　　　γ_{dry}——干密度，kg/m^3。

国外提出的一些微孔混凝土干、湿密度的量化关系多指不含骨料的情况，骨料包括粗骨料、细骨料。应用这些公式时，首先要明确所应用对象的微孔混凝土是否与公式条件相吻合。

4.2.2　收缩性能

1. FC 非荷载裂缝的性状分析

混凝土的收缩包括干燥收缩、化学减缩和温度收缩。不含轻粗骨料的 FC 的体积收缩率为 0.1%～0.35%，是普通混凝土收缩率的 4～10 倍。由于 FC 拌合物含水分较多，因而干燥收缩占其收缩量的绝大部分。干燥收缩主要发生在浇筑后的 20d 内，之后逐渐减小。即便是充分保湿养护 14d 的 FC，之后在自然条件下存放也会因表面干缩而发生龟裂，但是一般裂缝较浅，而且长度较小，这时龟裂可使不均匀的表面应力得以重新分布，混凝土干燥至与环境湿度平衡，裂缝不再扩大，因而不影响使用，如图 4-8（a）、（b）所示。但是如果构件长向尺寸较大，加上配筋不够合理或养护不足，容易发生垂直于长向的贯穿性裂缝，裂缝宽度可达 0.5～1mm，深度可达 10mm，如图 4-8（c）所示，这时应加以修补。

另一种是胀缩裂缝，它的发生与环境温度的变化梯度密切相关。在 CFC 复合板生产线的蒸养工艺环节，当蒸养后没有经过合理的降温阶段就出窑，如遇环境温度较低也就是温差较大时，当日就可发生复合板轻质层的表面龟裂，裂纹状况视温差情况而异。如果窑内养护湿度足够，窑内外温差不太大，发生的裂纹宽度一般不超过 0.2mm，洒水后方能显示出裂缝痕迹，基本上属于无害裂纹，如图 4-8（d）所示。现在构件厂一般采用立式养护窑，有时会发生所谓"干热"养护的情况，即湿度不足而养护温度较高（如超过 75℃），这时板材在窑内就可能发生"干热"裂缝，图 4-8（e）所示。它是由于板材内部热胀，表面失水快而收缩共同作用所致，如裂缝宽度超过 0.2mm，板材出厂前应加以修复。

2. 收缩值的量化表达

关于 FC 的收缩，已有较多的研究者总结出了量化表达式，表 4-1 所列的是具有代表性的部分经验公式[1-4],[13-14]。这些表达式实际上关联了密度、孔隙率和细骨料的比率，但只是针对 FCS 和 FM 总结出来的，并不完全适合于含陶粒轻骨料的 CFC。从理论上讲，CFC 的收缩值低于表达式所计算出的数值，但这些表达式对研究 CFC 的收缩仍有重要的参考价值。

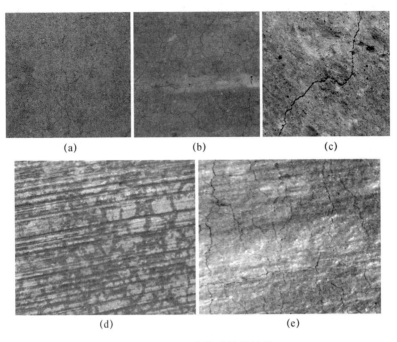

图 4-8　CFC 收缩裂缝的性状

（a）表面龟裂；（b）表面龟裂；（c）构件偏长导致贯穿性裂缝

（d）出养护窑后因保湿不够形成的干缩；（e）蒸养窑内温度高、湿度低形成的裂缝

表 4-1　FCS 和 FM 收缩的经验公式

表达式	附注
$S_{fc} = 0.981 \times 4S_c \ (PR)^{0.693}$	S_{fc}：收缩值，$PR=0.974$，S_c：水泥/砂比值
$S_{fc} = 0.999 \times 3S_c \ (PR)^{0.7721}$	$PR=0.966$，其他同上，适合水泥—粉煤灰—砂基材
$S_{sf} = \dfrac{V_p}{0.023 - 9.657V_p}$	S_{sf}：干缩，适合孔径为 $(20\sim550)\times10^{-10}$m V_p：微孔隙体积（cm^3/g）
$S_{sf} = \dfrac{V_p + 2.787}{1.9}$	字母意义同上，适合孔径为 $(55\sim200)\times10^{-10}$m

3. 原材料对收缩的影响

（1）矿物掺合料的影响

影响 FC 干缩的主要因素有水泥品种、水泥用量、矿物掺合料的种类与掺量、水胶比、引入气泡的体积和养护条件等。早期水化热大可增加后期的收缩，因此采用能降低水化热的矿物掺合料如粉煤灰、矿渣等部分代替水泥可以降低干缩。但是如使用硅灰，如前所述，会使水化放热峰提前，容易使浇筑体由内向外形成较大的温度梯度，而增加开裂的风险，因此硅灰适合于浇筑构件的断面尺寸较小的情况下使用。图 4-9 表明粉煤灰对 FCS 干缩的影响，由图可见，粉煤灰掺量从 30% 到 60%，收缩值逐渐降低。其原因首先是粉煤灰的掺入降低了水化热，其次粉煤灰能比水泥携带较多的水分，因而减少

了硬化过程中的干缩值，可见在 FC 中掺用粉煤灰对降低收缩值有十分显著的效果[6]。

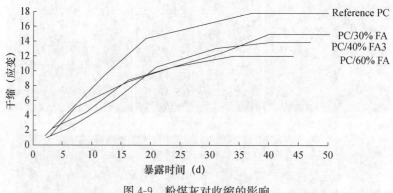

图 4-9　粉煤灰对收缩的影响

（2）骨料的影响

有研究表明采用细骨料（砂）对减小 FC 收缩的效果优于粉煤灰，如前所述，以河砂作为细骨料能降低水化热，有利于减少收缩，同时减少了胶结材的体积分数，因此细骨料对于减少收缩的效果是比较明显的[3],[6-8]。但是河砂用量较大时，会使微孔混凝土的密度增加较大，实际生产时应考虑恰当的用量。

同时采用适当用量的轻粗骨料（如陶粒、火山渣和炉渣等）可以显著减少 FC 的收缩，其效果依骨料的种类和混凝土的密度不同而有所差别[3],[6-8]。中国建筑技术中心研究了各种陶粒对不同密度 FC 收缩的影响，图 4-10 为含有与不含陶粒微孔混凝土同温度（温度保持为 11～13℃）、湿度（相对湿度保持为 40%～45%）条件收缩测试中的部分试件的实景。图 4-11～图 4-13 是其试验结果。其中 1♯、2♯和 3♯是以水泥和粉煤灰为胶结材，但不含骨料的微孔混凝土拌合物，湿密度依次分别为 580、730 和 800（kg/m³）。而分别在三者中依次加入陶粒表观体积 25%、23% 和 21% 的微孔混凝土拌合物，记为 1c♯、2c♯和3c♯。试件成型 1d 后拆模，随即装入测试架，随着龄期自动记录收缩值。由图 4-11 可见，随着测试龄期的延长，1♯和 1c♯收缩值的差别明显增大，到 28d 龄期，含有骨料的 1c♯的收缩值与不含骨料的 1♯相比，前者约为后者的 48%；由图 4-12 可见，2♯和 2c♯收缩值随龄期的变化趋势与 1♯和 1c♯的相同，但收缩的绝对值有所减少，28d 龄期 2c♯的收缩值约为 2♯的 51%；由图 4-13 可见，3♯和 3c♯与 1♯—1c♯系列、2♯—2c♯两系列对比，收缩的变化趋势相同，28d 龄期 2c♯的收缩值约为 2♯的 61%。

图 4-10　骨料对收缩影响的测试中的部分试件

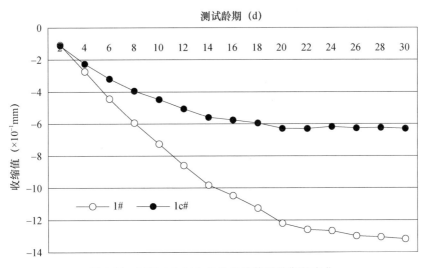

图 4-11　试件 1♯ 与 1c♯ 的收缩值随龄期的变化

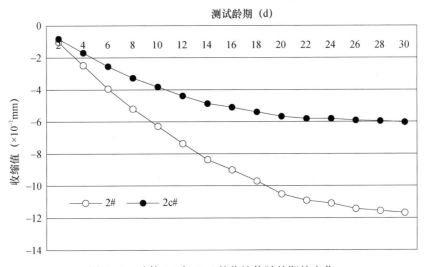

图 4-12　试件 2♯ 与 2c♯ 的收缩值随龄期的变化

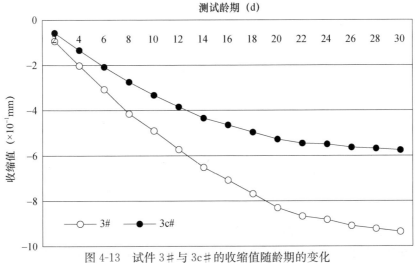

图 4-13　试件 3♯ 与 3c♯ 的收缩值随龄期的变化

由上述三个系列的试验结果对比可以看出，陶粒对微孔混凝土有非常明显的减缩作用，混凝土的密度越小，陶粒的减缩作用越显著，甚至减缩量达到 50％以上。

4. 收缩与密度的关系

如上所述，微孔混凝土的密度分为湿密度、干密度和自然密度，制备不同密度的微孔混凝土通常是通过调整轻骨料用量和泡沫用量来实现。

中国建筑技术中心对不同密度的 CFC 硬化过程中的收缩性能进行了系统的试验研究，实际上在上述的图 4-11～图 4-13 中已经包含了不同密度的微孔混凝土在相对稳定的温度和湿度条件下收缩的部分试验结果。图 4-14～图 4-16 为不同密度的微孔混凝土在温、湿度自然变化条件下收缩的测试情况。图 4-14 为试验中的部分试件，试件成型后标准养护 1d 脱模，试件继续标准养护 1d，进入第 3d 即安装于室内自然环境（不加改变温、湿度的措施）的测试架上开始测试，收缩值由电子数显千分表记录，部分测试至龄期 25d（成型龄期 28d），试验结果如图 4-15 所示。曲线 A、B 和 C 分别为湿密度 650、800 和 1000 的 3 批试件随时间的收缩曲线，可见 CFC 硬化过程中的收缩随着龄期逐渐增大，到第 4 周趋缓；而且收缩与密度有密切的反相关性，密度越小的收缩越大，到 28d 龄期（实测龄期 25d）收缩分别达到 1.1mm/m、0.8mm/m 和 0.62mm/m。

图 4-14　不同密度的部分试件的收缩测试

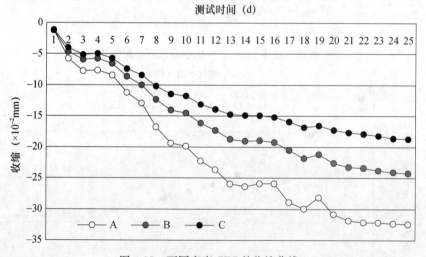

图 4-15　不同密度 CFC 的收缩曲线

CFC 的收缩性能对环境湿度的变化较为敏感，图 4-16 表示了不同相对湿度条件下收缩值的变化，试件与图 4-15 相同，相对湿度对应于图 4-15 横坐标的测试龄期。可见，某一日的相对湿度一旦发生变化，当日的收缩值就能有所反映。这就说明了硬化期间的保湿养护对于减少收缩避免开裂有十分重要的作用。

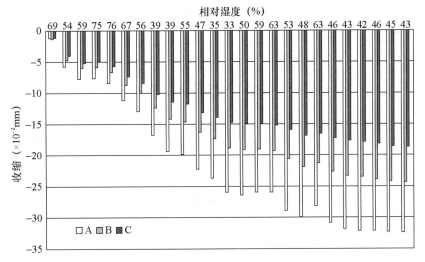

图 4-16　收缩与相对湿度的关系

4.2.3　孔隙系统

分布在 FC 中的气泡可以看成一个孔隙系统，表征这个系统的参数有孔隙体积、孔径大小、孔径分布、孔隙形状和孔隙间距等。最大孔径一般不超过 3mm，孔径的最可几分布区间为 0.5～1.5mm。孔隙分布状态对混凝土强度有明显的影响，孔径分布窄的有较高的强度[2],[3],[9]；含有较高泡沫体积的情况下，容易发生泡沫的合并从而使分布变宽而引起强度的下降，粉煤灰、硅灰和矿渣微粉有助于在气泡表面形成吸附，阻止气泡的合并，有利于混合料的稳定。孔隙的形状对强度和渗透性有显著的影响，拌合物中稳定的气泡硬化后形成圆形且完整的孔隙，而消泡或气泡合并形成的不规则或相对于圆形来说是变形的孔隙，会造成强度和抗渗透性下降，如图 4-17 所示。图 4-17（a）所示的完整结构的 CFC 硬化体，封闭的微小气泡呈均匀的分布状态，这样的试块可以漂浮

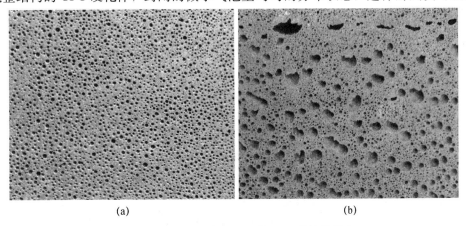

(a)　　　　　　　　　　　　　　(b)

图 4-17　气泡的稳定性对硬化 CFC 结构的影响

（a）稳定气泡形成的孔隙；（b）不稳定气泡形成的孔隙

在水上数日不下沉，这主要是因为内部封闭的孔隙使水分难以浸入混凝土。图 4-17（b）所示的是由于气泡不稳定，小气泡合并成大气泡并发生变形，且料浆发生沉陷的状况。这种情况下，就难以得到封闭孔隙均匀分布的微孔混凝土结构[15],[17]，这样的试块容易吸入水分，抗渗和抗冻性较差。

4.3　力学性能

本节分别讨论 CFC 的力学性能及其影响因素、力学性能与孔隙率或密度等物理性能的量化关系以及各力学性能之间的关系。

4.3.1　CFC 的抗压强度与水胶比等的基本关系以及骨料的影响

对于普通混凝土，强度与水灰比（或水胶比）的对应关系已成为一个定律，实际上反映的是强度与孔隙率的关系。而 FC 的情况较为复杂，其内部的孔隙不仅来自拌合水，也来自混入的气泡，所以仅仅通过水灰比（或水胶比）难以建立与强度的对应关系。日本学者的研究表明，含和不含轻骨料的 FC 抗压强度都与用水量和混入气泡的体积有确定的对应关系[22]，为量化表达两者形成的孔隙体积，对于不含轻骨料的 FC，特别提出一个参数为 k [式（4-5）]，通过大量试验总结出它与抗压强度的量化关系。

$$k = \frac{W - w' + V}{C + w'} \tag{4-5}$$

式中　k——孔隙系数；

　　　W——每立方米混凝土用水量，L；

　　　w'——与水泥进行水化的水量，L；

　　　V——加入气泡的体积，L；

　　　C——水泥体积，L。

通过数据回归分析，得出抗压强度与 k 值的量化关系曲线如图 4-18 所示，总结出的表达式为式（4-6）；总结出的抗压强度与密度的关系曲线如图 4-19 所示。由两图可见，抗压强度与孔隙系数 k 值有着确定的反相关关系，而和密度有着确定的正相关关系。

$$F = \frac{155}{k} - 17 \tag{4-6}$$

式中　F——抗压强度，MPa；

　　　k——孔隙系数。

研究者还通过试验和计算验证，总结出 w'/C 值在夏季和冬季的不同取值，在夏季和冬季分别取 17.4% 和 13.2%。

日本学者的研究[22]也证明，对于使用轻骨料的 CFC，强度和孔隙系数之间存在类似的规律性，但是孔隙系数的表达式稍有调整，考虑骨料影响的孔隙系数 (k') 修改为式（4-7）。

$$k' = \frac{W - w' + V}{C + w' + 0.3A} \tag{4-7}$$

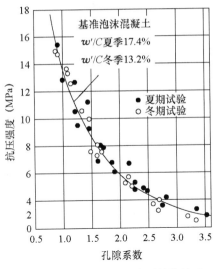

图 4-18　抗压强度与孔隙系数的关系

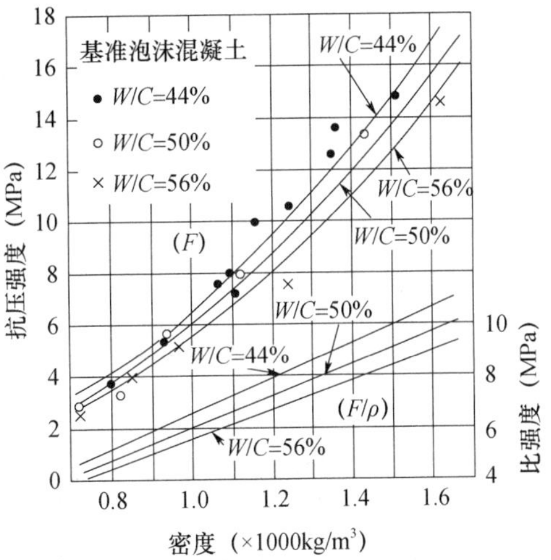

图 4-19　强度与密度的关系

通过试验总结的抗压强度与 k' 的关系曲线如图 4-20 所示，抗压强度与密度的关系如图 4-21 所示。

对比图可知，FCS 抗压强度与 k，CFC 抗压强度与 k' 有确定的反相关的量化关系，这与普通混凝土的强度与水胶比的量化关系很相似。可见，FCS 和 CFC 的强度与孔隙系数量化关系的建立，还是基于混凝土强度与孔隙率的基本关系，将参加水化的水 w' 视为固体部分，剩余的水作为孔隙部分来计；将骨料体积的一部分计为实体。而轻骨料的加入对提高 FC 的强度有正面的效果。

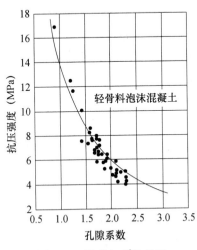

图 4-20　强度与 k' 的关系

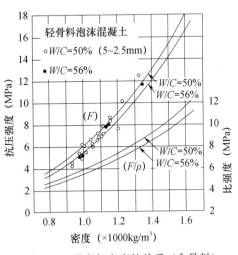

图 4-21　强度与密度的关系（含骨料）

4.3.2　抗压强度与孔隙率的其他研究结论

除上述研究外，欧美的多位研究者也提出了关于 FC 的强度与孔隙率的量化关系，但多数是针对不含骨料的情况得出的结论，其中有代表性的列于表 4-2，表中所列修正式是由 E. P. Kearsley 提出的[5]，p 代表孔隙率。

表 4-2　强度与孔隙率的量化关系

原作者与表达式	修正式[5]	R^2	相关系数
Balshin $\sigma_c = 540 (1-p)^{14.47}$	$f_c = 321 (1-p)^{3.6}$	0.926	0.962
Ryshkevitch $\sigma_c = 636e^{-17.04p}$	$f_c = 981e^{-7.43p}$	0.936	0.967
Schiller $\sigma_c = 81.5\ln (0.31/p)$	$f_c = 109.5\ln (0.66/p)$	0.89	0.943
Hasselmann $\sigma_c = 158 - 601p$	$f_c = 147 - 226p$	0.848	0.921

本章参考文献 [5] 和 [23] 给出了 FC 孔隙率 p 的测定方法，该方法由 Cabrera 和 Lynsdale 研发，具体做法是从 100mm 的混凝土立方块中取直径为 68mm 的芯材作为样品，分别测得样品在绝干状态的质量（W_{dry}）、样品饱水状态在水中的质量（W_{wat}）和在空气中的质量（W_{sat}），再通过式（4-8）算得孔隙率 p：

$$p = \frac{W_{sat} - W_{dry}}{W_{sat} - W_{wat}} \times 100 \tag{4-8}$$

可见，无论是日本还是欧美研究者得出的微孔混凝土强度的相关量化关系，仍像普通混凝土一样基于强度与孔隙率（或密度）相关性的基本原理，只是孔隙率的确定较为复杂。

4.3.3　原材料对强度的影响

1. 水泥

所选用的水泥必须符合国家和行业的现行相关技术标准，对泡沫有较好的相容性。由于拌合物中的气泡处于亚稳定状态，水泥早期的水化硬化速率对保持泡沫的稳定很重要，对于常温养护或在环境温度较低条件下生产 CFC，宜优先选用早强型水泥，在有热养护（太阳能或蒸汽养护）的情况下可选用非早强型复合水泥等，对早强有特殊要求的工程或冬期施工的工程，可选用硫铝酸盐水泥和高铝水泥等。

2. 辅助胶凝材料对强度的影响

有研究表明[6]，高钙粉煤灰（CaO 含量达 40%）对 FCS 抗压强度有明显的正面效应，粉煤灰掺量为 30%～60%，随着掺量增加强度逐步提高，在 60% 掺量时强度增加 1 倍，但掺量到 70% 后，强度转为下降，如图 4-22 所示。

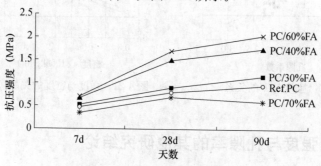

图 4-22　粉煤灰对 FCS 强度的影响

硅灰也是 FC 中常用的辅助性胶凝材料，可提高早期强度，提高拌合物黏度，避免骨料的上浮或下沉，也有一定的稳泡作用，但不宜掺量太大，一般 5％左右即可。

4.3.4　力学性能与密度的关系

CFC 的密度是一项基本物理性能，而且数值变化的跨度大，与各项力学性能有密切的关系；而在力学性能中，各强度属于基本性能，因此讨论 CFC 的密度与立方体抗压强度、轴心抗压强度、抗折强度、劈裂强度的关系，进而讨论其与弹性模量、泊松比等的相关性以及各力学性能之间的相关性，有助于系统地理解 CFC 的基本力学性能。

1. 强度与密度的关系

（1）抗压强度与密度的关系

FC 的抗压强度与密度和孔隙率的关系实际上是一个问题的两个方面，但由于在实际工程中，密度值比较容易测得，所以抗压强度与密度的关系在实际中应用较多。

文献［7］给出的几种混凝土的对应量化关系如图 4-23～图 4-25 所示。图 4-23 显示三种混凝土的抗压强度随密度增加的幅度，轻骨料混凝土由于不引入气体，其强度增加幅度远高于引入气体的 FC 和 AAC，而 AAC 又高于 FC。需要指出的是，这里的 FC 是不含粗骨料的，而当含有轻骨料（例如陶粒）的情况下，多项试验研究已证实 CFC 的强度是高于同密度的 AAC[6]。

图 4-24 显示，不同粉煤灰掺量时，抗压强度和密度的关系基本是相同的，尽管 f/c（粉煤灰/水泥）不同，但随着密度的增加而增加的趋势是相同的，并没有因为粉煤灰的掺量大而降低。

图 4-25 显示不同浇筑密度的 FCS 的 7d 抗压强度与用水量的关系，与普通混凝土不同的是，FCS 强度随着用水量的增加而增加。文献给出的解释是，在几种原材料当中水的密度最小，当限定了密度之后，用水量的增大实际上减少了泡沫的加入量，因此强度得以提高。

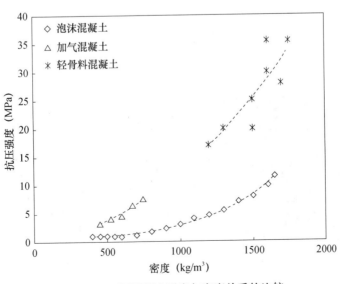

图 4-23　不同混凝土强度与密度关系的比较

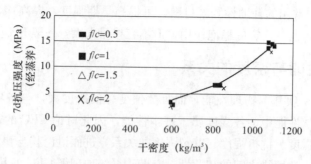

图 4-24　不同粉煤灰用量抗压强度与密度的关系

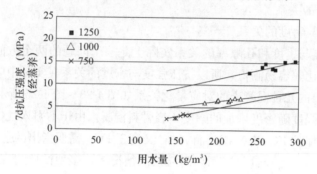

图 4-25　不同用水量与抗压强度的关系

　　中国建筑技术中心研究了不同粒形陶粒（外观如图 4-26 所示）作为骨料的 CFC 抗压强度与密度的关系[15-17],[20-21]，如图 4-27 所示，拟合曲线如式（4-9）～式（4-11）所示。由图中的曲线和拟合关系可知，随着密度增加，各 CFC 的抗压强度几乎呈线性增加，其中球形陶粒增加幅度较大［图 4-26（b），筒压强度 0.95MPa］，优于柱形［图 4-26（a），筒压强度 0.95MPa］和碎石形页岩陶粒［图 4-26（c），筒压强度 4.43MPa］，但总的规律性一致。尽管碎石形页岩陶粒的筒压强度高于其他两者，但是用其配制的 CFC 抗压强度并不高，这是因为页岩陶粒本身的表观密度较大，在本试验配合比中，以减少胶结材用量的方法保持与另外两种陶粒微孔混凝土的湿密度基本相同，因而强度较低。可见，欲使较高密度和筒压强度的陶粒发挥出对微孔混凝土强度的提高作用，必须和与之相适应的基材浆体相配合。

图 4-26　试验所用陶粒的形状
（a）柱形陶粒；（b）球形陶粒；（c）碎石形陶粒

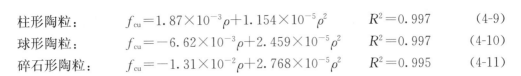

柱形陶粒：	$f_{cu}=1.87\times10^{-3}\rho+1.154\times10^{-5}\rho^2$	$R^2=0.997$	(4-9)
球形陶粒：	$f_{cu}=-6.62\times10^{-3}\rho+2.459\times10^{-5}\rho^2$	$R^2=0.997$	(4-10)
碎石形陶粒：	$f_{cu}=-1.31\times10^{-2}\rho+2.768\times10^{-5}\rho^2$	$R^2=0.995$	(4-11)

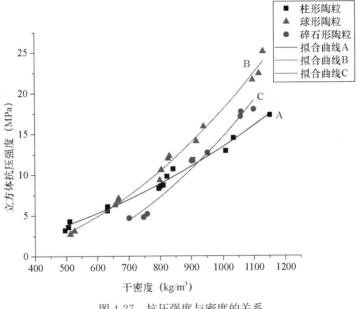

图 4-27　抗压强度与密度的关系

（2）轴心抗压强度与密度

图 4-28 为轴心抗压强度随表观密度的变化曲线，由图可见，轴心抗压强度随密度的增加而提高，但与图 4-27 比较可知，低于同密度对应的立方抗压强度；在较低强度时，以球形陶粒微孔混凝土的抗压强度随密度增加较快，但达到的最高强度以碎石形陶粒的情况为优。

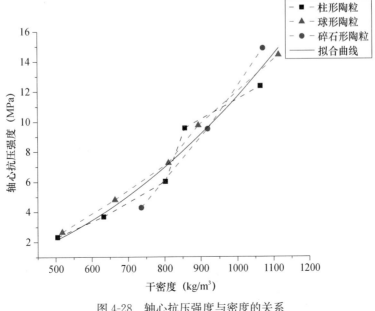

图 4-28　轴心抗压强度与密度的关系

分别采用三种形状陶粒的试件的三条试验曲线比较接近，因此将其拟合成 1 条曲线来表达相同的规律性，如式（4-12）所示。

$$f_{pr} = -3.16 \times 10^{-3} \rho + 1.4813 \times 10^{-5} \rho^2 \qquad R^2 = 0.99 \qquad (4\text{-}12)$$

可见，虽然三种形状陶粒试件的试验结果的规律性很接近，但是在强度较高阶段，碎石形陶粒效果优于另两种，这可以认为碎石形页岩陶粒的筒压强度较高和表面的粗糙程度是主要原因。

（3）劈裂抗拉强度与密度

三种陶粒 CFC 试件的劈裂抗拉强度与密度的相关性试验结果如图 4-29 所示。在密度较小阶段，三种陶粒的情况基本一致，而在密度较大的阶段，碎石形陶粒试件的强度明显高于另两种陶粒的情况，可以认为碎石形陶粒粗糙的表面增加了其与基材的粘结力，表现为抗拉强度明显高于另两者。

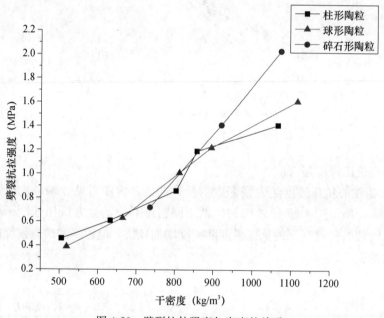

图 4-29　劈裂抗拉强度与密度的关系

（4）抗折强度与密度

三种陶粒试件的抗折强度与密度的关系如图 4-30 所示。使用球形陶粒和柱形陶粒的情况规律性很接近，而碎石形陶粒试件的抗折强度明显高于另两种，原因正如前面所述，是由于碎石形陶粒的表面状况使得其与基材的粘结力较强所致。

2. 弹性模量与密度和抗压强度

（1）基本规律性的研究

已有文献[3]，[13]指出，当 FM 的干密度为 $500 \sim 1500 kg/m^3$ 时，其静力弹性模量变化范围为 $(1 \sim 8) \times 10^3 MPa$，而且采用砂作为细骨料的 FM 的弹性模量明显大于掺用粉煤灰的，加入聚苯乙烯纤维可增加弹性模量 $2 \sim 4$ 倍。表 4-3 为几位国外研究者总结的弹性模量与密度和抗压强度的相关性。

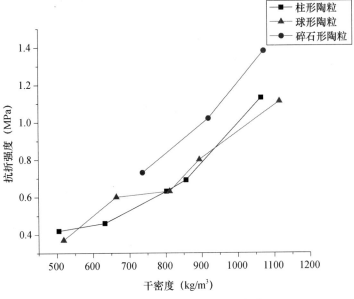

图 4-30　抗折强度与密度的关系

表 4-3　弹性模量的量化表达式

表达式	说明	作者	符号意义
$E = 5.31 \times W - 853$	密度范围为 $200 \sim 800 kg/m^3$	Tada	W—干密度 f_c—抗压强度 E—弹模（MPa）
$E = 33 W^{1.5} \sqrt{f_c}$	Pauw's 方程	McCormick	
$E = 0.42 f_c^{1.18}$	砂作为细骨料	Jones，McCarthy	
$E = 0.99 f_c^{0.67}$	粉煤灰作为细骨料		

上述各相关性并没有涉及含有轻粗骨料的情况，在加入轻粗骨料之后，其弹性模量数值大小有变化，但与其他量对应规律性基本上没有变化。

文献 [22] 分别以陶粒和火山渣作为轻骨料，研究了含有和不含轻骨料的微孔混凝土的弹性模量与强度的关系，无轻骨料时 $E = 635 f^{0.9}$，有轻骨料时 $E = 1200 f^{0.8}$（式中，E 为弹性模量；f 为抗压强度），各自曲线分别如图 4-31 和图 4-32 所示。

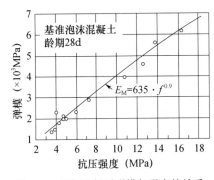

图 4-31　无轻骨料时弹模与强度的关系

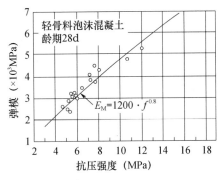

图 4-32　有轻骨料时弹模与强度的关系

由图可见，含有轻骨料和不含轻骨料的微孔混凝土在具有相同抗压强度的条件下，前者的弹模比后者提高了约 20%。

（2）不同性状陶粒的 CFC 的弹性模量与密度和抗压强度的关系

图 4-33 和图 4-34 是中国建筑技术中心对采用不同形状陶粒的 CFC 弹性模量与密度和抗压强度相关性的试验研究结果。

由图 4-33 的 CFC 弹模与密度的关系曲线可知，弹模与密度呈近似线性正相关，所用 3 种陶粒试件的弹模随着密度增加而增加的趋势基本一致，通过试验总结的两者量化关系如式（4-13）所示。

$$E_c = 0.45564\rho + 6.24 \times 10^{-3}\rho^2 \qquad R^2 = 0.991 \qquad (4-13)$$

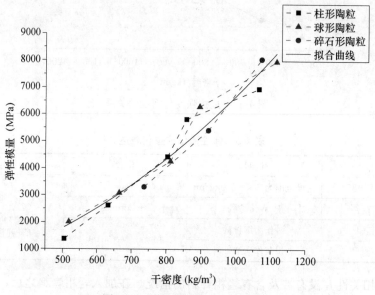

图 4-33 弹性模量与密度的关系

（3）不同性状陶粒的 CFC 的弹性模量与立方体抗压强度的关系

图 4-34 为微孔混凝土弹性模量与立方体抗压强度的关系曲线，混凝土弹性模量与立方体抗压强度呈正相关关系。

参照普通混凝土弹性模量的公式进行最小二乘法拟合，分别得到三种形状陶粒为骨料的微孔混凝土弹性模量与立方体抗压强度的关系式，如式（4-14）～式（4-16）所示。

柱形陶粒：

$$E_c = \frac{10^4}{0.17 + \frac{1.93}{f_{cu}}} \qquad R^2 = 0.9379 \qquad (4-14)$$

球形陶粒：

$$E_c = \frac{10^4}{0.53 + \frac{1.69}{f_{cu}}} \qquad R^2 = 0.9449 \qquad (4-15)$$

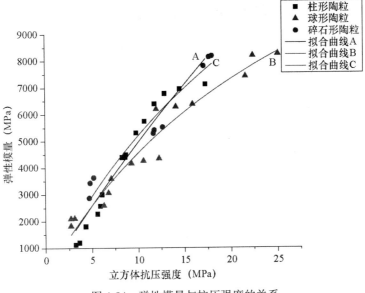

图 4-34　弹性模量与抗压强度的关系

碎石形陶粒：

$$E_c = \frac{10^4}{0.45 + \dfrac{2.17}{f_{cu}}} \quad R^2 = 0.9347 \tag{4-16}$$

3. 泊松比与密度

分别采用三种形状陶粒作为骨料的微孔混凝土的泊松比与密度的关系如图 4-35 所示，由图可见，微孔混凝土的泊松比随表观密度增加而增大，本试验条件下，表观密度为 $505 \sim 1115 \mathrm{kg/m^3}$ 时，其泊松比为 $0.18 \sim 0.31$。

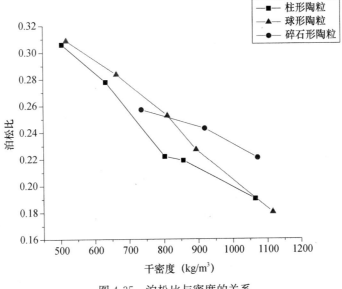

图 4-35　泊松比与密度的关系

4.3.5 立方抗压强度与其他各强度之间的量化关系

无论是对于轻质还是普通混凝土，立方抗压强度都是最基本的性能，因为其他各强度都可以与其建立确定的量化关系，一般情况下使用时只需通过与立方抗压强度的关系计算即可。

1. 轴心抗压强度与立方体抗压强度

图 4-36 是 CFC 的轴心抗压强度与立方抗压强度的相关性曲线，由图可见，与普通混凝土类似，立方抗压强度大于轴心抗压强度，两者为线性正相关关系，轴心抗压强度为立方体抗压强度的比值分布较为离散，为 0.65～0.98。

通过线性拟合，分别得到三种形状陶粒为骨料的微孔混凝土轴心抗压强度与立方抗压强度的关系式（4-17）～式（4-19）。

柱形陶粒：$\qquad f_{pr} = 0.8836 f_{cu}$ $\qquad R^2 = 0.9845$ $\qquad$ (4-17)

球形陶粒：$\qquad f_{pr} = 0.6518 f_{cu}$ $\qquad R^2 = 0.9927$ $\qquad$ (4-18)

碎石形陶粒：$\qquad f_{pr} = 0.8354 f_{cu}$ $\qquad R^2 = 0.9906$ $\qquad$ (4-19)

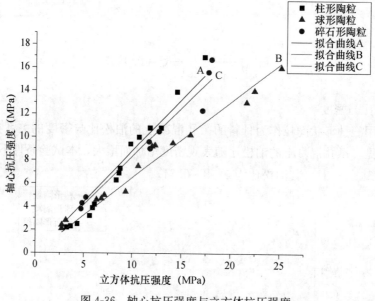

图 4-36 轴心抗压强度与立方体抗压强度

2. 劈裂抗拉强度与立方抗压强度

图 4-37 所示为劈裂抗拉强度与立方体抗压强度的相关性，由图可见，CFC 劈裂抗拉强度随立方抗压强度的升高而增大，呈正相关关系；在本试验条件下，劈裂抗拉强度与抗压强度的比值为 0.07～0.15，有随抗压强度的提高而有所降低的趋势。

通过最小二乘法拟合，分别得到以三种形状陶粒为骨料的 CFC 劈裂抗拉与立方抗压强度的关系式（4-20）～式（4-22）。

柱形陶粒：$\qquad f_{pr} = 0.1535 f_{cu}^{0.8309}$ $\qquad R^2 = 0.9416$ $\qquad$ (4-20)

球形陶粒：$\qquad f_{pr} = 0.1877 f_{cu}^{0.6911}$ $\qquad R^2 = 0.9688$ $\qquad$ (4-21)

碎石形陶粒：　　　　　$f_{pr}=0.1803f_{cu}^{0.8400}$　　　$R^2=0.9838$　　　　　　(4-22)

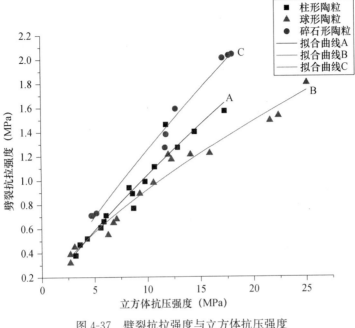

图 4-37　劈裂抗拉强度与立方体抗压强度

3. 抗折强度与立方抗压强度

图 4-38 是根据密度为 1100kg/m³ 的 CFC 部分数据整理的抗折与立方抗压强度的关系曲线，陶粒表观体积掺量 30%，由图可见，抗折与抗压强度的比值约为 0.1。回归关系式如式（4-23）所示。

$$f_{pf}=0.106f_{cu}-0.073 \qquad R^2=0.94 \qquad (4-23)$$

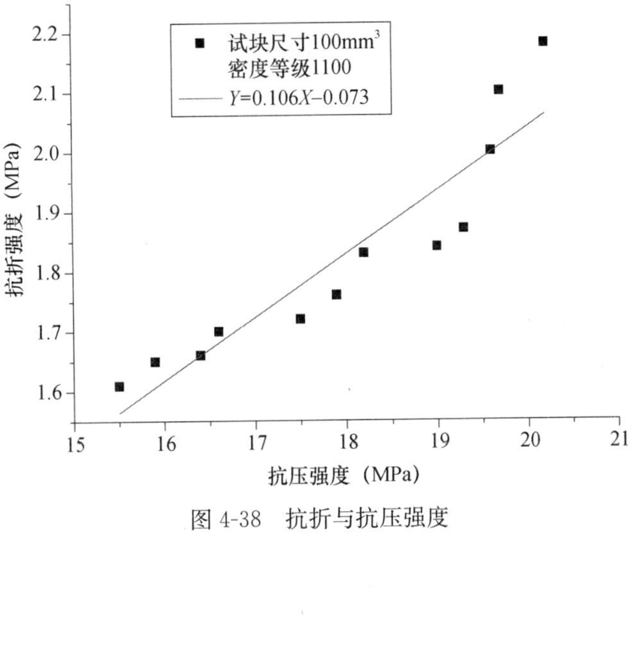

图 4-38　抗折与抗压强度

本章小结

本章讨论了 CFC 的水化硬化特点和基本物理力学性能。物理性能包括密度、孔隙率和收缩性能等；力学性能包括立方体抗压强度、轴心抗压强度、抗折强度、劈裂强度、弹模和泊松比等，也分析了各力学性能之间的关系。迄今，虽然日本多年前曾对轻骨料（包括火山渣）泡沫混凝土有过一些试验研究，但总的来看，国内外对于泡沫水泥（FCS）和泡沫砂浆（FM）的研究较多，对含轻骨料特别是陶粒的微孔混凝土的研究还不算多。陶粒的加入改变了微孔混凝土的诸多性能，针对不同配合比选择合适的陶粒品种和掺量，可提高 CFC 的强度和弹模，减小收缩；同时，一般情况下也能够降低成本。但是由于各种陶粒的性能差别很大，可能使得 CFC 的某些性能处于更大的变化范围，在实际工程应用时应加以注意。

本章参考文献

[1] NAMBIAR E K, RAMAMURTHY K. Shrinkage behavior of foam concrete [J]. Mater. Civ. Eng. 21 (11), 2009.

[2] MUGAHEDAMRAN Y H, Nima Farzadnia, ABANG Ali A A. Properties and application of foamed concrete: a review, Construction and Building Materials [J]. (101), 2015.

[3] RAMAMURTHY K, KUNHANANDAN NAMBIAR E K, G. Indu Siva Ranjani. A classification of studies on propertiesof foam concrete [J]. Cement and Concrete Composites, (31), 2009.

[4] Kearsley E P. Just foamed concrete-an overview. In: Dhir RK, Handerson NA, editors. Specialist techniques and materials for construction. London: Thomas Telford; 1999.

[5] KEARSLEY E P, WAINWRIGHT P J. The Effect of porosity on the strength of foamed concrete [J]. Cem. Concr. Res. (32), 2002.

[6] PAPAYIANNI I, MILUD I A. Production of foamed concrete with high calcium fly ash, Proceedings of the international conference held at the University of Dundee, Scotland, 2005. 7.

[7] REGAN P E, ARASTEH A R. Lightweight aggregatefoamed concrete [J]. Structure Engineering, 1990, 68 (9).

[8] WEIGLER H, KARL S. Structure lightweight aggregate concrete reduced density-Lightweight foamed concrete [J]. Int. J Lightweight concrete, 1980 (2).

[9] GEORGIADES A, FTIKOS C, MARINOS J. Effect of micropore structure on autoclaved aerated concrete shrinkage [J]. Cem. Concr. Res. 21, 1991.

[10] 房善奇. 轻质微孔混凝土的制备及其基本性能试验研究 [D]. 北京：北方工业大学，2014.

[11] 王庆轩. 轻质微孔墙体材料的热工性能与应用技术研究 [D]. 北京：北方工业大学，2015.

[12] 任晓光. 微孔混凝土基本力学性能、热工及隔声性能试验研究 [D]. 北京：北方工业大学，2018.

[13] JONES M R, McCarthy A. Preliminaryview on the potential of foamed concrete as a structural material. Mag Concr Res, 2005 (57).

[14] Beningfield N, Gaimster R, Griffin P. Investigation into the air void characteristics of foamed concrete.

［15］Yunxing Shi，Yangang Zhang，Jingbin Shi，et al. An engineering example of energy saving renovation of external wall of original building with lightweight insulation composite panel. Concrete Solutions2016. Thessalonica，2016. 6.

［16］Qingxuan Wang，Yunxing Shi，Jingbin Shi，et al. An experimental study on thermal conductivity of ceramsite cellular concrete. International Conference on Structural，Mechanical and Materials Engineering2015. dalian，2015. 9.

［17］Yangang Zhang，Yunxing Shi，Jingbin Shi，et al. An Experimental Research on Basic Properties of Ceramsite Cellular Concrete. 2016 International Conference on Advanced Material Research and Application. guilin，2016. 8.

［18］ASTM，Standard test method for foaming agent for use in producing cellular concrete using preformed foam，in：ASTM C796-97；Standard Test method for Unit Weight，Yield，and Air Content (Gravimetric) of concrete，ASTM C138，Q. C138，Philadelphia，1997.

［19］E. P. Kearsley，H. F. Mostert. The Use of foamcrete in Southern Africa，Vol. 172，ACI Special Publication，1999.

［20］任晓光，石云兴，屈铁军，等. 微孔混凝土墙材制品的隔热与隔声性能试验研究［J］，施工技术，2018（16）.

［21］任晓光，石云兴，屈铁军，等. 微孔混凝土基本力学性能试验研究［J］. 混凝土，2018（6）.

［22］仕入豊和，川瀬清孝. 軽量骨材の使用による気泡コンクリートの強度性状の改善に関する研究，コンクリート・ジャーナル，1967. 8.

［23］J. G. Cabrera，C. J. Lynsdale，A new gas permeameter for measuring the permeability of concrete，Mag. Concr. Res. 40（144），1988.

第5章 微孔混凝土墙材的热工和隔声性能试验研究

CFC 砌块、CFC 复合外挂板和装配式复合大板是中国建筑技术中心自主研发的绿色墙材制品，已获得多项国家发明专利，并且在多项重点工程中应用，取得了良好的技术经济效益。本章结合墙材工程应用的实际工况，借鉴国内外相关技术标准对其热工和隔声性能进行了比较系统的试验研究，并对相关热工计算方法从理论上进行了分析。

5.1 材料热工性能试验的原理与方法

5.1.1 导热、蓄热系数

本章采用防护热板法测试研究了微孔混凝土的导热系数。该方法属于稳态测试法，能够较为准确地测出材料的导热系数，但测试周期较长、受测试环境影响较大，对试验条件要求比较苛刻。

防护热板法按国家标准《绝热材料稳态热阻及有关特性的测定防护热板法》（GB/T 10294—2008）中规定的方法进行，采用的导热系数检测设备包括单试件式和双试件式。本法适用于绝干材料导热系数的测试。

本章采用单试件式检测设备，基于一维稳态导热原理，在稳态传热条件下，在试样内部建立以两个近似平行且温度分布均匀的平面为界的无限大平板，进而测出试样冷热面的平均温度以及计量单元的稳态加热功率。则试件的导热系数由式（5-1）计算得到。

$$\lambda = \frac{\varphi \cdot d}{A} \cdot \frac{1}{(t_1 - t_2)} \tag{5-1}$$

式中 φ——计量单元的稳态加热功率，W；

t_1——试样热面的平均温度，℃；

t_2——试样冷面的平均温度，℃；

A——计量面积，m²；

d——试样的平均厚度，m。

目前，材料蓄热系数的测试方法还比较单一，也没有相应的行业或国家标准，本研究对 CFC 蓄热系数的测试，参考行业标准《轻骨料混凝土技术规程》（JGJ 51—2002）进行，蓄热系数由公式（5-2）计算得到。

$$S = 0.51 \cdot (\lambda \cdot C \cdot \rho)^{\frac{1}{2}} \tag{5-2}$$

式中　S——蓄热系数，$W/(m^2 \cdot K)$；

　　　λ——导热系数，$W/(m \cdot K)$；

　　　C——比热容，$J/(kg \cdot K)$；

　　　ρ——密度，kg/m^3。

5.1.2　传热系数

本研究采用热流计法分别研究了 CFC 与其他砌体材料墙体的传热性能以及复合板的传热性能。此法用于室外现场检测时具有一定的局限性，一般应用于冬季采暖居住建筑的测试，限制了其在冬冷夏热地区和冬暖夏热地区的使用。

热流计法是《居住建筑节能检测标准》（JGJ/T 132—2009）推荐的现场检测墙体传热系数的方法，另外，国外标准 ISO 9869—1994 和 ASTM C1046—1995 对热流计法均有明确的规定，国内外标准的表述基本一致。

热流计法是基于傅里叶律，假定墙体是各向同性、连续均匀的介质并处于一维稳态传热过程。测量在冷、热端的温度 t_1 和 t_2（存在温差 $t_2 - t_1$）下通过被测墙体的热流 q，则可根据以下公式得到被测墙体的热阻以及传热系数。

$$R = \frac{t_2 - t_1}{q} \tag{5-3}$$

$$K = \frac{1}{R + R_i + R_e} \tag{5-4}$$

式中　K——围护结构的传热系数，$W/(m^2 \cdot K)$；

　　　R——围护结构的热阻，$m^2 \cdot K/W$；

　　　R_i——内表面换热阻，$m^2 \cdot K/W$；

　　　R_e——外表面换热阻，$m^2 \cdot K/W$；

　　　q——通过被测墙体的热流，W。

5.2　CFC 的导热、蓄热性能

本节测试了设计密度为 $600 \sim 1100 kg/m^3$ 的微孔混凝土的导热、蓄热系数，建立了导热系数分别与干密度、孔隙率、抗压强度和蓄热系数的量化关系，同时分析了测试温差对导热系数试验的影响。此外，以设计密度为 $600 kg/m^3$ 的微孔混凝土为例，确定了该配合比的最优陶粒体积掺量。

5.2.1　试验方案

1. 试件准备

对于 CFC 的导热与蓄热系数试验，每个配合比需准备两组试件，其中 1 组用于导热、蓄热系数测试，另外 1 组用于"平衡控制"调节，试件尺寸均为 300mm×300mm×40mm，如图 5-1 所示。成型试件标准养护 28d 后移置鼓风干燥箱中，在不超过 60℃的条件下烘干至恒重，而后移置干燥器中，自然冷却至室温，等待测试。同时每组配合比成型出 2 组尺寸为 100mm×100mm×100mm 的试件，用于确定干密度、孔隙率和抗压强度。

2. 导热系数、蓄热系数的测试过程

本研究采用导热蓄热系数测定仪（图 5-2）分别测试了微孔混凝土的导热系数、蓄热系数。

为了保证测试数据的准确性，仪器外环境温度须控制为 23～25℃。同时考虑测试温差和制品应用时的实际工况，仪器冷、热板温度分别设置为 18℃、38℃。如图 5-3（a）所示，对于试件的导热系数测试，应提前 15min 从干燥器中取出试件 A，使其与环境温度相平衡，然后在其上下表面分别覆盖一层 1mm 厚导热硅胶片，移至仪器冷、热板之间，并保证与冷、热板位置对应，接触严密。当计量板和冷板允许温差分别小于 0.1℃、0.2℃以及导热系数允许误差在 0.1％以内时，试验进入平衡状态。仪器开始自动采集数据，采集 4 次后测试自动结束，通过计算机采集系统记录试验结果，然后按式（5-1）计算导热系数。

图 5-1　测试用试件

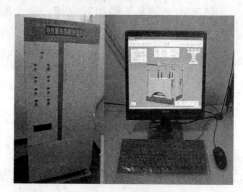

图 5-2　导热蓄热系数测定仪

采用环境平衡法测试不同密度微孔混凝土的蓄热系数。对于试件的蓄热平衡调节如图 5-3（b）所示，由于该过程中冷板始终处于试验外环境，为了使试件能够更快地达到蓄热平衡，试验环境温度的控制显得尤为重要。测试时，将试件 B 置于托架上，放入冷热板之间。试验开始前，仪器热板设置为 38℃，冷板直接暴露于实验室中，温度与环境温度相平衡。通过在控制端输入试件密度、导热系数以及试件厚度等参数进行仪器的自动"平衡控制"，平衡完成后，取出试样托架和试件 B，放入试件 A，将热板与试件

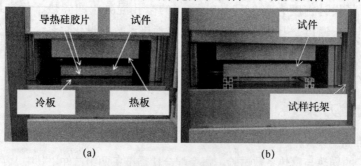

（a）　　　　　　　　　　　　（b）

图 5-3　导热蓄热系数测试方案

（a）导热系数；（b）蓄热系数

A 接触，进行蓄热系数测试。蓄热系数按式（5-2）计算。

3. 微孔混凝土的孔隙率的测试

孔隙率是微孔混凝土的一项基本性能，它与其他热工性能和力学性能有着密切的相关性，本研究中参照水泥密度测定方法的相关标准、泡沫混凝土和蒸压加气混凝土的相关标准[1-3]进行测试，试验部分情况如图 5-4 和图 5-5 所示。

试验中不同密度微孔混凝土的孔隙率，参照下式计算：

$$\varphi（\%）=（\rho-\rho_0）\times 100/\rho \tag{5-5}$$

式中　ρ_0——试件烘干后的表观密度，kg/m^3，采用排水法进行测试；

ρ——试件的真密度，kg/m^3。

图 5-4　表观密度测试

图 5-5　真密度测试

5.2.2　试验结果与分析

1. 导热系数与干密度

本试验的设计密度分别为 600～1100kg/m^3时，各自对应的混凝土拌合物湿密度和硬化后混凝土的干密度如图 5-6 所示。从图可以看出，拌合物实际密度与设计密度之间的差值均小于 50kg/m^3，干密度比拌合物湿密度低 100kg/m^3左右。

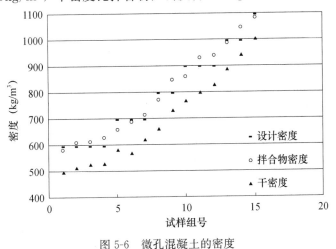
图 5-6　微孔混凝土的密度

拌合物密度与设计密度之间偏差的大小主要取决于泡沫的稳定性，若消泡多将使两者的偏差增大。

经验表明，干密度比湿密度大致低 100kg/m³，对导热系数和密度的量化关系进行研究的文献[4]已有不少，如 Weigler 和 Karl[5] 的研究表明对于掺加轻骨料的泡沫混凝土，干密度每降低 100kg/m³，导热系数减小 0.04W/(m·K)。

图 5-7 给出了微孔混凝土的导热系数随干密度的变化关系，从图可以看出，干密度为 500kg/m³ 的混凝土试件（对应的设计密度为 600kg/m³，记为 DD-600）的导热系数最低，本试验条件下为 0.137W/(m·K)。此外，导热系数随着干密度的增加而增大，两者之间的拟合关系满足 2 次多项式模型，如式（5-6）所示。

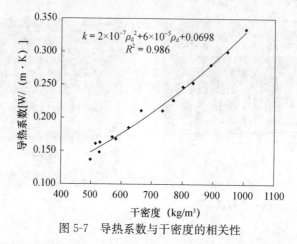

图 5-7　导热系数与干密度的相关性

$$k = 2 \times 10^{-7} \rho_d^2 + 6 \times 10^{-5} \rho_d + 0.0698 \quad (R^2 = 0.986) \tag{5-6}$$

对于掺加油棕榈壳作为粗骨料的泡沫混凝土，Johnson Alengaram 提出了类似的多项式模型[6]。对于轻骨料混凝土，Blanco 提出了导热系数与干密度之间的指数模型关系[7]。以上研究表明干密度是影响材料导热系数最基本的因素之一。

2. 导热系数与孔隙率

微孔混凝土的总孔隙量为基材的孔隙和陶粒内部的孔隙的总和。

图 5-8 显示了 CFC 的导热系数随孔隙率的变化，从图中可以看出，导热系数随着

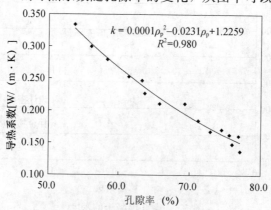

图 5-8　导热系数与孔隙率之间的相关性

孔隙率的增大而减小。导热系数与孔隙率的拟合曲线满足多项式模型，且通过孔隙率表达导热系数的拟合关系式如式（5-7）所示。

$$k = 0.0001\rho_p^2 - 0.0231\rho_p + 1.2259 \quad (R^2 = 0.980) \tag{5-7}$$

试验中还发现，孔径和孔隙率之间存在着一定的相关性。图 5-9 显示了不同孔隙率的 CFC 在相同倍率显微镜下的形貌，随着孔隙率的增加，CFC 内部大孔径的孔隙增多，这是因为掺入的泡沫量较大时，容易发生气泡合并的现象。不同孔径下的孔隙率与导热系数的关系仍需进一步研究。

(a)　　　　　　　　(b)　　　　　　　　(c)

图 5-9　试验中微孔混凝土的孔隙率与孔径

（a）孔隙率 53.7%；（b）孔隙率 63.3%；（c）孔隙率 72.9%

3. 导热系数与抗压强度的相关性

不同密度 CFC 试件的导热系数和抗压强度的关系如图 5-10 所示。

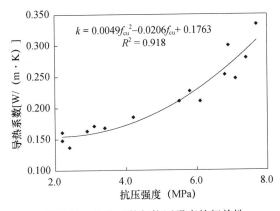

图中公式：

$$k = 0.0049f_{cu}^2 - 0.0206f_{cu} + 0.1763$$
$$R^2 = 0.918$$

图 5-10　导热系数与抗压强度的相关性

由图 5-10 可知，微孔混凝土的导热系数随着抗压强度的升高呈增大趋势，两者拟合关系如图中的表达式所示，$R^2 = 0.918$ 表明二者之间的两次拟合多项式模型是合理的。

抗压强度与导热系数的正相关性，皆因为两者都与 CFC 的密度正相关。此外，随着 CFC 密度的增大，强度随之提高，如陶粒的筒压强度较低（本试验所用陶粒为 1.3MPa），就会成为试件内部的薄弱环节，尽管密度增大，但试块抗压强度的增长却趋于平缓。

4. 导热系数与蓄热系数

围护结构的热传导是一个非常复杂的过程，受多种因素影响，这些因素主要包括测试墙体两侧的温差、表面换热系数、墙体本身的热阻以及伴随热传导同步进行的蓄热、放热过程。不同的围护结构，对应的蓄热系数不同，对温度波响应的敏感程度也就不同。蓄热系数作为测试墙体另一个重要的热物性参数，主要取决于材料的导热系数、密度和比热容，同时受结构厚度、材料湿度等外在因素影响。

本试验 CFC 导热系数和蓄热系数（T_h）之间的拟合关系式如图 5-11 所示。

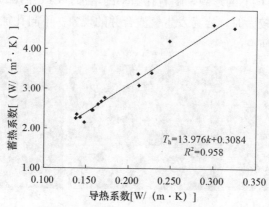

图 5-11　导热系数与蓄热系数之间的相关性

由图 5-11 可知，导热系数和蓄热系数之间存在密切的线性正相关关系。不同密度 CFC 的导热系数集中在 $0.1 \sim 0.3$ W/（m·K）范围，根据拟合公式（$T_h = 13.976k + 0.3084$）可得出其蓄热系数近似为导热系数的 15 倍。

5.2.3　测试温差对动态导热系数的影响

理论上某材料的导热系数是在稳态传热的条件下测得的材料本身的物性指标，不随温差而变化，但在实际应用的条件下，温差变化影响着传热过程，实际测试表明在动态温差的条件下所测得导热系数确实表现出不同的数值，我们姑且称为动态导热系数。许多材料和结构在实际使用的温差条件下，传热过程可能呈现复杂的关系。在这种情况下，可采用一个典型的使用温差来测定动态导热系数，它在较宽的温差范围内与稳态传热的条件下测得结果应近似为线性关系[8-10]。

试验中，冷热板温差分别设定为 10℃、20℃、30℃和 40℃，以设计密度为 600kg/m³（DD-600）为例，研究了测试温差对 CFC 动态导热系数的影响，如图 5-12 所示。

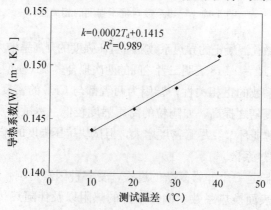

图 5-12　测试温差对动态导热系数的影响

　　由图 5-12 可知，随着温差的增大，CFC 的动态导热系数升高，且两者的拟合曲线呈线性。相关系数 $R^2 = 0.989$ 一方面证明了测试温差对导热系数试验值影响显著，另一方面也验证了在较宽的温差范围内，使用一个典型的使用温差研究这种近似关系，得到的结果为线性关系。对于其他密度试件的测试，也得到了类似的结论。

　　温差增大时，热板的温度升高，则试件的平均温度升高，内部的热运动更加剧烈，此外，气孔包裹的空气导热以及孔壁热辐射也得到增强。因此，微孔混凝土的导热系数与测试温差呈同步增减的趋势。

5.2.4　最优陶粒体积掺量的确定

1. 陶粒体积掺量对 CFC 密度和吸水率的影响

不同陶粒体积掺量与 CFC 的干密度和吸水率的关系分别如图 5-13 和图 5-14 所示。

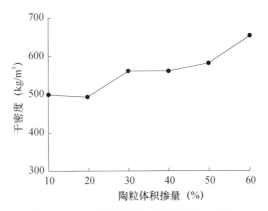

图 5-13　陶粒体积掺量与干密度关系曲线

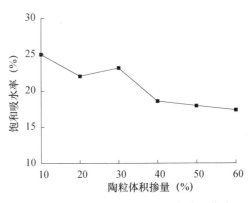

图 5-14　陶粒体积掺量与吸水率关系曲线

　　从图 5-13 和图 5-14 可以看出，随着陶粒体积掺量的增加，试件的干密度呈升高趋势，吸水率呈降低趋势。这主要是本试验选用的陶粒的表观密度（即颗粒密度）大于绝干微孔基材的密度，如选用表观密度较低的陶粒，其密度变化的规律性可能会与此不同；至于微孔混凝土吸水率降低的趋势，应该是由于陶粒自身基本上为封闭孔，所以随着掺量增加微孔混凝土吸水率降低。

考虑混凝土成型工艺和工作性的要求，陶粒体积掺量应小于 60％。而混凝土密度较低时，陶粒的加入不仅有利于限制收缩，而且能在一定程度上提高强度，综合考虑，陶粒堆积体积掺量应大于 30％。

2. 陶粒体积掺量对 CFC 强度和导热系数的影响

本试验所用黏土陶粒的内在封闭孔隙率与干密度为 $600kg/m^3$ 的 CFC 的孔隙率大致相等。对于干密度大于 $600kg/m^3$ 的 CFC，陶粒的加入相当于引入更多的封闭气孔，可有效改善 CFC 的保温能力。对于不同密度的混凝土，陶粒的掺入量对抗压强度的影响是不同的，存在最优掺量。因此，综合考虑抗压强度和保温性能，不同密度的 CFC 均存在最优的陶粒体积掺量。本节只对砌块常用密度（设计密度 $600kg/m^3$）微孔混凝土的最优陶粒体积掺量进行说明，如图 5-15 所示。

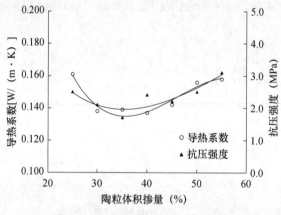

图 5-15　DD-600 的强度与导热系数

图 5-15 显示，导热系数与陶粒体积掺量的拟合曲线，抗压强度与陶粒体积掺量的拟合曲线均为 3 次多项式。且随着陶粒体积掺量由 20％增大到 60％，微孔混凝土的导热系数和抗压强度均先减小后增大，存在极值。且在陶粒体积掺量为 35％时，两者近似同步取得极小值，分别为 $0.135W/(m·K)$ 和 $2.0MPa$。

综合考虑 CFC 的抗压强度与保温性能，得到常用密度下 CFC 的最优陶粒体积掺量为 45％。

5.3　CFC 砌块以及常用砌体材料的传热性能试验研究

本节通过建立多种材料围护结构试验模型，在相同条件下测试了 CFC 砌块、加气混凝土砌块、黏土砖以及细石混凝土空心砌块（含/不含聚苯板）5 种砌体材料墙体的传热系数，并探讨了测试温差、环境温度、风速、墙体湿度以及热桥效应对砌体传热系数的影响。此外，对以上 5 种节能砌体材料的热工指标进行了分析比较，计算了 CFC 砌块墙体的传热系数，根据试验结果，对热阻计算公式提出了修正。

5.3.1　试验方案、模型与搭建

1. 试验所用砌体材料

CFC 砌块、加气混凝土砌块、黏土砖以及细石空心混凝土砌块（含/不含聚苯板）5 种砌体材料的构造如图 5-16 所示。

微孔混凝土砌块：简称 CFC，外形尺寸为 590mm×390mm×190mm，内含一排直径为 75mm 的圆形孔，干密度为 600kg/m³，吸水率为 38.4%，抗压强度为 4.6MPa，如图 5-16（a）所示。

加气混凝土砌块：简称 AC，外形尺寸为 590mm×240mm×190mm，干密度为 600kg/m³，吸水率为 69.5%，抗压强度为 2.98MPa，如图 5-16（b）所示。

细石空心混凝土砌块（填充聚苯板）：简称 FSCHB（EPS），外形尺寸为 390mm×290mm×190mm，内有三排矩形孔，且外侧两排孔填充聚苯板，块体密度为 1008kg/m³，如图 5-16（c）所示。

细石空心混凝土砌块（未填充聚苯板）：简称 FSCHB，外形尺寸为 390mm×290mm×190mm，内有三排矩形孔，如图 5-16（c）所示。

黏土砖：简称 CB，外形尺寸为 240mm×115mm×53mm，干密度为 1600kg/m³，如图 5-16（d）所示。

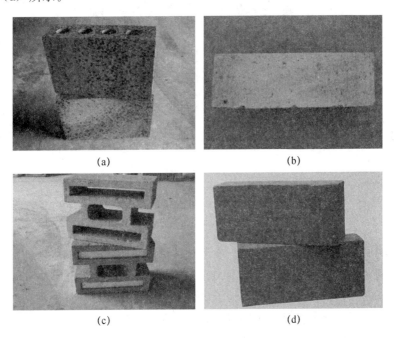

(a)　　　　　　　　　　(b)

(c)　　　　　　　　　　(d)

图 5-16　试验所用砌体材料

（a）CFC 砌块；（b）加气混凝土砌块；

（c）细石混凝土空心砌块（含/不含聚苯板）；（d）烧结黏土砖

2. 模型设计与搭建

本试验设计出多种砌体材料围护结构试验模型（图 5-17），砌体材料包括微孔混凝土砌块、加气混凝土砌块、黏土砖以及细石空心混凝土砌块，通过人为调控环境，维持模型内部的温度稳定和试验要求的温差，保证了各砌体相同的测试条件，增强了测试结果的可比性。

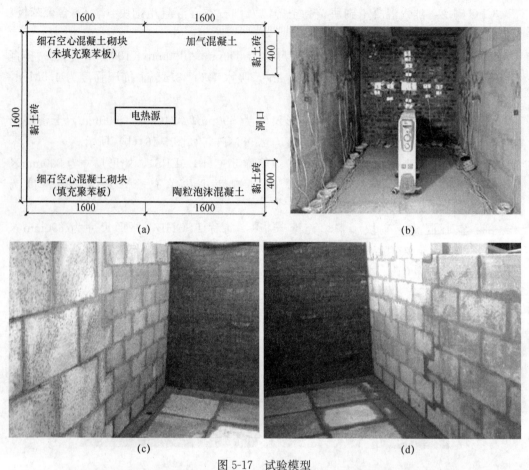

(a)　　　　　　　　　　　　　　(b)

(c)　　　　　　　　　　　　　　(d)

图 5-17　试验模型

(a) 平面简图；(b) 模型内部与测点布置实景图；

(c) 微孔混凝土砌块和细石混凝土空心砌块（填充聚苯板）墙体；

(d) 加气混凝土砌块和细石混凝土空心砌块（未填充聚苯板）

为了使测试条件更接近一维传热，参考相关资料，所建模型的各墙体的高度与宽度近似为厚度的 8 倍，模型平面尺寸为 3200mm×1600mm，由 5 种砌块砌筑而成，各墙体相互搭接紧密，密封性好。此外，为了更好地控制模型内部环境，模型底面和顶面分别采用轻质保温板和聚苯板进行了铺设，且洞口采用 150mm 厚的楔形聚苯板密封，其余未开洞口的 5 种墙体用于传热系数的测试。试验是在更易保证温差的冬季进行的，通过在模型内部设置加热源模拟夏热冬冷地区冬季的采暖环境。为了保证模型内部温度场纵向的均匀性，热源采用纵向布置的电热源。在探究抹灰对墙体传热特性的影响时，抹灰后试验模型的测试时间段与抹灰前对应，选择在次年冬季的同一时间。

3. 所用仪器及测试节点设置

砌体传热系数的测试采用热流计法，具体计算参考式（5-4）。试验过程中，被测砌体的热流密度与被测砌体两侧的温度分别采用热流计和温度传感器测定，使用温度热流巡检仪（图 5-18）进行数据采集，借助微机处理输出热流数值和温度读数（图 5-19），进而计算得到被测砌体的热阻和传热系数。测试过程中，砌体蓄热稳定后进行数据的正式采集。本试验采用累计式测法，每 30min 记录数据 1 次，测试周期为 7d。

图 5-18　热流巡检仪

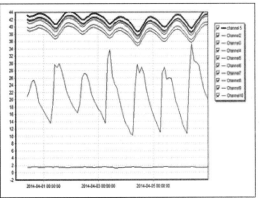

图 5-19　一周期的热流和温度

（1）热流密度

热流计采用 RLJ-10050B 型平板型热流计（图 5-20），其粘贴高度为 900mm，且应尽量粘贴在各墙体的平面中心，同时避开灰缝等热桥部位。热流计使用黄油或导热硅脂粘贴，并在其四周边缘进行缓坡处理，以减少边界条件的影响，最后使用黏性较强的胶带十字形固定，如图 5-21 所示。

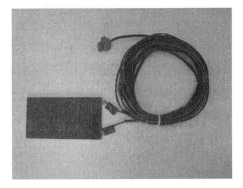

图 5-20　热流计

图 5-21　热流计的固定

（2）温度

温度传感器采用 PT1000 铂电阻式热电偶（图 5-22），粘贴在被测墙体的内外表面。试验表明，温度传感器布置点在满足以墙面的几何中心为圆心，以 $1.5 \sim 2.5h$（h 为墙体厚度）为半径的范围内时，墙体传热系数测试误差小于 1%。因此，本试验在距热流计中心 400mm 的位置均匀布置了 4 个温度传感器，而模型外环境温度比较均匀，仅在热流计中心对应被测墙体的另一侧布置一个温度传感器。此外，所有传感器均用锡箔进行覆盖，以最大限度地削弱热辐射，如图 5-23 所示。

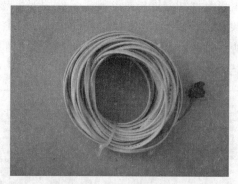

图 5-22　温度传感器　　　　　　　　　图 5-23　温度传感器的固定

（3）风速

试验中，风速的测试采用三杯式风速传感器和配套的风速采集仪（图 5-24）。以 CFC 砌块墙面中心高度处的风速近似为墙面的平均风速，将风速传感器的安置高度定为 80cm。同时距墙面的距离为 15cm。数据采集频率为 3min，重点采集风速集中的时段，取该时段的平均风速作为计算风速。

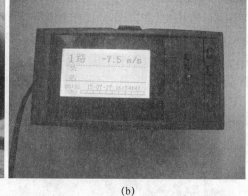

(a)　　　　　　　　　　　　　　　　　(b)

图 5-24　风速采集系统

(a) 三杯式风速传感器；(b) 风速采集仪

（4）湿度

试验时，室外环境湿度的采集采用壁挂式湿度传感器和配套的湿度采集仪（图 5-25）。CFC 砌块和对应墙体的平衡含湿率均采用质量法测得。

对于 CFC 砌块的平衡含湿率，选出质量相同的 3 组试样，在温度不高于 60℃的情况下烘干至恒重，然后放置在室外自然环境中，并做好防护措施，每隔 7d 测出 3 组试样的质量，进而计算出 3 组试样的平衡含湿率，将其作为 CFC 砌块的平衡含湿率。

对于 CFC 砌块墙体的平衡含湿率，在与墙体砌块同一批的砌块上切取 1 组 3 个试样，同样在不高于 60℃的条件下烘干至恒重；在墙体一侧沿高度方向均匀凿取 3 个孔洞，将烘干后的 1 组 3 个试样分别放入 3 个孔洞，采用保温砂浆封口。7d 后取出试样称出质量，计算出试样的含湿率，以 3 个试样的平均含湿率表示 CFC 砌块墙体的平衡含湿率。下一周期的测试只需重复上述步骤。在此过程中，应特别注意孔洞位置和密封材料的选取。墙体的孔洞部位相当于热桥，影响其周边的热场分布，进而影响采集的热流和温度的可靠性。因此，孔洞应沿墙体的一侧均匀布置。密封材料的选取一方面要保证与墙体的完全密封，另一方面应尽量与砌体材料的保温性能一致。

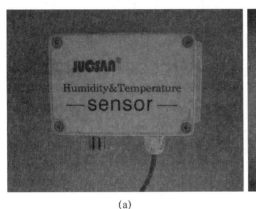
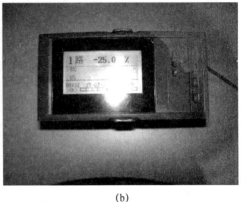

(a)　　　　　　　　　　　　　　　　(b)

图 5-25　湿度采集系统
(a) 壁挂式湿度传感器；(b) 湿度采集仪

5.3.2　测试结果与分析

1. 不同材料砌体的传热性能

在围护结构两侧温度分别为 $10{℃}±3{℃}$、$26{℃}±3{℃}$ 的条件下，各砌体热阻和传热系数的试验结果见表 5-1。

表 5-1　各砌体的热阻和传热系数

墙体类型	构造	外侧温度（℃）	内测温度（℃）	传热阻（m²·K/W）	传热系数[W/(m²·K)]
CFC	190mm 裸墙体	7.2	28.4	0.914	0.940
	190mm 裸墙体＋两侧各 10mm 普通砂浆抹面	6.9	29.2	0.939	0.919
AC	190mm 裸墙体	7.5	27.3	0.988	0.879
	190mm 裸墙体＋两侧各 10mm 普通砂浆抹面	8.2	28.6	1.040	0.841
CB	240mm 裸墙体	11.3	23.7	0.270	2.379
	240mm 裸墙体＋两侧各 10mm 普通砂浆抹面	10.8	24.2	0.323	2.112
FSCHB（EPS）	290mm 裸墙体	7.3	26.5	0.899	0.953
FSCHB	290mm 裸墙体	8.7	24.6	0.463	1.631

由表 5-1 可知，190mm 厚的微孔混凝土砌块墙体和加气混凝土砌块墙体以及 290mm 厚细石空心混凝土砌块（含聚苯板）墙体的传热系数均小于 $1.0{\rm W}/({\rm m}^2·{\rm K})$，

能够满足《公共建筑节能设计标准》（GB 50189—2015）中有关夏热冬冷地区围护结构传热系数的限值要求。而对于未填充聚苯板的 290mm 厚的细石空心混凝土砌块墙体以及 240mm 厚的普通黏土砖墙体，其传热系数均大于 $1.5W/(m^2 \cdot K)$，必须进行保温处理，才能够满足不同分区的节能设计标准。

此外，细石空心混凝土砌块外侧两排孔填充聚苯板后，传热系数由 $1.631W/(m^2 \cdot K)$ 减小到 $0.953W/(m^2 \cdot K)$，减小为原砌体传热系数的 58.4%。可见，在孔洞中填充聚苯板，能够显著改善细石空心混凝土砌块墙体的保温性能。且在相同条件下，CFC 砌块墙体的传热系数稍小于填充聚苯板细石空心混凝土砌块墙体的传热系数，也就是说，190mm 厚的 CFC 墙体的保温性能稍优于 290mm 厚填充聚苯板的细石空心混凝土砌块墙体。且前者的块体密度比后者减小超过 50%，能够有效地降低施工成本。

对于 CFC 砌块、加气混凝土以及黏土砖，在各自裸墙体的内外两侧采用 10mm 普通砂浆抹面处理，传热系数均减小。其中，黏土砖墙体的传热系数减小幅度最大，为 11.2%。相对于其他砌体材料，由于黏土砖块体尺寸较小，灰缝较多，由灰缝热桥引起的附加能耗较大；同时灰缝的存在也增大了墙体的缺陷比例。墙体抹灰一方面减少了墙体的灰缝缺陷，提高了墙体的均匀性，有效地改善了墙体的保温性能；另一方面，相对于黏土砖自身，抹面砂浆较低的吸水率更有利于墙体的热稳定性。

2. 温差的影响

在非稳态的传热过程中，不同的温差下测得的传热系数不同，可以看做一种动态传热系数（以下仍简称传热系数），它结合了环境相关因素，更接近实际墙体的热工性能。国外对于传热系数的预测模型已有相关的研究，如现场试验的预测模型[11]、考虑风速和相对湿度的预测模型[12] 等。本节在试验模型周围设置挡风墙，以减小风速的影响，对试验结果加以分析，建立了传热系数和温差之间的推算关系，如图 5-26 所示。

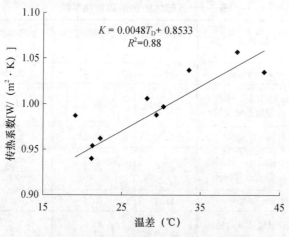

图 5-26　传热系数与温差的拟合曲线

从图 5-26 可以看出，不同温差下的传热系数近似为一条直线，故可选择线性函数做拟合曲线，经计算，传热系数与温差（T_D）之间的拟合公式为 $K = 0.0048T_D + 0.8533$。表 5-1 试验结果显示，在室外温度为 7.2℃、室内温度为 28.4℃时，传热系数

试验值为 $0.940W/(m^2 \cdot K)$，而由拟合公式计算得到的传热系数为 $0.955W/(m^2 \cdot K)$，两者仅相差 1.6%。

控制好模型内外的温差是保证各砌体一维稳态传热的关键因素。如果温差出现偏差，很有可能引起墙体的多维传热，使测试结果失真。温差越小，多维传热越明显，且热传导越削弱，从而热损失越大，通过热流计的热流密度就会越小，进而热阻增大，传热系数减小。这也解释了拟合公式两者之间的线性关系。

对于夏热冬冷地区，月平均最高室内外温差达到 30℃，由拟合公式可计算出190mm 厚微孔混凝土砌块墙体的传热系数为 $0.995W/(m^2 \cdot K)$。因此，对于夏热冬冷地区，190mm 厚 CFC 砌块墙体配合普通饰面砂浆即可满足建筑结构的正常使用功能要求以及公共建筑有关传热系数的限值要求。

3. 环境温度的影响

环境温度主要是通过墙体自身的湿迁移作用影响墙体的传热特性。图 5-27 显示了各砌体在不同测试环境温度下的传热系数。

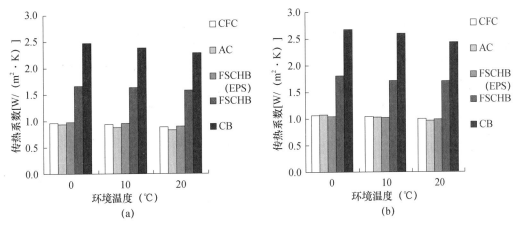

图 5-27　不同测试环境温度下砌体的传热系数

（a）温差 20℃；（b）温差 30℃

从图 5-27 可以看出，在温差分别为 20℃和 30℃时，随着测试环境温度的升高，各砌体的传热系数均呈减小趋势。对于夏热冬冷地区，月平均最高室内外温差为 30℃，此时，加气混凝土砌块墙体传热系数的减小幅度最大，达到 11.4%，依次为黏土砖墙体（9.7%）、微孔混凝土砌块墙体（6.0%）、未填充聚苯板的细石空心混凝土砌块墙体（5.7%）以及填充聚苯板的细石空心混凝土砌块墙体（4.9%）。此外，对比图中（a）和（b）可知，30℃温差各砌体的传热系数均大于 20℃温差各自的传热系数，这也与由拟合公式计算得到的传热系数规律相吻合。

对于加气混凝土砌块墙体和黏土砖墙体，较高的吸湿能力使得它们对环境变化的响应更敏感。在测试周期内，随着测试环境温度的升高，墙体平衡含湿率降低，传热阻增大，墙体的传热系数减小。而对于填充聚苯板的细石空心混凝土砌块墙体，较低的吸湿率（0.7%）以及聚苯板的阻隔作用大大地减弱了温度变化对墙体本身平衡含湿率的影响。因此，其传热系数减小幅度最小。

4. 风速的影响

围护结构外表面的换热情况不仅受室内外环境温度、湿度影响，还直接受室外风速影响，进而影响通过墙体的热流和墙体传热系数。研究表明，墙体表面传热系数不遵循太阳辐射照度模式和温差模式，而直接与风速相关，且风向对墙体表面传热系数影响不大[13-14]。因此，本文只研究了风速大小对通过微孔混凝土砌块墙体热流和墙体传热系数的影响。

风速对墙体热流的影响如图 5-28 所示，根据一维稳态平壁传热原理，计算得到不同风速下墙体的传热系数，如图 5-29 所示。

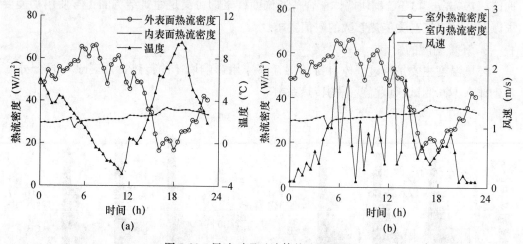

图 5-28　风速对通过墙体热流的影响

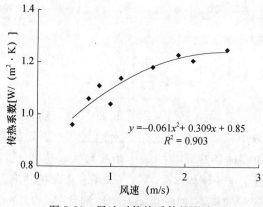

图 5-29　风速对传热系数的影响

从图 5-28 可以看出，随着室外空气温度的周期性变化，CFC 砌块墙体的内表面热流密度基本稳定，外表面热流密度不断变化，且两者大致呈反相关的关系。同时在风速达到峰值时，外表面热流密度也发生相应的变化。这是因为在风速增大时，墙体表面的强迫对流换热过程得到增强，在相同的温差动力下，墙体的热传导更加剧烈，因此，外表面热流密度增大。反之，外表面热流密度减小。

从图 5-29 可以看出，随着风速的增加，墙体的传热系数增大。风速由 0.5m/s 增加到 2.6m/s 时，传热系数由 0.96W/(m² · K) 增大到 1.26W/(m² · K)，增大了 30%。可见，风速是影响 CFC 砌块墙体传热特性的显著因素。不同风速下墙体的传热系数近似为抛物线，故选择二次多项式函数做拟合曲线，如图 5-29 所示。从图可见，随着风速的增加，风速对墙体传热系数的影响逐渐趋缓。

5. 湿度的影响

在不同的室外环境湿度下，不同墙体材料的传热系数存在较大差异。对于密实度较高的材料，吸水率较低，其传热特性基本不受环境湿度的影响；一般材料在相对湿度低于 40% 的情况下，传热特性不受环境湿度影响。吸水率较高的泡沫混凝土受环境湿度影响较大，在相对湿度接近 100% 时，相对于绝干状态，其热导率增大 73%[15]。此外，在围护结构从施工阶段过渡到正常使用阶段，墙体的平衡含湿率一直处在一个随时间变化的动态过程，对应墙体的传热特性在该过程中不断变化。图 5-30 显示了测试时间内采集的空气相对湿度，图 5-31 显示了 CFC 砌块墙体的传热系数与含湿率的关系。

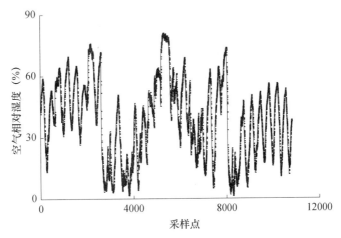

图 5-30　测试时间内的空气相对湿度

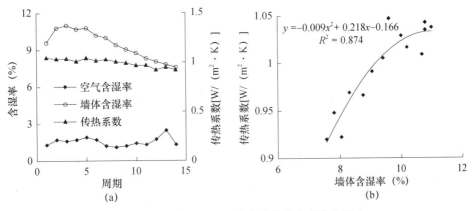

图 5-31　含湿率对 CFC 砌块墙体传热系数的影响

室外环境空气相对湿度受降雨、温度、太阳辐射等多种因素影响，从图 5-30 可以看出，室外空气相对湿度是一个敏感的动态变量。随着时间的变化，其波动很大，最大波幅达到 85%。从图 5-31（a）可以看出，CFC 砌块的平衡含湿率很稳定，在 1.5% 上下波动，基本不受室外环境空气相对湿度的影响；对应的墙体含湿率随测试周期的变化呈现先增高后降低的趋势。这是因为抹灰后，墙体内部湿度增大，蒸汽压高于外环境，存在湿迁移，随着传热过程的发生，湿气逐渐从墙体内部向室外迁移，墙体湿度逐渐降低，而后含湿率趋于平衡含湿率。因此，墙体含湿率出现了如图 5-31（a）所示的变化。此外，在整个过程中，墙体的传热系数逐渐减小，且墙体含湿率 3.5% 的降低幅度使传热系数减小了 12%。

从图 5-31（b）可以看出，微孔混凝土砌块墙体的传热系数和墙体含湿率之间存在明显的正相关关系，且不同含湿率下墙体的传热系数近似为抛物线。含湿率对墙体传热系数的影响大致分为 4 个阶段。含湿率较低时，传热路径主要是固体颗粒间的导热；含湿率增加形成液岛，减小了固体颗粒间的接触热阻，同时液岛一侧向另一侧的蒸发冷凝增大了换热；含湿率继续增加，液体成为索状，可以连续流动，换热模式中增大了对流换热；含湿率接近饱和时，其传热系数达到最大值[16]。

6. 热桥效应的影响

热桥效应，即热传导的物理效应。在围护结构中，某一部位与周边部位相比，热传导性较好，传热系数较大，同时室内通风不畅，较大的室内外温差使得冷热空气频繁接触，导致墙体导热不均匀，造成该部位内表面结露、发霉甚至滴水的现象。

图 5-32 给出了 1 个测试周期内各墙体在相同条件下的平均热流密度和平均内表面温度。

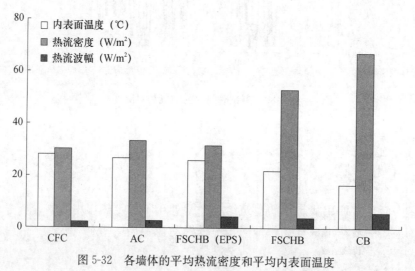

图 5-32　各墙体的平均热流密度和平均内表面温度

从图 5-32 可以看出，CFC 砌块墙体的内表面温度最高，为 28.2℃；加气混凝土和填充聚苯板的细石空心混凝土砌块墙体的内表面温度分别为 26.9℃ 和 26.0℃，仅次于 CFC 的；黏土砖墙体的内表面温度最低，为 16.7℃。各墙体的内表面温度均高于室内露点 15℃，表面均未出现结露现象。

通过 CFC 砌块墙体的热流和热流波幅均最小，分别为 30.3W/m² 和 2.4W/m²。由此可以判定，相对于其他各墙体，CFC 砌块墙体不仅可以在一定程度上减小热桥效应，降低热能损耗，同时能够更加有效地防止壁面出现结露，提高室内环境的舒适度和延长围护结构的使用寿命。此外，这也证明了微孔混凝土对外环境的抗干扰能力较强，具有较好的热惰性。

5.3.3　CFC 砌体的传热系数计算方法的探讨

本节对干密度为 $600kg/m^3$ 的 CFC 和其他常用节能砌体材料的热工指标进行了讨论比较，并验算了墙体的传热系数试验值。此外，提出了砌块考虑几何修正系数的热阻公式。

1. 导热与蓄热系数

表 5-2 显示，CFC 砌块的导热系数为 $0.156W/(m \cdot K)$，和加气混凝土相当，约为普通混凝土的 1/10，黏土砖的 1/5，多孔砖的 1/4。相对于常用的传统围护材料，CFC 砌块的隔热保温能力大幅提高。

表 5-2　CFC 砌块的导热、蓄热系数

砌块种类	导热系数[W/(m·K)]	蓄热系数[W/(m²·K)]
CFC 砌块	0.156	4.856

微孔混凝土砌块的蓄热系数为 $4.856W/(m^2 \cdot K)$，与多孔膨胀珍珠岩混凝土和加气混凝土相比，蓄热系数分别增大了 25％ 和 35％[17]，然而三者热阻相当。由此可见，CFC 砌块墙体的热稳定性最好。

2. 传热系数

由表 5-1 可知，190mm 厚 CFC 砌块裸墙体传热系数小于 $1.0W/(m^2 \cdot K)$，能够满足国家标准《公共建筑节能设计标准》（GB 50189—2015）中有关夏热冬冷地区围护结构传热系数的限值要求，与同等厚度的加气混凝土砌块墙体和填充聚苯板的细石空心混凝土砌块墙体的传热阻相当，保温性能接近。与细石空心混凝土砌块和黏土砖墙体相比，传热阻分别提高了 97％ 和 2.38 倍，通过墙体的平均传热量分别降低了 49％ 和 70％，节能效果得到显著改善。

3. 热惰性指标

传热阻表征建筑围护墙体本身对导热作用的抗力，是墙体稳定状态下传热能力的评价指标，而正常使用状态下的建筑结构经常处于不稳定热作用下；轻质保温墙体材料的蓄热系数一般较小，且结构轻薄，对外界不稳定热作用响应敏感。因此，单独用传热阻或蓄热系数来评价墙体的节能效果不太合理。此时采用墙体的传热阻和墙体材料的蓄热系数的乘积即围护墙体的热惰性指标来评价建筑围护墙体的节能效果更为合理[17]。

对于 CFC 砌块墙体，传热阻 $R = 0.913 + 0.11 + 0.04 = 1.063$（$m^2 \cdot K/W$），蓄热系数 $S = 4.856W/(m^2 \cdot K)$，则墙体的热惰性指标 $D = R \times S = 5.162$，与加气混凝土和混凝土多孔砖相比，分别增加了 32％ 和 59％，墙体的热稳定性较好，属于 Ⅱ 型围护结构材料。

4. 传热系数计算

CFC 砌块的导热系数为 0.156W/(m·K)，干密度为 600kg/m³。其外观如图 5-33 所示，尺寸为 590mm×390mm×190mm，内分布一排直径为 75mm 均匀分布的圆形空腔。对于非矩形空腔，要等效为面积和纵横比相同的矩形空腔（66.5mm×66.5mm）来计算热阻[18]，如图 5-33（b）所示。

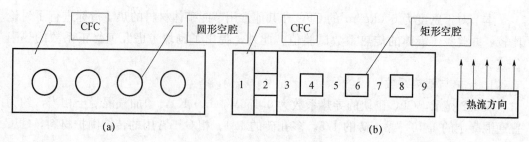

图 5-33 砌块传热单元划分

(a) 原截面图；(b) 等效截面图

(1) 墙体传热系数验算

CFC 砌块可以看做由两种以上材料（实体部分和空气）组成的两向非均质结构，根据《民用建筑热工设计规范》（GB 50176—2016）计算 [式（5-8）]。

$$R=\left[\frac{F_0}{\dfrac{F_1}{R_1}+\dfrac{F_2}{R_2}+\dfrac{F_3}{R_3}+\cdots+\dfrac{F_n}{R_n}}-(R_i+R_e)\right]\varphi \tag{5-8}$$

式中　　　　　　　　R——砌块热阻；

F_0——垂直热流方向的总热阻面积；

F_1，F_2，F_3，…，F_n——平行于热流方向划分的各传热部位的传热面积；

R_1，R_2，R_3，…，R_n——各传热部位的传热阻；

φ——修正系数，按表 5-3 取值。

表 5-3　修正系数 φ 值

λ_1/λ_2 或 $(\lambda_1+\lambda_2)/2\lambda_1$	0.09～0.19	0.20～0.39	0.40～0.69	0.70～0.99
φ	0.86	0.93	0.96	0.98

① 砌块传热阻计算

在热流方向上，将砌块划分为混凝土单元和混凝土-空腔组合单元两类单元，分别对应 5 个奇数单元和 4 个偶数单元。

a. 传热单元面积计算

总面积：$F_0=0.59\times0.39=0.2301$（m²）

混凝土单元面积：$F_1=F_3=\cdots=F_9=0.0648\times0.39=0.0253$（m²）

混凝土-空腔组合单元面积：$F_2=F_4=\cdots=F_8=0.0665\times0.39=0.0259$（m²）

b. 传热单元热阻计算

在实际应用过程中，砌块的空腔可以等效为密闭的不通风空间。对于宽度小于 10 倍厚度的小空间，其热阻可按下式计算[18]，[20]。

$$R_g = \cfrac{1}{h_a + E \cdot h_{ro}\left(1 + \sqrt{1 + \cfrac{d^2}{b^2} - \cfrac{d}{b}}\right)/2} \qquad (5\text{-}9)$$

式中　R_g——空腔热阻；

　　　h_a——传导/对流换热系数，对于水平热流，取 1.25W/(m² · K) 和

　　　　　　0.025/dW/(m² · K) 中的较大者；

　　　E——表面间辐射率；

　　　h_{ro}——黑体表面辐射系数；

　　　d——空间的厚度；

　　　b——空间的宽度。

砌块空腔尺寸：$d=b=66.5$mm，$h_a=1.25$W/(m² · K)，$E=0.8182$，黑体辐射系数 h_{ro} 取 20℃的值 5.7W/(m² · K)，则可根据公式 (5-8)，计算得到空腔热阻：$R_g=0.2199$m² · K/W。

混凝土单元热阻：$R_1=R_3=\cdots=R_9=0.19\div0.156=1.218$（m² · K/W）

混凝土—空腔组合单元热阻：$R_2=R_4=\cdots=R_8=0.06175\div0.156\times2+0.2199=1.012$（m² · K/W）

c. 砌块热阻计算

砌块空腔的等效空气层厚度尺寸为 66.5mm，此时，对应封闭空腔的当量传热系数为 0.327W/(m² · K)[19-20]，且 $\lambda_1/\lambda_2=0.477$，则 $\varphi=0.96$，又 $R_i=0.11$m² · K/W，$R_e=0.04$m² · K/W，则将上述各值代入式 (5-9)，得：$R=0.927$m² · K/W。

② 墙体传热阻计算

CFC 砌体包括砌块和灰缝两个构成元素。在墙体进行传热阻计算时，两者均被假定为均质材料，则两者热阻的加权平均值即为墙体传热阻。取 1m² 墙体作为计算单元，墙体面积包括砌块面积和灰缝面积（水平灰缝面积和竖向灰缝面积）。对于本试验所设计的多种砌体材料的围护结构模型，灰缝宽度均为 12mm，则灰缝面积 $F_1=$（1÷0.412+1÷0.612）×0.012=0.0487（m²），砌块面积 $F_2=1-F_1=1-0.0487=0.9513$（m²）。

砌筑砂浆的导热系数为 0.930W/(m · K)，则灰缝热阻：$R_1=0.19/0.930=0.204$（m² · K/W）。围护墙体传热阻 R_0 按式 (5-10) 计算。

$$R_0 = \frac{F_1 \times R_1 + F_2 \times R_2}{F_1 + F_2} \qquad (5\text{-}10)$$

式中　F_1——灰缝面积；

　　　F_2——灰缝面积；

　　　R_1——灰缝热阻；

　　　R_2——砌块热阻。

将以上各参数代入公式 (5-9)，计算得到墙体的传热阻：$R_0=0.892$m² · K/W。

③ 墙体传热系数计算

传热系数按式 (5-11) 计算。

$$K = \frac{1}{R_0 + R_i + R_e} \qquad (5\text{-}11)$$

式中　R_0——围护结构的热阻，$m^2 \cdot K/W$；

　　　R_i——内表面换热阻，$m^2 \cdot K/W$，取 $0.11 m^2 \cdot K/W$；

　　　R_e——外表面换热阻，$m^2 \cdot K/W$，取 $0.04 m^2 \cdot K/W$。

计算得到微孔混凝土砌体的传热系数 K 为 $0.960 W/(m^2 \cdot K)$，通过多材料围护结构模型测试得到的微孔混凝土砌体传热系数为 $0.940 W/(m^2 \cdot K)$[21]。两者仅相差 2.1%，验证了多材料围护结构模型传热系数测试方案的可行性以及传热系数测试结果的准确性。

（2）砌块热阻公式的确定

复合平壁传热单元的划分和模拟电路图如图 5-34 所示。

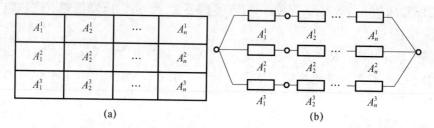

图 5-34　复合平壁

（a）传热单元划分；（b）模拟电路图

基于传热学的复合平壁的总热阻为

$$R = \frac{1}{\dfrac{1}{R_{A_1^1} + R_{A_1^2} + R_{A_1^3}} + \dfrac{1}{R_{A_2^1} + R_{A_2^2} + R_{A_2^3}} + \cdots + \dfrac{1}{R_{A_n^1} + R_{A_n^2} + R_{A_n^3}}} \varphi \qquad (5\text{-}12)$$

式中　$R_{A_n^m}$——第 n 个传热单元，第 m 段的热阻；

　　　φ——修正系数，按表 5-3 取值。

不同于复合平壁结构（空斗墙、空心板）的是，CFC 空心砌块沿厚度方向的尺寸与沿长度或宽度方向的尺寸相差不大，应考虑多维传热。本文根据复合平壁热阻计算公式，考虑砌块多维传热的影响，将所得热阻再乘以修正系数 μ，称为几何修正系数。

砌块的模拟电路图，如图 5-35 所示。

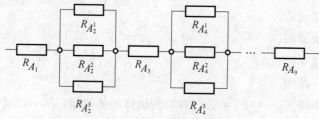

图 5-35　砌块模拟电路图

① 砌块热阻计算

该砌块沿长度方向划分为并联的 9 个单元，其中 5 个相同的混凝土单元热阻为

$$R_{A_1} = R_{A_3} = \cdots = R_{A_9} = \frac{0.190}{0.156 \times 0.0648 \times 0.39} = 48.194 \ (m^2 \cdot K/W)$$

4 个混凝土-空气层组合单元的热阻为

$$R_{A_2} = R_{A_4} = \cdots = R_{A_8} = \frac{2 \times 0.06175}{0.156 \times 0.0665 \times 0.39} + \frac{0.0665}{0.327 \times 0.0665 \times 0.39}$$

$$= 38.366 \ (m^2 \cdot K/W)$$

根据式（5-11），砌块的总热阻：$R = 4.808 m^2 \cdot K/W$。又因修正系数 $\varphi = 0.96$，几何修正系数为 μ，则修正后的砌块总热阻：$R^* = R\varphi\mu = 4.616\mu m^2 \cdot K/W$。

② 墙体传热阻计算

灰缝面积：$F_1 = 0.0487 m^2$，砌块面积：$F_2 = 0.9513 m^2$。灰缝热阻：$R_1 = 0.204 m^2 \cdot K/W$，砌块热阻：$R_2 = R^* = 4.616\mu m^2 \cdot K/W$。将以上各值代入式（5-9），得到墙体的总热阻：$R_0 = (0.010 + 4.391\mu) \ m^2 \cdot K/W$。

③ 几何修正系数确定

$R_0 = (0.010 + 4.391\mu) \ m^2 \cdot K/W$，$R_i = 0.11 m^2 \cdot K/W$，$R_e = 0.04 m^2 \cdot K/W$，则由式（5-4）得，墙体的传热系数为 $K = 1/(0.16 + 4.391\mu) \ W/(m^2 \cdot K)$。

又传热系数试验值为 $0.940 W/(m^2 \cdot K)$，则几何修正系数 μ 为 0.206。因此，微孔混凝土砌块的总热阻公式为

$$R = \frac{0.206}{\dfrac{1}{R_{A_1^1} + R_{A_1^2} + R_{A_1^3}} + \dfrac{1}{R_{A_2^1} + R_{A_2^2} + R_{A_2^3}} + \cdots + \dfrac{1}{R_{A_n^1} + R_{A_n^2} + R_{A_n^3}}} \varphi \qquad (5-13)$$

5.4　复合板的热工性能试验研究

本节采用热流计法在相同条件下，同步测试了内保温、外保温和夹层保温复合板的温度和热流，计算了各自的传热系数并进行了比较分析。同时以外保温复合板为例，分别研究了保温层厚度、保温层混凝土密度对复合板传热特性的影响。

5.4.1　复合板构造

轻质保温复合板由结构层和保温层构成，结构层采用普通混凝土，强度等级为 C40；保温层采用 CFC，强度等级为 C5。本试验结合复合板在工程应用时的承载力和耐久性要求，制备了两类复合板构件：双层复合板和三层复合板，分别如图 5-36（a）和图 5-36（b）所示，具体参数分别如表 5-4 和表 5-5 所示。试验过程中，双层复合板作为内、外保温，三层复合板作为夹层保温，分别用于各自传热特性的试验研究。

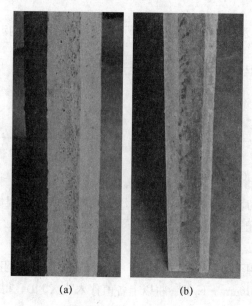

图 5-36   复合板构造

（a）双层复合板；（b）三层复合板

表 5-4   双层复合板

双层复合板	尺寸（mm²）	结构层厚度（mm）	保温层厚度（mm）
	1200×1200	60	100、150、200

表 5-5   三层复合板

三层复合板	尺寸（mm²）	外防护层厚度（mm）	保温层厚度（mm）	结构层厚度（mm）
	1200×1200	40	100、150、200	50

5.4.2   试验方案

复合板传热系数测试采用热流计法，试验模型如图 5-37 所示。热流计和温度传感器的粘贴方法参照 5.3.1 节相关内容，模型内部测点布置如图 5-38 所示。温度传感器采用 PT1000 铂电阻式热电偶。表面温度通过将热电偶粘贴在相应位置直接采集；界面温度则是通过预埋入界面处的热电偶采集。热流采集采用 RLJ-10050B 型平板式热流计，试验前直接将其粘贴在复合板受热侧的中心位置。外保温复合板（内保温复合板与之相对应）温度、热流测点的布置如图 5-39 所示，夹层保温复合板温度、热流测点的布置如图 5-40 所示。

本试验采用累计式测法，复合板蓄热稳定后开始正式采集温度和热流，每 30min 记录数据 1 次，测试周期为 7d。复合板的侧面均采用隔热材料进行密封处理，以使传热过程更加接近一维传热。此外，在测试过程中，为了减弱热辐射的影响，本试验还采用了热源引流、锡箔覆盖等方法。为了保证测试条件的统一和数据的可比性，成型的复合板均在相同条件下进行试验。

图 5-37　试验模型

图 5-38　模型内部测点布置图

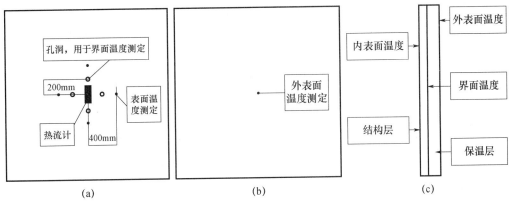

图 5-39　外保温复合板温度、热流测点布置示意图

（a）内表面；（b）外表面；（c）截面

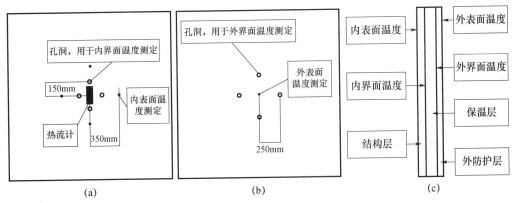

图 5-40　夹层保温复合板温度、热流测点布置示意图

（a）内表面；（b）外表面；（c）截面

5.4.3 复合板的热工性能参数

1. 复合板的温度、热流

以保温层厚度 200mm 为例，分析了内保温、外保温以及夹层保温复合板在一周期内的温度、热流变化，共包括 3 个过程：升温过程（1d）、温度稳定过程（5d）和降温过程（1d）。

（1）升温过程复合板的温度、热流

升温过程复合板的温度、热流分别如图 5-41 和图 5-42 所示。

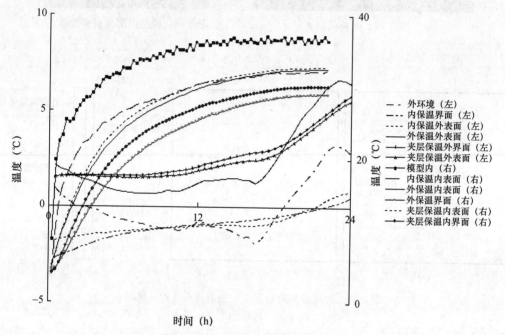

图 5-41　复合板升温过程温度变化曲线

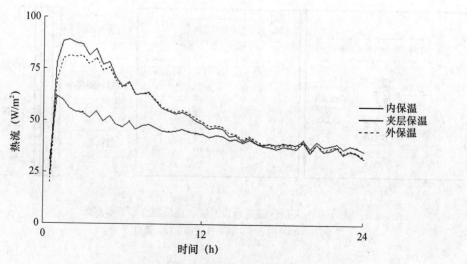

图 5-42　复合板升温过程热流变化曲线

从图 5-41 可以看出，随着模型内部温度的升高，复合板的内表面温度均呈升高趋势，15h 之后，内表面温度趋于稳定。此外，在升温初期，内保温复合板内表面温度增长最快，最先达到平衡；外保温和夹层保温复合板增长较慢，且保持同步。

试验中还发现，在升温初期，内保温复合板的温度最低点不在外表面，而是存在于界面，且两者初始相差达到 50%。这可能是由结构层混凝土"蓄冷"效应所致。白天温度升高时，外表面温度随之升高，而界面温度由于结构层混凝土"蓄冷"的存在，并没有同步升高，且升温初期模型内部温度较低，保温层的存在使得热传导并不显著。

图 5-42 显示，随着模型内部温度的升高，内保温复合板的热流最先达到峰值，但峰值最小。而夹层保温复合板的热流峰值最大。由图 5-41 可知，在初始升温过程中，内保温复合板内外表面的温差最大，但热流未达到峰值。

（2）温度稳定过程复合板的温度、热流

温度稳定过程复合板的温度、热流分别如图 5-43 和图 5-44 所示。

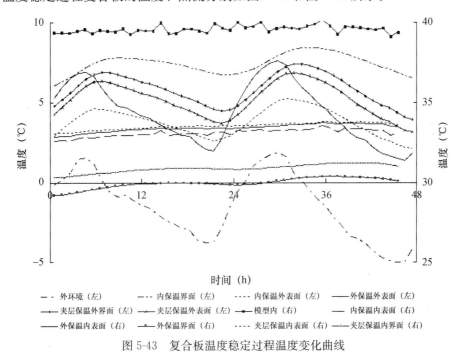

图 5-43　复合板温度稳定过程温度变化曲线

从图 5-43 可以看出，在温度稳定阶段，复合板的内表面温度基本相等且恒定，外环境的温度变化对其影响很小。

相对于内保温复合板和夹层保温复合板，外保温复合板界面温度对外界环境温度变化响应最小，如模型外环境温度的变化 7.0℃，内保温复合板界面温度和夹层保温复合板外界面温度的变化分别达到 2.5℃ 和 3.5℃，而外保温复合板界面温度变化未超过 1℃。较大的温差在界面处会产生较大的交变热应力，又因界面处是复合板最易开裂、破坏的薄弱环节。由此可以确定，外保温构造更有利于复合板界面的耐久性。

模型内部温度稳定，外侧受环境综合温度作用，结合图 5-43，分析得到夹层保温复合板的热振幅衰减倍数为 8.8，外保温复合板的热振幅衰减倍数为 8.3，内保温复合板的热振幅衰减倍数为 6.7，由这些测试结果可见，外保温和夹层保温复合板对室外环境综合温度作用的抵抗能力优于内保温复合板。

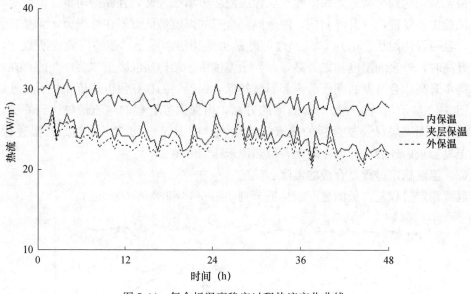

图 5-44　复合板温度稳定过程热流变化曲线

内保温复合板的热桥处理困难，且其作为自保温承重墙体材料时，常伴有壁面结露、保温层开裂等问题；夹层保温复合板生产工序烦琐，且自重大。外保温复合板克服了两者的不足，有利于降低能耗，且具有较好的工程实用性。

图 5-44 显示，不同构造形式的复合板的热流呈现相似的变化趋势，虽有波动，但基本稳定。三者的热流值由大到小依次为内保温复合板、夹层保温复合板、外保温复合板。证明了外保温复合板对外环境的抗干扰能力较强，具有较好的热惰性。

因此，综合考虑耐久性、温抗性、实用性和热惰性，外保温是复合板较理想的构造形式。

（3）降温过程复合板的温度、热流

降温过程复合板的温度、热流分别如图 5-45 和图 5-46 所示。

从图 5-45 可以看出，模型内部热源停止加热 2h 后，内保温复合板内表面与模型内部的降温规律是一致的。而外保温和夹层保温复合板的内表面温度均一直高于模型内部温度，且外保温复合板的内表面温度稍高于夹层保温复合板。此外，外保温复合板界面温度和夹层保温复合板内界面温度在降温过程中的轨迹与各自的内表面温度基本重合。

从图 5-46 可以看出，内保温复合板的热流始终处在零点以上。在模型内部热源停止加热 1.5h 后，内保温复合板的热流值基本为零，而外保温和夹层保温复合板的热流开始向相反方向传导。

外保温复合板结构层混凝土较高的蓄热系数使其在温度稳定阶段蓄存了一定的热量，在模型内部热源停止加热后，模型内部温度降低，外保温复合板开始向模型内热传导，使得内表面温度始终维持较高的水平。对于夹层保温复合板，首先，内侧结构层混凝土厚度相对较小，蓄热量也相对较小，由图 5-46 可知，同一时间，其热流值仅为外保温复合板的 50%；

其次，外防护层混凝土的蓄冷效应的存在促进了内侧结构层向外界的热传导，减小了向内部传导的热量。因此，夹层保温复合板的内表面温度要低于外保温复合板。

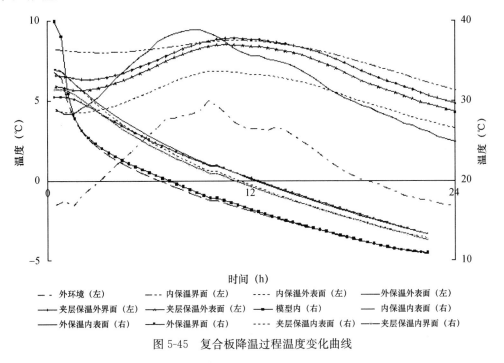

图 5-45　复合板降温过程温度变化曲线

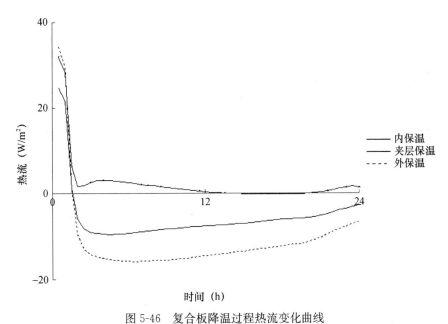

图 5-46　复合板降温过程热流变化曲线

2. 复合板的传热特性

（1）复合板的动态传热系数

在测试周期内，伴随温度、热流的变化，复合板的传热系数也在不断变化，以 12h

为基本单位，图 5-47 展现了保温层厚度为 200mm 时，内保温、外保温以及夹层保温复合板在一周期内的动态传热系数。

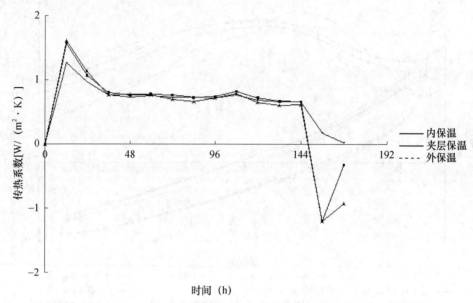

图 5-47　复合板在一周期内的动态传热系数

图 5-47 表明，36h 之后，不同构造形式复合板均进入稳态传热过程，且传热系数值基本保持不变。此外，夹层保温复合板的动态传热系数相对较大，内保温复合板次之，外保温复合板最小，且最大差异小于 6％。144h 之后，热源停止加热，传热过程发生变化，传热系数不能反映复合板的保温性能。36～144h 的平均动态传热系数可作为复合板的稳态传热系数（即常规意义上的传热系数）。

（2）复合板的传热系数

复合板的传热系数（即稳态传热系数）是模型在实际的室外环境下，复合板处于温度稳定阶段达到蓄热平衡计算得到的动态传热系数平均值，能够更准确地反映出复合板的传热特性[22]。

① 保温层厚度、密度的影响

不同保温层厚度、密度下复合板的传热系数测试结果如图 5-48 所示。

图 5-48 显示，随着保温层厚度的增大，保温层混凝土表观密度的降低，复合板的传热系数均减小。在保温层厚度为 200mm，表观密度为 500kg/m³ 时，复合板的传热系数到最小值 0.70W/（m²·K）。在保温层混凝土表观密度相同的情况下，随着厚度的增大，对应复合板传热系数的降低幅度越来越小；在保温层厚度相同时，随着其表观密度的增加，对应复合板传热系数的增幅也越来越小。

从图 5-48 可以得到，保温层厚度由 150mm 增大到 200mm 时，复合板的传热系数并没有明显减小。这种现象的原因是多方面的。一方面，在成型过程中，泡沫的不稳定性使得保温层 CFC 的表观密度存在波动；另一方面，不同厚度复合板的平面尺寸是相同的，随着保温层厚度的增大，被测复合板边界条件对传热过程的影响更加明显。此

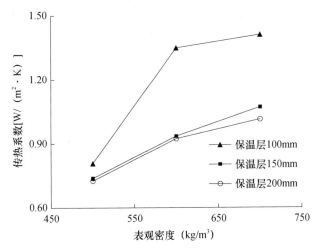

图 5-48　复合板传热系数与保温层厚度、表观密度的关系

外，试验过程中模型内部温度的均匀性和稳定性、测量仪器和传感器的精度以及测试误差等也是不可忽视的因素[22]。

对于夏热冬冷地区，国家标准《公共建筑节能设计标准》（GB 50189—2015）中规定围护结构传热系数限值为 $1.0 W/(m^2 \cdot K)$，在 CFC 密度为 $500 kg/m^3$，60mm 厚结构层＋100mm 厚保温层的双层复合板基本能够满足要求。

② 构造形式的影响

不同构造形式复合板的传热系数测试结果如图 5-49 所示。

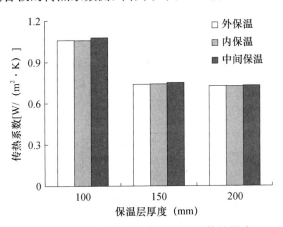

图 5-49　构造形式对复合板传热系数的影响

从图 5-49 可以看出，在本试验的条件下，外保温和内保温复合板的传热系数相当，而夹层保温复合板的传热系数相对较大。随着保温层厚度的增大，复合板的传热系数均减小，但保温层厚度由 150mm 增大到 200mm 时，传热系数降低幅度较小，保温性能改善不明显。关于 CFC 保温层的设置方式及其效果问题，仍有进一步研究的空间。

试验的测试外环境是典型的寒冷气候，同时选择冬季进行试验，保证了试验的温差条件。夹层保温复合板的外防护层混凝土具有一定的蓄热、"蓄冷"能力，在外环境温度发生变化时，蓄热、"蓄冷"的存在使得夹层保温复合板内外表面的温差较大，更有利于传热过程的发生；夹层保温复合板由于受施工工艺的限制，外防护层混凝土和保温层不是同步浇筑完成的，界面两侧混凝土的不同步收缩使得夹层保温复合板存在缺陷。两者的共同作用削弱了夹层保温复合板的保温性能。

5.5　CFC 砌块墙体的隔声性能试验研究

隔声性能是墙体材料满足建筑物功能要求的基本性能之一，按照质量作用定律，对于空气传播的声音，墙体的面密度越大、隔声性能越好，对于 CFC 墙体来说，虽然自身密度不大，但通过保持一定面密度（砌体厚度），并且加上表面抹灰，可以达到良好的隔声效果。本节对 CFC 砌块墙体进行了测试分析，并按照相应的技术标准进行了评价，为 CFC 砌块的应用提供了可靠的参考数据。

5.5.1　隔声量的测试方法

建筑材料隔声量的测试方法主要有混响室法、驻波管法、MLS 和 SS 方法。

1. 混响室法

混响室法是实验室最常用的隔声量测量方法，这种方法参照《声学　建筑和建筑构件隔声测量　第 3 部分：建筑构件空气声隔声的实验室测量》（GB/T 19889.3—2005）进行测试，是通过白噪声等宽频噪声声源激发声场，然后分别测量发声室和受声室的声压级，最后根据隔声量测试公式进行计算。图 5-50 为混响室法的测试原理图。混响室法实验室测试设施包括两间相邻的混响室，两室间有洞口用于安装试件。混响室要求容积至少为 50m³，两个混响室的容积和尺寸不宜完全相同[23]。混响室法对测试试件的面积要求比较大，一般达到 10m²，试验的工作量大。

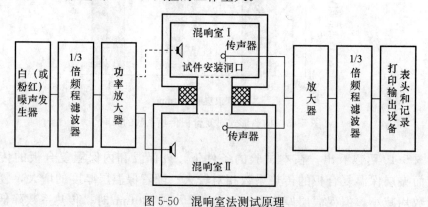

图 5-50　混响室法测试原理

2. 驻波管法

目前，驻波管法对材料的隔声量的测试还没有相应的规范或标准进行参考。这种方法对隔声量的测试所需的试件尺寸小，不仅方便快捷，而且可以利用驻波管按照隔声量的要求进行测试，试验测试便于理论的研究。

3. MLS 和 SS 法

随着计算机的发展和数字信号处理元件在声学测量中的应用，数字测量方法的应用日趋成熟。MLS 和 SS 法与传统方法相比，具有抑制背景噪声和扩展测量的范围等优点，但对于时间的变化和环境的变化更加敏感。这种方法参照规范《声学 建筑声学和室内声学中新测量方法的应用 MLS 和 SS 法》（GB/T 25079—2010）进行隔声量测试。其测试原理是根据发声室和受声室记录的脉冲响应通过隔声量计算公式求得声压级差。

5.5.2　试验方案

1. 砌块的规格

隔声测试所用的 CFC 砌块取自中国建筑技术中心中试基地工业化规模生产的微孔混凝土墙材系列产品之一，长宽尺寸为 590mm×390mm，厚度为 200mm 的实心砌块，干密度为 750kg/m³。

2. 砌块墙体隔声量的测试

隔声试验在中国建筑技术中心隔声实验室进行，隔声量的测试方法采用混响室法，依据国家标准《声学 建筑和建筑构件隔声测量 第 3 部分：建筑构件空气声隔声的实验室测量》（GB/T 19889.3—2005）进行测试。砌块墙体的测试面积为 3.5m×3m，双面抹灰（每面抹灰厚度为 10mm），面密度约为 210kg/m²，砌筑时对每个灰缝进行填补处理，减少缝隙对试验结果的影响，提高试验的准确性。试验采用 1/3 倍频程对 100～5000Hz 共 18 个中心频率进行测量。试验仪器采用 AWA6290 多通道分析仪、AWA5510（A）型正十二面体无指向声源、AWA14400 系列测量传声器和功率放大器等，声源采用白噪声。隔声试验测量布置如图 5-51 所示。

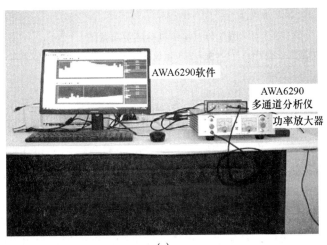

(a)

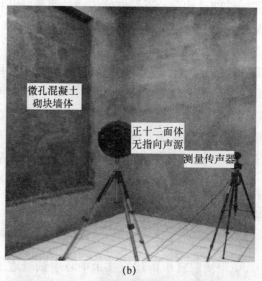

(b)

(c)

图 5-51　隔声试验测量布置图

（a）数据采集平台；（b）发声室测量仪器布置；（c）受声室测量仪器布置

隔声性能试验测试步骤如下：

（1）正确连接试验设备，检测试验设备能否正常工作，并利用 AWA 6221A 声校准器对测量传声器进行校准。

（2）试验设备安装就位后，关闭好发声室和受声室的门，正式测量时保持室内安静，先进行背景噪声测量，然后进行噪声测量，利用十二面体声源发出白噪声，记录发声室和受声室的声压级。

（3）改变测量传声器的位置，再次进行测量。试验测量测量次数为 6 次，每次取平均时间为 10s。测试完成后，利用隔声测量软件进行数据处理，得出试验墙体的隔声量。

测试时传声器的位置与房间边界或扩散体之间距离大于 0.7m，传声器与声源或试件之间的距离大于 1m。

5.5.3　试验的结果及分析

1. 隔声量

建筑材料的隔声量（R）是入射到受测试件上 R 的声能穿透试件时降低的分贝（dB）数，是评价室内声环境的重要指标，表示材料透声能力大小。R 值越大，建筑材料的隔声性能越好。其表达式用式（5-14）来表示。利用混响室法进行隔声测量时，隔声量时可以用式（5-15）求得。

$$R = 10\lg \frac{W_1}{W_2} \qquad (5-14)$$

式中　R——隔声量，dB；
　　　W_1——入射声功率；
　　　W_2——透射声功率。

$$R = L_1 - L_2 + 10\lg \frac{S}{A} \qquad (5-15)$$

式中　L_1——发声室内平均声压级，dB；
　　　L_2——受声室内平均声压级，dB；
　　　S——试件面积，m^2；
　　　A——受声室内吸声量，m^2。

上式中的吸声量可以根据测得的混响时间，由赛宾公式（5-16）确定。

$$A = \frac{0.16V}{T} \qquad (5-16)$$

式中　V——受声室的容积，m^3；
　　　T——受声室的混响时间，s。

经混响室法的隔声性能测试，得到 CFC 砌块墙体的隔声曲线和隔声量。图 5-52 为微孔混凝土砌块墙体的隔声曲线，表 5-6 为其中心频率的隔声量。由试验结果可见，CFC 砌块墙体隔声量总体上随频率的增加而增加，其平均隔声量为 43.78dB。

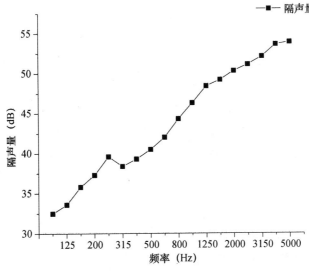

图 5-52　微孔混凝土砌块墙体的隔声曲线

表 5-6 CFC 砌块墙体中心频率的隔声量

中心频率（Hz）	100	125	160	200	250	315	400	500	630
隔声量（dB）	32.5	33.6	35.8	37.3	39.6	38.4	39.3	40.5	42
中心频率（Hz）	800	1000	1250	1600	2000	2500	3150	4000	5000
隔声量（dB）	44.3	46.3	48.4	49.2	50.3	51.1	52.1	53.6	53.9

2. 计权隔声量

计权隔声量（R_w）是对规定的一组基准值对试件测量值进行整合后获得的单值。其能够直接反映试件的隔声性能，而且便于隔声性能的评价和对不同建筑构件之间隔声性能的比较。确定单值评价量所用的 1/3 倍频程空气声隔声基准值如表 5-7 所示。

表 5-7 1/3 倍频程空气声隔声基准值 K_i

中心频率（Hz）	100	125	160	200	250	315	400	500
1/3 倍频程基准值 K_i（dB）	−19	−16	−13	−10	−7	−4	−1	0
中心频率（Hz）	630	800	1000	1250	1600	2000	2500	3150
1/3 倍频程基准值 K_i（dB）	1	2	3	4	4	4	4	4

在《建筑隔声评价标准》（GB/T 50121—2005）中，对于 1/3 倍频程测量时单值隔声量的计算有数值计算法和曲线比较法两种。这两种方法的本质是确定单值评价量时，必须满足不利偏差之和最大且不超过 32dB。不利偏差按公式（5-17）确定。

$$P_i = \begin{cases} X_w + K_i - X_i & X_w + K_i - X_i > 0 \\ 0 & X_w + K_i - X_i \leqslant 0 \end{cases} \tag{5-17}$$

式中 i——中心频率序号，$i = 1 \sim 16$，代表 100～3150Hz 范围内的 1/3 倍频程；

P_i——不利偏差；

X_w——所要计算的单值评价量，dB；

K_i——表 5-6 中第 i 个中心频率的基准值，dB；

X_i——第 i 个中心频率的测量值，dB。

经计算得到微孔混凝土砌块墙体的单值评价量 X_w 为 45dB，即计权隔声量 $R_w = 45$dB。

3. 频谱修正量

在对建筑构件空气声隔声特性进行评价时，不仅需要计权隔声量值，而且需计算出频谱修正量。频谱修正量是指考虑隔声频谱和声源空间噪声频谱的不同，加在空气声隔声单值评价量上的修正值。当声源空间的噪声呈粉红噪声频率特性或交通噪声频率特性时，计算得到频谱修正量分别是粉红噪声频谱修正量 C 和交通噪声频谱修正量 C_{tr}[23]。频谱修正量的计算按式（5-18）确定。

$$C_j = -10\lg \sum 10^{(L_{ij} - X_i)/10} - X_w \tag{5-18}$$

式中 j——频谱序号，$j = 1$ 或 2，1 为计算 C 的频谱 1，2 为计算 C_{tr} 的频谱 2；

X_w——单值评价量，dB；

i——100～5000Hz 的 1/3 倍频程序号；

L_{ij}——表 4-3 所给出的第 j 号频谱的第 i 个中心频率的声压级；

X_i——第 i 个中心频率的测量值。

计算 1/3 倍频程频谱修正量的频谱如表 5-8 所示。

表 5-8　1/3 倍频程频谱修正量的频谱

中心频率（Hz）		100	125	160	200	250	315	400	500	630
L_{ij}（dB）	计算 C 的频谱	−30	−27	−24	−22	−20	−18	−16	−14	−13
	计算 C_{tr} 的频谱	−20	−20	−18	−16	−15	−14	−13	−12	−11
中心频率（Hz）		800	1000	1250	1600	2000	2500	3150	4000	5000
L_{ij}（dB）	计算 C 的频谱	−12	−11	−10	−10	−10	−10	−10	−10	−10
	计算 C_{tr} 的频谱	−9	−8	−9	−10	−11	−13	−15	−16	−18

将 $X_w = 45$dB 代入公式（5-18）中，求得 $C = 0.7$，$C_{tr} = -2.6$。

故在本试验条件下，微孔混凝土砌块墙体的计权隔声量和频谱修正量为 R_w（C；C_{tr}）$= 45$（1；-3）dB。

5.5.4　隔声性能评价

按照评价标准建筑构件的空气声隔声性能分为 9 个等级[24]，每个等级的单值评价量范围应符合表 5-9 规定。

表 5-9　建筑构件空气声隔声性能分级

等级	范围	等级	范围
1 级	20dB$\leqslant R_w + C_j < 25$dB	6 级	45dB$\leqslant R_w + C_j < 50$dB
2 级	25dB$\leqslant R_w + C_j < 30$dB	7 级	50dB$\leqslant R_w + C_j < 55$dB
3 级	30dB$\leqslant R_w + C_j < 35$dB	8 级	55dB$\leqslant R_w + C_j < 60$dB
4 级	35dB$\leqslant R_w + C_j < 40$dB	9 级	$R_w + C_j \geqslant 60$dB
5 级	40dB$\leqslant R_w + C_j < 45$dB		

注：C_j 用于内部分隔构件时，C_j 为 C；用于围护构件时，C_j 为 C_{tr}。

由表 5-8 可知，当 CFC 砌块墙体作为内部分隔构件时，$R_w + C = 46$dB，隔声性能等级为 6 级；当微孔混凝土砌块墙体作为围护结构墙材时，$R_w + C_{tr} = 42$dB，隔声性能等级为 5 级，具有较好的隔声性能。

同时，在本试验条件下，厚度为 200mm 微孔混凝土砌块墙体的隔声性能满足规范《民用建筑隔声设计规范》（GB 50118—2010）中普通住宅分户墙的隔声性能要求（$R_w + C > 45$dB）。

本章小结

本章试验研究了 CFC 导热和蓄热性能、CFC 砌块和常用几种砌体材料墙体以及复合板的热工性能，还对 CFC 砌块墙体的隔声性能进行了试验研究，并从理论上对相关热工参数的计算进行了探讨，得出的主要结论如下：

1. CFC 的导热、蓄热性能

CFC 导热系数分别与干密度、孔隙率、抗压强度的多项式拟合关系以及导热系数和蓄热系数的线性拟合关系，其蓄热系数约为导热系数的 15 倍；不同密度等级的陶粒对于相应密度的 CFC 存在适宜陶粒掺量。

2. CFC 砌块墙体以及其他砌体材料墙体的传热性能

（1）采用热流计法通过长时间同步测试，得出的多种砌块墙体同条件下的传热系数，对业内有重要的参考价值。在细石混凝土空心砌块孔洞中填充聚苯板，传热系数减小 41.6%；190mm 厚 CFC 砌块和加气混凝土砌块墙体以及 290mm 厚细石混凝土空心砌块（含聚苯板）墙体的传热系数均小于 1.0W/(m² · K)；CFC 砌块墙体的传热系数稍小于含聚苯板的细石混凝土空心砌块墙体的传热系数，且前者的块体密度相比后者减小超过 50%，可有效地降低施工成本；另外，CFC 砌块的导热系数为 0.156W/(m · K)，裸墙体传热系数为 0.940W/(m² · K)，热惰性指标为 5.16，保温性能明显优于细石混凝土空心砌块墙体、多孔砖墙体以及黏土砖墙体，属于 Ⅱ 型围护结构。

（2）验算证明墙体的传热系数试验值与计算值仅相差 2.1%，两者较好地吻合，证明了本试验设计的多种材料围护结构模型测试方案的可行性。

（3）利用复合平壁原理，确定了砌块的几何修正系数，得到了其串并联模型的热阻公式：

$$R = \frac{0.206}{\dfrac{1}{R_{A_1^1}+R_{A_1^2}+R_{A_1^3}}+\dfrac{1}{R_{A_2^1}+R_{A_2^2}+R_{A_2^3}}+\cdots+\dfrac{1}{R_{A_n^1}+R_{A_n^2}+R_{A_n^3}}}\varphi$$

3. 复合板的热工性能

（1）设计了复合板传热系数、热流、温度（表面温度和界面温度）的测试方法，通过复合板在相同条件下的传热性能试验研究，得出了 CFC 厚度、密度以及构造形式对复合板动态传热系数的影响规律。

（2）在保温层 CFC 密度为 500kg/m³ 时，60mm 厚结构层＋200mm 厚保温层双层复合板的传热系数为 0.70W/(m² · K)。根据夏热冬冷地区节能设计标准，60mm 厚结构层＋100mm 厚保温层的双层复合板即可满足相应的指标要求。

（3）不同构造形式复合板在一周期内（升温过程、稳定温度过程、降温过程）的温度、热流变化规律，并对复合板内、外保温和夹层保温构造各自的保温隔热效果进行了比较。

4. CFC 砌块墙体的隔声性能

对砌块墙体的隔声性能进行了试验研究，在本试验条件下，200mm 厚 CFC 砌块墙体的计权隔声量 $R_w = 45$dB，满足规范《民用建筑隔声设计规范》（GB 50118—2010）中普通住宅分户墙的隔声性能要求（$R_w + C > 45$dB），同时作为建筑的内部分隔构件，其隔声性能等级达到 6 级，具有较好的隔声性能。

本章参考文献

[1] 中华人民共和国国家标准 . 水泥密度测定方法：GB/T 208—2014 [S] . 北京：中国标准出版社，2014.

[2] 中华人民共和国行业标准 . 泡沫混凝土：JG/T 266—2011 [S] . 北京：中国标准出版社，2011.

[3] 中华人民共和国行业标准．蒸压加气混凝土性能试验方法：GB/T 11969—2008 [S]．北京：中国标准出版社，2009.

[4] O. P. Shrivastava. Lightweight aerated concrete-a review [J]. Indian Concr. J，1977 (51)：10-23.

[5] H. Weigler, S. Karl. Structural lightweight aggregate concrete with reduced density-lightweight aggregate foamed concrete [J]. Int J Lightweight Concr，1980 (2)：101-104.

[6] U. Johnson Alengaram, B. A. Al Muhit, M. Z. bin Jumaat, et al. A comparison of the thermal conductivity of oil palm shell foamed concrete with conventional materials [J]. Mater Des，2013 (51)：522-529.

[7] F. Blanco, P. Garcir, P. Mateos, J. Ayala *. Characteristics and properties of lightweight concrete manufactured with cenospheres [J]. Cem Concr Res，2000 (30)：1715-1722.

[8] 中华人民共和国国家标准．绝热材料稳态热阻及有关特性的测定 防护热板法：GB/T 10294—2008 [S]．北京：中国标准出版社，2009.

[9] 龙赣生，熊国华，潘 阳，等．热流计法检测墙体热阻的影响因素分析及处理措施 [J]．能源研究与管理，2012，(3)：40-42.

[10] 朱存兵．建筑节能现场检测中热流计法的应用 [J]．江苏建筑，2009，(3)：63-65.

[11] Ozawa S. Study on the early age cracking of massive concrete and its prevention measure [J]. Water Power for Electric Generation，1962 (57)：254-261.

[12] Guo L. X., Guo L., Zhong L., et al. Thermal conductivity and heat transfer coefficient of concrete [J]. Wuhan University of Technology-Mater，2011，26 (4)：791-796.

[13] Jay amaha S E G, Wijey sundera N E, Chou S K. Measurement of heat transfer coefficient for walls [J]. Building and Environment，1996，31 (5)：399-407.

[14] Sparrow E M, Ramsey J W, Mass E A. Effect of finite width on heat transfer and fluid flow about an inclined rectangularplat [J]. ASME Jounaral of Heat transfer，1979，99：507-512.

[15] 夏赟，马鑫，镡春来，等．温湿度对墙体热工性能的影响 [J]．低温建筑技术，2009，(1)：95-97.

[16] 徐婷婷．墙材含水率对墙体热工性能的影响研究 [D]．杭州：浙江大学，2010.

[17] 赵维霞，杨海勇，陈旻，等．多孔膨胀珍珠岩混凝土比热容与导热系数测定及其保温性能评价 [J]．新型建筑材料，2011 (1)：78-80.

[18] 中华人民共和国国家标准．建筑构件和建筑单元 热阻和传热系数 计算方法：GB/T 20311—2006 [S]．北京：中国标准出版社，2006.

[19] 叶燕华，孙伟民，何嘉鹏，等．混凝土空心砌块墙体热绝缘系数理论分析 [J]．新型建筑材料，2002 (5)：27-29.

[20] 章熙民，任泽霈，梅飞鸣．传热学 [M]．5 版．北京：中国建筑工业出版社，2007.

[21] 王庆轩，石云兴，屈铁军，等．自保温砌块墙体在夏热冬冷地区的传热性能研究 [J]．施工技术，2014 (24)：24-28.

[22] 王庆轩，石云兴，屈铁军，等．不同构造形式轻质保温复合板传热特性试验研究．施工技术，2016，45 (6)：87-90.

[23] 中华人民共和国国家标准．声学 建筑和建筑构件隔声测量 第 1 部分：侧向传声受抑制的实验室测试设施要求：GB/T 19889.1—2005 [S]．北京：中国标准出版社，2006.

[24] 中华人民共和国国家标准．建筑隔声评价标准：GB/T 50121—2005 [S]．北京：中国标准出版社，2005.

第6章 微孔混凝土砌块的生产、性能与工程应用

6.1 概　述

本章所述微孔混凝土（ceramsite foamed concrete，CFC）砌块是将陶粒作为轻骨料与含泡沫的胶结材浆体结合生产的具有保温隔热、A1级防火和可锯可钉等特点的新型砌筑墙材。CFC砌块可分为实心砌块（图6-1）和空心砌块（图6-2）两种，前者强度等级为A7.5和A10，后者强度等级为A3.5和A5。

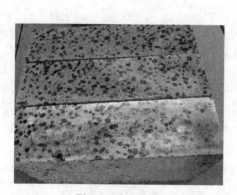

图6-1　实心砌块

图6-2　空心砌块

CFC砌块内含封闭气孔，比强度和导热系数与同密度的蒸压加气混凝土砌块相近，但从全面比较来看，各有特点：

（1）发泡方式：加气混凝土多采用铝粉和料浆的碱性物质反应产生气泡，为化学发泡；CFC砌块将预制泡沫引入浆体中，泡沫为预先物理发泡；

（2）养护方式：加气混凝土采用蒸压养护，CFC砌块养护方式为自然养护；

（3）施工工序：加气混凝土砌块与砂浆的粘结力较差，抹灰易发生空鼓，常使用专用砂浆砌筑和抹灰，或抹灰采取挂网措施；CFC砌块采用自然养护的成型工艺，与普通砂浆的粘结力强，无须采用上述措施；

（4）有利于工矿废弃物的资源化：用于CFC砌块的陶粒等轻骨料，可利用淤泥、

煤矸石、低质粉煤灰等作为原材料烧结而成，减少对天然资源的消耗。

6.2 CFC 砌块性能指标

与轻质砌块相关的两项现行标准分别是《蒸压加气混凝土砌块》（GB 11968—2006）和《陶粒加气混凝土砌块》（JG/T 504—2016），但前者仅涉及不含骨料的加气混凝土砌块，而后者所涉及的产品与 CFC 砌块的生产工艺和强度指标不同。中国建筑技术中心参考上述标准，根据试验研究结果和工程应用的经验[1-6]，在 CFC 砌块的企业标准中明确了相关性能指标，具体内容见表 6-1。

表 6-1 CFC 砌块性能指标

序号	强度等级	立方体抗压强度（MPa）		干表观密度范围（kg/m³）	实心砌块导热系数［W/(m·K)］	空心砌块当量导热系数［W/(m·K)］
		平均值≥	单组最小值≥			
1	A3.5	3.5	2.8	>500,≤600	—	0.07*
2	A5	5	4.0	>600,≤700	—	0.08*
3	A7.5	7.5	6.0	>800,≤900	≤0.21	—
4	A10	10	8.0	>1000,≤1100	≤0.27	—

注*：1. 当量导热系数计算依据为《民用建筑热工设计规范》（GB 50176—2016）；
2. 砌块规格尺寸：长×厚×高＝590mm×190mm×390mm（按实际使用方向），空心砌块沿长度方向均匀分布 4 个 φ75 的竖向贯通孔，孔洞率约为 16%；
3. A3.5CFC 导热系数取 0.14W/(m·K)，A5CFC 导热系数取 0.16W/(m·K)。

另外，CFC 砌块的干燥收缩值应≤1mm/m，进行抗冻性试验时，质量损失≤5%，120mm 厚轻质 CFC 砌块墙体的耐火极限应≥4h。

6.3 CFC 砌块生产的工艺流程

CFC 砌块的生产主要包括预制泡沫、混凝土搅拌、坯体浇筑和砌块切割等工序，其生产工艺流程如图 6-3 所示，切割工艺流水线和工艺流程如图 6-4 所示。

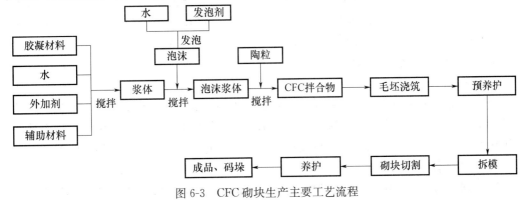

图 6-3 CFC 砌块生产主要工艺流程

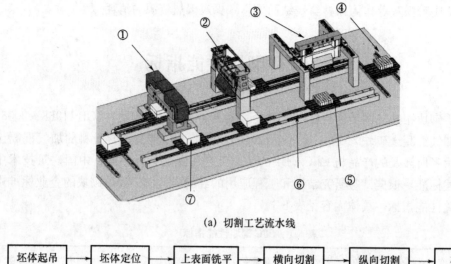

(a) 切割工艺流水线

```
┌────────┐    ┌────────┐    ┌────────┐    ┌────────┐    ┌────────┐    ┌────────┐
│ 坯体起吊 │──▶│ 坯体定位 │──▶│ 上表面铣平 │──▶│ 横向切割 │──▶│ 纵向切割 │──▶│  码垛  │
└────────┘    └────────┘    └────────┘    └────────┘    └────────┘    └────────┘
                                  │                │
                                  │                ▼
                                  │          ┌────────┐
                                  └─────────▶│ 边角料回收 │
                                             └────────┘
```

(b) 切割工艺流程图

图 6-4　CFC 砌块的切割工艺流程

①—水平铣平机组；②—横向切割机组；③—纵向切割机组；④—砌块成品；
⑤—坯体传送车；⑥—运行轨道；⑦—砌块坯体

6.4　CFC 砌块的生产设备

CFC 砌块生产一般采用自动化生产工艺，其生产设备主要包括预拌混凝土生产设备、发泡设备、流水线切割设备和模具四部分。

6.4.1　混凝土生产设备

拌合物制备是 CFC 砌块生产的第一道工序，生产设备包括粉料仓、上料计量系统、搅拌机、控制系统以及其他附属设施等，另外，陶粒一般采用地面储仓的形式，上料宜采用体积计量法，所以计量系统中应增设骨料体积计量装置（陶粒在使用前常进行预湿处理，实际投料配合比考虑含水率）。

1. 粉料仓

粉料仓是封闭式储存水泥、粉煤灰、硅灰等物料的地方，通常由仓体、塔帽、支架等部分组成。仓体上装有料位系统，能够显示物料的位置和多少，另外设有可以解除物料沉积太久形成结块的破拱装置，与螺栓输送泵配合使用把物料输送到各个位置。

2. 上料计量系统

CFC 砌块的原材料分为骨料、粉料和液料三部分，骨料上料采用提升斗或输送带（根据坡度不同可选择防滑输送带或裙边斗式输送带）；粉料输送采用螺栓输送泵，水、外加剂等液料采用水泵泵送，骨料通过体积计量，其他原材料采用相应的计量秤进行计量。

3. 搅拌机

拌合物搅拌采用强制式搅拌机，由料筒、机架、电动机、减速机、转动臂、搅拌铲、清料刮板等组成，另外，搅拌机上设有气动进料、卸料门以及相关的保护装置。

4. 控制系统

控制系统（图 6-5）是搅拌站设备的中枢神经，控制整套生产设备的运行，按控制方式可分为集散式微机控制、集中式微机控制和集中式双微机控制。

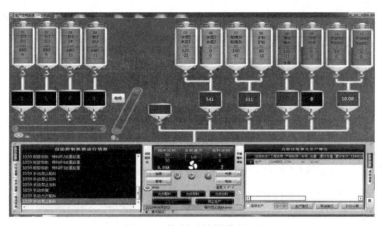

图 6-5 控制系统操作界面

6.4.2 发泡设备

发泡设备应采用与搅拌站控制系统同步运行的大型发泡机，在现场应进行防尘保护，出泡管直通搅拌仓内，并且与搅拌机连接牢固，避免气压过大导致发泡管脱落。发泡设备与控制系统宜通过无线局域网（Wi-Fi）连接（图 6-6）。

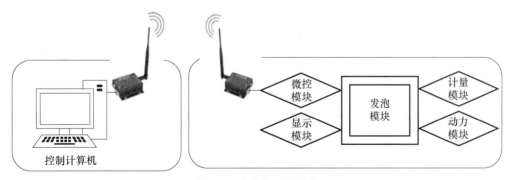

图 6-6 发泡机远程操作

6.4.3 切割设备

CFC 砌块坯体切割采用自动流水线作业，该流水线设备主要由传送车运行流水线、水平铣平机组、横向切割机组、纵向切割机组、控制系统组成（图6-7～图6-10）。

图6-7 水平铣平机组

图6-8 横向切割机组

图6-9 纵向切割机组

图6-10 传送车运行流水线

切割步骤如下：

（1）采用吊装设备将CFC砌块坯体放置于传送车上；

（2）传送车运行流水线将砌块坯体运送至水平铣平机组进行上表面铣平，修整砌块坯体高度；

（3）修整后的砌块坯体经传送车运送至横向切割机组进行坯体的第一次横向切割；

（4）横向切割后的坯体经传送车传送至纵向切割机组，定位后由光电感应装置发出运行指令，纵向切割机组的夹紧汽缸运行，对横向切割后的坯体施加夹紧力预紧（减少砌块坯体在纵向切割时的震动和横向位移），然后由纵向切割机组进行第二次切割；

（5）切割后的CFC砌块经传送车传送至包装区域，进行成品打包封装。

6.4.4 模具

模具主要用于CFC砌块坯体成型，由底板、侧模和紧固件组成。底模和侧模接缝应严密不漏浆，另外，整个模具体系应有足够的强度、刚度和稳定性。

常用的模具主要有钢模具和塑料模具，图 6-11～图 6-19 是部分模具及卡具。

图 6-11　实心砌块毛坯模具 a

图 6-12　模具及卡具 a

图 6-11 模具特点：采用专用卡具（图 6-12），拆装过程中使用的工具为铁锤，卡具质量较大，具备定位和夹紧双重功能；模具稳定性好，但质量大，不易拆装，装模不注意时误差较大。

图 6-13　实心砌块毛坯模具 b

图 6-14　模具及卡具 b

图 6-13 模具特点：采用专用卡具（图 6-14），该卡具属于铸造器具，整体性好，轻便灵巧，只具备夹紧功能，侧板和底板采用定位销定位；本套模具定位性好，拆装方便。

图 6-15　无孔砌块毛坯模具 c

图 6-16　模具及卡具 c

图 6-15 模具特点：模具采用钢板较厚，钢板表面均经过机加工处理，板厚且方钢用量过大，定位适中，采用专用夹钳（图 6-16）进行紧固连接，此种夹钳施工方便，但因模具笨重而容易损坏。

图 6-17 模具特点：模具为塑料模具，采用的夹具如图 6-18 所示，拆装方便，定位准确，但是随着周转次数的增多，模具定位容易产生偏差。

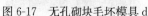

图 6-17　无孔砌块毛坯模具 d

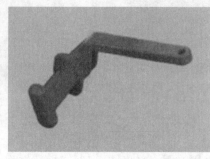

图 6-18　模具及卡具 d

图 6-19 模具特点：采用销栓和楔铁进行定位和固定，质量小、操作简单、拆装效率高，是模具系统常用的紧固件。

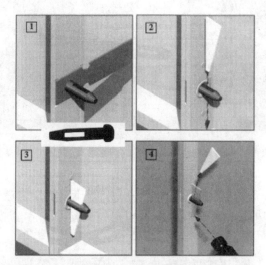

图 6-19　模具及卡具 e

6.5　CFC 砌块生产的技术要点与质量控制

目前，行业内的 CFC 砌块生产有几种不同的工艺，本章介绍的是中国建筑技术中心新材料基地通过工业化规模的混凝土搅拌站连续制备微孔混凝土拌合物，然后进入模具流水线浇筑成型坯体，再经脱模、自然养护和切割等主要生产过程的技术要点与质量控制，图 6-20 为生产厂外景的一角。

图 6-20　CFC 砌块成品垛

6.5.1　生产技术要点

1. 原材料

（1）轻骨料

轻骨料可选用黏土陶粒、页岩陶粒、淤泥陶粒和火山灰渣等，轻骨料的密度应与浆体密度相适应，避免骨料上浮或下沉；轻骨料的筒压强度宜为 CFC 强度的 1/10 左右；陶粒以表面裂缝少，吸水率低的为佳。

（2）发泡剂

发泡剂可选用化学合成发泡剂、动植物蛋白质发泡剂或复合发泡剂，泡沫稳定且与所选用的水泥、粉煤灰、减水剂等其他原材料的相容性好；以发泡倍数大于 30 倍，泡沫半衰周期大于 30min 为宜。

（3）计量偏差

水泥、掺合料的计量允许偏差为 ±1%；水、外加剂的计量允许偏差为 ±0.5%；轻骨料、泡沫的计量允许偏差为 ±2%。

2. 配合比

根据本书第 2 章的内容计算各原材料用量，并经实验室试配后用于实际生产。本节根据实验数据[3-6]，给出参考配合比，见表 6-2。

表 6-2　CFC 砌块参考配合比

抗压强度（MPa）	3.5～5	5～7.5	7.5～10	10～15	≥15
水泥（kg）	250～320	280～380	350～450	400～500	500～600
粉煤灰（kg）	35～65	40～75	50～90	60～100	75～120
硅灰（kg）	7.5～16	8.5～19	10～22	12～25	15～30
水（kg）	85～130	95～152	120～180	155～200	170～240
减水剂（kg）	1.5～3.2	1.7～3.8	2.1～4.5	2.4～5	3～6
合成纤维（kg）	0～0.5	0～0.5	0～0.5	0～1.0	0～1.0
陶粒（L）	350～450	350～450	350～450	350～450	350～450
泡沫（L）	550～650	450～550	430～500	400～450	350～400

3. CFC 砌块坯体模具准备

（1）模具清理应重点清理底模内表面以及底模、侧模接触面，模具拆装应轻拿轻放，防止损坏，清理后的模具内外表面的任何部位不得有残留杂物。

（2）模具安装后应对内部尺寸进行复核，并检查模具是否存在变形、连接松动等情况。如存在问题，应及时处理。

（3）为保护模板和拆模方便，坯体模具检查完毕后，应在内表面涂刷脱模剂（或称隔离剂）。

4. 搅拌

控制室确认坯体模具已位于接料口处准备就绪后启动搅拌机，达到正常转速后开始上料工作，粉料、水和外加剂经上料系统计量后投入搅拌机，确认搅成浆体的流动性和黏聚性合格后，注入泡沫（泡沫体积量依据出泡时间来确定，见图 6-21），搅拌 40～50s 后加入陶粒，再搅拌 20～30s 即可出料浇筑坯体，总搅拌时间为 2～2.5min。

CFC 拌合物（图 6-22）生产应严格控制搅拌时间，时间太短，泡沫与浆体混合不均匀，会产生消泡、局部塌陷等现象，影响产品质量；时间太长，搅拌机扇叶的旋转会加速泡沫的破裂，会影响浆体的工作性，引起陶粒上浮（轻陶粒）或下沉（重陶粒）。

图 6-21　注入泡沫

图 6-22　CFC 拌合物

另外，搅拌机操作还应注意以下事项：

（1）混凝土搅拌人员在启动机器前应对设备及全部电器进行查看，确保设备工况良好，同时检查原材料，确认无质量问题；

（2）搅拌机启动后需进行试运行，无问题后方可进行混凝土搅拌；

（3）每台班生产完毕，搅拌机内部及混凝土输送管道必须及时清理干净。

5. 坯体、运输及养护

CFC 拌合物卸料前应检查如下事项：

（1）确认卸料开关、坯体传送车运行限位装置工况正常；

（2）检查导向链条是否清洁，不得出现遗撒拌合物包裹的现象；

（3）模具拼装是否牢固，位置与卸料口是否对正（图 6-23）。

上述事项检查无误后开始向模具内卸料（图 6-24），装料完毕，用叉车将浇筑好的模具运至养护区，行驶速度适中，避免晃动导致浇筑料的遗撒。

在养护区对浇筑坯体的表面进行简单修整，并用塑料薄膜覆盖保湿，24h后拆模（24h是养护温度为30～50℃的拆模时间，当温度较低时，可适当延长养护时间）。

图 6-23　模具检查

图 6-24　卸料

6. 砌块切割

采用室内天车将CFC砌块坯体吊运至传送车，启动切割流水线设备，传送车搭载砌块坯体沿轨道行走，先后经表面铣平机组（图6-25）、横向切割机组（图6-26）和纵向切割机组（图6-27），生产出规定尺寸的CFC砌块（图6-28）。

注意事项：

（1）砌块切割前应对整套电器件进行系统检查，包括控制柜电器、各个输送电动机的离合、各个光电开关是否运行正常，检查传动链条及皮带松紧是否处于正常状态；

（2）整个系统需试运行10min，确认无问题后启动铣平、切割机组，启动1min后进行砌块的切割；

（3）砌块坯体吊运至传送车平台时需确定坯体高度是否满足一次性铣平高度要求，并进行准确定位；

（4）严格控制切割速度，切割速度不得大于0.35m/min；

（5）砌块搬运完毕后需及时清理传送车，保持车板表面无切割碎块。

图 6-25　坯体表面铣平

图 6-26　横向切割

图 6-27　纵向切割

图 6-28　成品

7. 养护

CFC 砌块制品采用自然养护（太阳能养护或露天养护）工艺，养护时应覆盖保湿（每日至少喷水 1 次，根据天气情况可适当增加喷水次数），保湿养护不少于 14d。

6.5.2　砌块的外观质量与尺寸偏差控制

CFC 砌块的外观质量和尺寸允许偏差应符合表 6-3 的规定[2]。

表 6-3　CFC 砌块外观质量和尺寸允许偏差

项目			指标	
			优等品 A	合格品 B
尺寸允许偏差（mm）	长度 L		±3	±4
	宽度 B		±1	±2
	高度 H		±1	±2
缺棱掉角与弯曲	最小尺寸（mm）		0	30
	最大尺寸（mm）		0	70
	大于以上尺寸的缺棱掉角个数（个）	≤	0	2
	平面弯曲不得大于（mm）	≤	2	
裂纹长度、深度与条数	贯穿一棱两面的裂纹长度不应大于裂纹所在面的裂纹方向尺寸总和		0	1/3
	任一面上的裂纹长度不应大于裂纹方向尺寸		0	1/2
	大于以上尺寸的裂纹条数（个）	≤	0	2
	爆裂和损坏深度（mm）	≤	10	30
轻骨料均匀性（%）	各方向两端 1/5 范围内的轻骨料数量差不大于		10	20
	表面疏松		不允许	不允许
	表面油污		不允许	不允许

6.6　CFC 砌块的砌筑施工

根据 CFC 砌块本身的物理特性，参考普通混凝土砌块和加气混凝土砌块相关标准并经过中试和工程应用，中国建筑技术中心归纳出了 CFC 砌块的砌筑工艺和质量验收要求[4-8]。

6.6.1　主要技术特点

CFC 砌块经过流水线切割而成，不仅尺寸精确，易于砌筑排布，按操作规程砌筑墙体尺寸精确、美观；砌块主尺寸为 190mm×390mm×590mm，但是通过调整锯片间距，可生产出不同规格尺寸的产品；CFC 砌块自然养护成型，与普通砂浆具有良好的粘结能力，施工时不需要采用挂网等措施，简化了施工工艺。

6.6.2　施工工艺

CFC 砌块砌筑施工的工艺流程如图 6-29 所示，根据所砌墙体的种类设置构造柱的截面和间距，选择的砌筑砂浆不低于 M5.0。

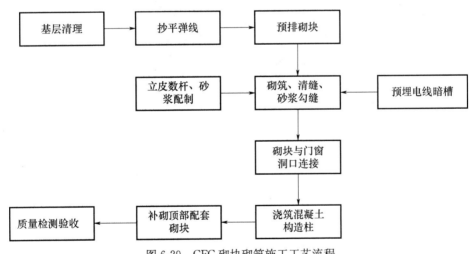

图 6-29　CFC 砌块砌筑施工工艺流程

6.6.3　主要节点及细部构造

（1）通缝处理：砌筑时，上下皮错缝搭砌长度不应小于砌块总长的 1/3，当搭砌长度小于 150mm 时，即形成通缝，竖向通缝不应大于 2 皮砌块，否则应配 φ4 钢筋网片或 2φ6 钢筋，长度宜为 700mm，如图 6-30 所示。

（2）砌块墙的 T 形交接处，应使横墙砌块隔皮断面露头，详见图 6-31。

（3）砌块墙的转角处，应隔皮纵、横墙砌块相互搭砌，详见图 6-32。

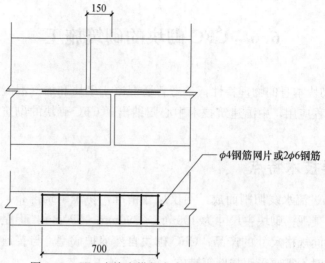

图 6-30　CFC 砌块砌搭长度小于 150mm 时处理方法

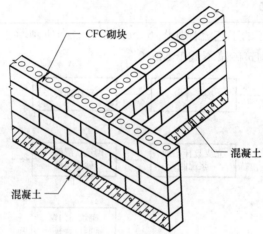

图 6-31　T 形交接砌法

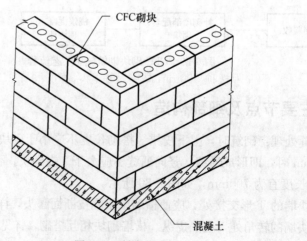

图 6-32　转角砌法

6.6.4　构造柱设置

（1）抗震设防地区，CFC 砌块承重墙应在内外墙交接处设置拉结钢筋，沿墙高度每 600mm 应配置 $2\phi6$ 通长钢筋，且纵横墙交接处及楼梯间墙的四周均应设置混凝土构造柱。构造柱的最小截面应为 180mm×200mm，最小配筋应为 $4\phi12$，混凝土强度等级不应低于 C20，非抗震设防地区，砌块房屋的圈梁、构造柱设置参照地震区的要求适当放宽，但房屋顶层应设置圈梁，房屋四角必须有构造柱，构造柱与砌块的相接处应有拉结筋连接。

（2）钢筋混凝土结构中的 CFC 砌块非承重墙应符合下列要求：CFC 砌块非承重墙应沿框架柱每隔 600mm 左右设 $2\phi6$ 钢筋，深入墙内的长度为 700mm；当墙长≥5m 时，墙顶与梁板应有拉结；当墙长≥8m 或等于层高 2 倍时，应在墙的中段增设构造柱；当墙高≥4m 时，墙体半高处宜设置与柱或剪力墙连接的通长水平系梁。

（3）圈梁、构造柱的插筋预埋在结构混凝土构件中，后植筋的预留长度符合设计要求。构造柱施工时按照要求应留设马牙槎，马牙槎先退后进，进退尺寸不小于 50mm，高度为 300mm 左右，上下垂直。构造柱设置在墙体转角处、T 形交接处或端部（图 6-33）。圈梁宜设在填充墙高度中部。

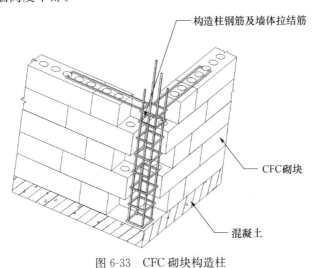

图 6-33　CFC 砌块构造柱

（4）构造柱上下端距楼顶 500mm 高度范围内，箍筋间距需加密至 @100mm，构造柱应先砌墙后浇筑柱混凝土。

6.6.5　施工要点

（1）CFC 砌块上墙砌筑时含水率宜小于 20％，吸水深度以 8～10mm 为宜，砌筑前 24h 浇水，砌块表面宜湿润无明水。

（2）施工前在结构墙、柱上弹好＋500mm 标高水平线，弹出楼层轴线、墙边线及门窗洞口线，将门窗洞口宽度、高度和窗台高度尺寸上墙，标示清楚。

（3）根据施工图，结合 CFC 砌块的规格绘制砌块的排列图，按图排列砌块并优先使用整体砌块，长度小于等于 150mm 或小于砌块总长 1/3 的砌块不得上墙。

（4）墙底部砌筑 200mm 高的烧结普通砖、多孔砖或普通混凝土空心砌块，或浇筑 200mm 高等墙厚的混凝土坎台，混凝土强度等级宜为 C20。

（5）砌块砌筑从转角处或定位砌块处开始，采用满铺满挤法，吊砌一皮、校正一皮，皮皮拉线，控制砌体标高和墙面平整度。

（6）砌筑灰缝应横平竖直，水平灰缝不宜大于 15mm，砂浆饱满度不应小于 90%；垂直灰缝不宜大于 20mm，砂浆饱满度不应低于 80%。砌筑时铺灰长度不得超过两块砌块长度，气温在 30℃ 以上时不超过一块砌块长度，避免因砂浆失水过快引起灰缝开裂。

（7）CFC 砌块每天砌筑高度不宜超过 1.8m，砌至梁、板底部时，应预留空间并静置不少于 15d 后再将其补砌挤紧，防止上部砌块因砂浆收缩而开裂。

（8）CFC 砌块内外墙墙体应同时咬槎砌筑，临时间断时可留成斜槎，斜槎水平投影长度不应小于高度的 2/3；接槎时，应先清理基面，浇水湿润，并填实砂浆，保证灰缝平直。

（9）在 CFC 砌块墙体上剔槽开孔时，应采用专用工具，不得用斧子或瓦刀任意砍劈，也不得在墙体上横向镂槽，且应在砌筑砂浆强度达到设计强度 80% 以上时进行。

（10）砌体墙上暗敷水电管线时，水平开槽深度不得大于 1/4 墙厚，竖向开槽深度不得大于墙厚的 1/3，且应避免交叉和双面开槽。必须开槽时，槽间距应≥500mm。敷设管线后应采用聚合物水泥砂浆填实，且宜比墙面微凹 2mm，并粘贴耐碱纤维网格布，网格布宽度应盖过缝隙边缘每边不小于 100mm。穿墙、附墙或埋入墙内的铁件应做防腐防锈处理。

（11）门窗洞口构造措施

当门洞宽大于或等于 2100mm 或安装厚重金属门时，门洞两边以及独立墙肢端部应设置混凝土构造柱。

CFC 砌块墙门窗洞口应采用钢筋混凝土过梁，过梁伸入两边墙体不小于 30mm。窗台处应加设钢筋混凝土窗台板，或在窗口下一皮砌块的底部砌筑砂浆内放置 3φ6 纵向钢筋，两端伸入墙体不小于 30mm。

过梁支撑处应计算 CFC 砌块局部受压承载力，如不满足要求，则需设置刚性垫块或用 C20 混凝土灌实一皮。

（12）其他注意事项

CFC 砌块外墙在迎水面应设置防水层，外墙装饰层基层宜采用有防水和抗裂性能的材料。

在 CFC 砌块外墙墙面水平方向的凹凸部位（如线脚、雨篷、出檐、窗台等），应做泛水和滴水，避免冻融破坏。

6.6.6　质量控制

CFC 砌块砌筑工程质量应符合相关标准规定，墙体观感检查项目包括：墙体表面整洁，灰缝横平竖直，砌体组砌方法正确，上下错缝，转角及丁头部位搭砌正确等。

轻质 CFC 砌块墙体允许偏差应符合表 6-4 和表 6-5 规定[7-8]。

表 6-4　承重墙体砌体尺寸允许偏差

序号	项目				允许偏差（mm）	检验方法
1	轴线位置偏移				10	用经纬仪或尺检查，或用其他测量仪器检查
2	垂直度	每层			5	用 2m 托线板检查
		全高	≤10m		10	用经纬仪、吊线或尺检查，或用其他测量仪器检查
			>10m		20	
3	楼面标高				±15	用水平仪或尺检查
4	表面平整度				6	用 2m 尺或楔形塞尺
5	门窗洞口宽度（后塞口）				±5	用尺检查
6	外墙上、下窗口偏移				20	以底层窗口为准，用经纬仪或吊线检查
7	水平灰缝垂直度				7	用 10m 长的线拉直检查
8	板带、过梁、构造柱宽度				−2～+3	用 2m 尺或塞尺检查

表 6-5　填充墙砌体一般尺寸允许偏差

序号	项目		允许偏差（mm）	检验方法
1	轴线偏移		10	用尺检查
2	垂直度	≤3m	5	用 2m 托线板或吊线、尺检查
		>3m	10	
3	表面平整度		8	用 2m 尺或楔形塞尺检查
4	门窗洞口宽度（后塞口）		±5	用尺检查
5	外墙上、下窗口偏移		20	用经纬仪或吊线检查

6.7　工程应用实例

6.7.1　中国建筑技术中心试验楼与配楼改扩建工程

1. 工程概况

中国建筑技术中心的主试验楼与配楼改扩建工程于 2012 年下半年开工建设，2014 年年底竣工，工程采用了多项绿色建筑技术与产品。2015 年由"中国绿色建筑与节能委员会"评为"2014 年度最具代表性绿色建筑项目"，项目通过绿色建筑三星认证。CFC 砌块和复合板的大体量应用是其比较重要的得分项之一，本节只简单介绍砌块应用的情况。

工程位于北京顺义区林河大街中国建筑技术中心园区内，工程占地范围为东西向约 428m（长），南北向约 122m（宽）。工程设计依据《建筑结构可靠度设计统一标准》（GB 50068—2001），设计使用年限为 3 类 50 年；建筑结构的抗震设防类别为标准设防类；抗震设防烈度 8 度。

2. 砌筑施工简介

本工程 CFC 砌块应用范围为试验楼地下一层及其西侧设备房间的隔墙、东配楼三层所有墙体，砌块规格为 190mm×390mm×590mm，总用量 300 多立方米。工程应用表明，CFC 砌块质轻，比强度高，可锯可钉，便于埋置管线；块体尺寸较大，砌筑施工效率高，而且与砂浆的粘结力强，抹灰不需要特殊砂浆。图 6-34～图 6-38 为主试验主楼砌筑施工的部分实景，图 6-39～图 6-41 为配楼砌筑施工的部分实景。

图 6-34　砌筑作业（主楼）

图 6-35　构造柱设置（主楼）

图 6-36　垂直度检验（主楼）

图 6-37　砌筑完成的墙体（主楼）

图 6-38　抹灰作业（主楼）

图 6-39　砌筑施工现场（配楼）

图 6-40　构造柱设置（配楼）

图 6-41　抹灰作业（配楼）

6.7.2　中国建筑技术中心李遂基地办公区施工项目

该工程 2012 年 8 月开工，10 月竣工，施工场地为中国建筑技术中心新材料李遂基地，建筑面积 112.32m²，使用砌筑材料为 CFC 砌块、CFC 贴块和 CFC 隔墙板，图 6-42～图 6-45 为部分施工实景。工程使用至今质量良好，未发现有任何开裂、剥落和空鼓情况。

图 6-42　砌块开槽

图 6-43　表面清理

图 6-44　浇水养护

图 6-45　墙面抹灰

6.7.3 怀柔某民建项目

该工程为北京怀柔区一批民建设施，2014 年 4 月开工，8 月竣工，工程为了实现节能效果，特选用轻质 CFC 砌块作为砌筑材料。

该项目通过利用 CFC 砌块尺寸精准、表面平整的特点，结合完善的施工工艺和严格砌筑质量管理（严格按照不抹灰的工艺要求进行砌筑、养护等方面）等措施，达到了免抹灰的砌筑标准，表面只做简单的刮腻子装修，不仅工程质量优良，而且降低了施工成本，缩短了工期，图 6-46 和图 6-47 为其中部分实景。

图 6-46 施工现场图　　　　　　　图 6-47 竣工实景图

本章小结

本章介绍了 CFC 砌块的性能指标、生产设备、生产工艺流程和技术要点等，CFC 砌块与蒸压加气混凝土砌块均属于轻质墙体砌块，但是 CFC 砌块具有不需蒸压养护、比强度高、热工性能好、与砂浆粘结力强的特点。本章也对其砌筑施工工艺、质量控制要求等进行了较为详细的表述，并列举了工程应用的实例。

本章参考文献

［1］中华人民共和国国家标准. 蒸压加气混凝土砌块：GB 11968—2006 ［S］. 北京：中国标准出版社，2006.

［2］中华人民共和国建筑工业行业标准. 陶粒加气混凝土砌块：JG/T 504—2016 ［S］. 北京：中国标准出版社，2016.

［3］王庆轩. 轻质微孔墙体材料的热工性能与应用技术研究 ［D］. 北京：北方工业大学，2015.

［4］Qingxuan Wang, Yunxing Shi, Jingbin Shi, et al. An experimental study on thermal conductivity of ceramsite cellular concrete. International Conference on Structural ［J］. Mechanical and Materials Engineering. dalian, 2015（9）.

［5］Yangang Zhang, Yunxing Shi, Jingbin Shi, et al. An Experimental Research on Basic Properties of Ceramsite Cellular Concrete ［J］. International Conference on Advanced Material Research and Application, guilin, 2016（8）.

［6］王庆轩，石云兴，屈铁军，等．自保温砌块墙体在夏热冬冷地区的传热性能研究［J］．施工技术，2014（12）．

［7］中国工程建设协会标准．蒸压加气混凝土砌块砌体结构技术规范：CECS 289—2011［S］．北京：中国计划出版社，2011．

［8］中华人民共和国国家标准．砌体结构工程施工质量验收规范：GB 50203—2011［S］．北京：中国建筑工业出版社，2012．

第7章 轻质微孔混凝土复合外挂板的生产与挂装施工

本章所述轻质微孔混凝土（ceramsite foamed concrete，CFC）复合外墙挂板（以下简称轻质 CFC 复合外挂板）是一种以陶粒微孔混凝土为保温层，普通钢筋混凝土为持力层，采用连续浇筑的成型工艺生产的集装饰、保温、承载、防水和防火于一体的新型墙体板材。

7.1 基本性能

7.1.1 复合板结构

轻质 CFC 复合外挂板是中国建筑技术中心具有自主知识产权的节能墙材专利产品，它的特点是保温、装饰与结构一体化，连续浇筑一次成型[1-6]，已在多项工程中得以成功应用。

（1）持力层为钢筋混凝土层，承担轻质 CFC 复合外挂板拆模、吊装以及使用阶段的各种荷载，板材配筋设计及力学性能验算依据《混凝土结构设计规范（2015 年版）》(GB 50010—2010) 相关条文。一般情况下，混凝土强度等级不低于 C30，钢筋直径不小于 8mm。

（2）轻质 CFC 复合外挂板保温层内部均匀分布着大量微小的封闭气孔，起保温隔热作用，可根据节能要求选择其密度和厚度。复合外挂板的热工性能可以实测，也可依据保温层 CFC 的密度（相关导热系数）和厚度以及承载层的热工性能指标进行计算 [可参考《民用建筑热工设计规范》(GB 50176—2016) 和行业相关标准]。一般情况下，保温层 CFC 的设计密度为 $500\sim1200\text{kg/m}^3$，导热系数为 $0.12\sim0.32\text{W/(m·K)}$，抗压强度为 $3.5\sim15\text{MPa}$。

7.1.2 节能效果

与岩棉、挤塑板等常规保温材料相比，厚度相同时，保温层 CFC 的导热系数较大，热阻较小，但 CFC 蓄热系数和热惰性指标均优于岩棉、挤塑板等保温材料。经检测，热阻相同时，CFC 的蓄热系数是聚苯板的 8 倍左右，热惰性值是聚苯板的 4 倍左右[5],[6]，对比同一个使用周期，轻质 CFC 复合外挂板使室内温度比较稳定，舒适度较高。CFC 的耐久性可与建筑物同寿命，这一点远优于有机保温材料。

7.1.3 防水性能

轻质 CFC 复合外挂板为内保温结构，挂板外侧为钢筋混凝土持力层，且板面在挂装施工后采取涂刷保护剂的处理措施，防水性能满足设计和使用要求。

挂板与挂板接缝处是防水的薄弱环节，必须重视且应采取必要措施以保证墙体的防水效果。挂板接缝处防水可以单独或结合使用构造防水法、压力平衡空腔防水法和材料防水法这三种基本方法。

7.1.4 隔声性能

建筑隔声包括空气隔声和结构隔声两个方面，轻质 CFC 复合外挂板以隔绝空气声为主，具有较好的隔声效果[6-7]。

（1）CFC 内含大量微小的气孔，使得声波在沿着这些气孔传播的过程中，与材料发生摩擦作用使声能转化为热能而消耗。

（2）轻质 CFC 复合外挂板叠合不同密度和厚度的钢筋混凝土材料，使得板材被声波激发进行弯曲振动时，吻合谷彼此错开，有效避免了吻合效应的发生。

7.1.5 防火性及防水性

对于混凝土材料，含有的均匀分散有机物含量不超过 1%（质量和体积）时，可直接认为满足 A_1 级燃烧性能等级的要求[8]，轻质 CFC 复合外挂板在成型过程中不使用有机物，所以达到 A_1 级要求。

轻质 CFC 复合外挂板的保温层 CFC 内含大量的封闭气孔，水分不易浸入，具有较好的防水性能。另外，复合外挂板在成型过程中也可采取周边包覆憎水材料（防水涂料等）的方法避免保温层混凝土与水的接触，提高其防水效果。

7.2 轻质 CFC 复合外挂板的建筑设计

在建筑设计方面，轻质 CFC 复合外挂板属于功能型重表皮，为建筑物的装饰性和功能性提供保障。装饰性主要体现在"反打"成型工艺中，在外挂板成型的同时将外饰面的各种线形及质感表现出来，最大限度地满足建筑效果与墙板质量要求；功能性主要是通过建筑材料和工程做法来实现，包括保温、隔热、隔声、防水防潮、耐火、耐久等[9-11]。

本章所述内容包括轻质 CFC 复合外挂板的板型设计、节能设计以及防水和防火设计等方面。

7.2.1 板型设计

轻质 CFC 复合外挂板尺寸根据工程要求进行深化和优化设计，应满足构件标准化、模数化设计要求。

（1）根据功能定位，轻质 CFC 复合外挂板分为围护板系统和装饰板系统，其中围护板系统又可按建筑立面特征划分为整间板体系、横条板体系、竖条板体系等；装饰板系统又可按材料特征划分为面砖饰面外墙、石材饰面外墙、混凝土饰面外墙等。

轻质 CFC 复合外挂板的板型划分及设计参数要求见表 7-1[10]。

表 7-1　板型划分及设计参数要求

序号	外墙立面划分		挂板尺寸要求	适用范围
1	围护板系统	整间板体系	板宽 $B \leqslant 6.0$m 板高 $H \leqslant 5.4$m 板厚 $\delta = 140 \sim 240$mm	①混凝土框架结构 ②钢框架结构
		横条板体系	板宽 $B \leqslant 9.0$m 板高 $H \leqslant 2.5$m 板厚 $\delta = 140 \sim 300$mm	
		竖条板体系	板宽 $B \leqslant 2.5$m 板高 $H \leqslant 6.0$m 板厚 $\delta = 140 \sim 300$mm	
2	装饰板系统		板宽 $B \leqslant 4.0$m 板高 $H \leqslant 4.0$m 板厚 $\delta = 60 \sim 140$mm 板面积 $\leqslant 6$m²	①混凝土剪力墙结构 ②混凝土框架填充墙构造 ③钢结构龙骨构造

（2）根据使用部位，轻质 CFC 复合外挂板又可分为标准板、单拐板和双拐板三种板型[1]，其中每种板型根据冷桥、防水、耐久性等不同的功能需求，又可分为多种形式，如图 7-1～图 7-3 所示。

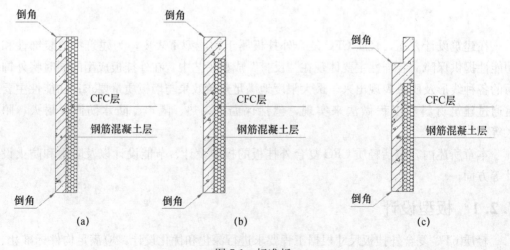

(a)　　　　　　　　(b)　　　　　　　　(c)

图 7-1　标准板

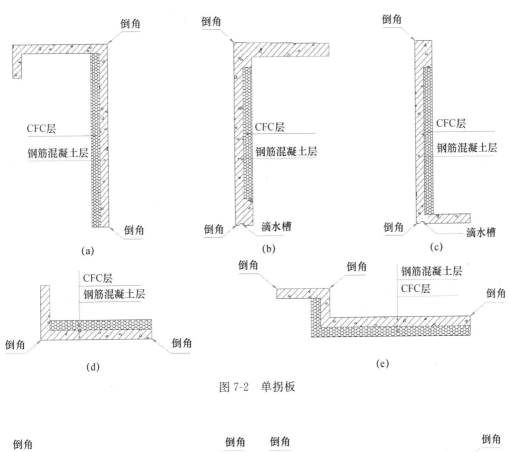

图 7-2　单拐板

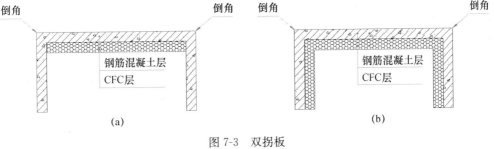

图 7-3　双拐板

7.2.2　节能设计

轻质 CFC 复合外挂板的节能设计包括导热系数、传热系数、蓄热系数、热惰性指标和节能构造五个方面。

1. 导热系数

导热系数是材料在稳流条件下导热性大小的指标，在数值上等于温度梯度为 1 时，在单位时间内通过垂直于梯度方向的单位面积而传递的热量。

CFC 的导热系数随密度的增大而减小，中国建筑技术中心经大量试验并参考相关标准，总结的保温层 CFC 的干密度所对应的导热系数的数据[5]、[6]、[12]见表 7-2。

表 7-2　CFC 干密度范围和导热系数表

序号	干表观密度范围（kg/m³）	导热系数 [W/ (m·K)]
1	>500，≤600	≤0.14
2	>600，≤700	≤0.16
3	>800，≤900	≤0.21
4	>1000，≤1100	≤0.27
5	>1200，≤1300	≤0.32

2. 传热系数

传热系数是在稳定传热条件下，包含墙体的所有构造层次和两侧空气边界层在内单位面积在单位温差下的传热量。

（1）限值要求

不同气候分区建筑物外墙（包括非透明幕墙）的传热系数限值[13]见表 7-3。

表 7-3　不同气候分区甲类公共建筑外墙（包括非透明幕墙）传热系数限值

序号	气候分区	代表城市	传热系数 W/ (m²·K)	
			体形系数≤0.30	0.30<体形系数≤0.50
1	严寒地区 A、B 区	伊春、哈尔滨、牡丹江、佳木斯等	≤0.38	≤0.35
2	严寒地区 C 区	长春、乌鲁木齐、西宁、赤峰等	≤0.43	≤0.38
3	寒冷地区	丹东、太原、喀什、北京、西安、郑州等	≤0.50	≤0.45
4	夏热冬冷地区	南京、武汉、上海、长沙、桂林、重庆等	$D≤2.5$，$K≤0.60$ 或 $D>2.5$，$K≤0.80$	
5	夏热冬暖地区	福州、泉州、厦门、广州、海口、梧州等	$D≤2.5$，$K≤0.80$ 或 $D>2.5$，$K≤1.5$	
6	温和 A 区	昆明、丽江、大理、曲靖、广南、独山等		
7	温和 B 区	瑞丽、耿马、临沧、思茅、江城、蒙自等	不作要求	

影响轻质 CFC 复合外挂板传热系数的主要因素是保温层 CFC 的密度和厚度，与岩棉、挤塑板等常规保温材料相比，CFC 的热阻较小，必须增加保温层厚度才能达到与之等效的保温效果。经计算，轻质 CFC 复合外挂板适用于寒冷地区、夏热冬冷以及夏热冬暖三个气候分区的建筑围护结构，但不适用于严寒地区。

（2）计算范例

在工程实例中，轻质 CFC 复合外挂板的高度和宽度一般大于厚度的 10 倍，所以其导热现象可以归结为温度仅沿一个方向变化，而且是与时间无关的一维稳态导热过程，在进行计算时，可按多层平壁模型计算。另外，持力层和保温层之间的混凝土材料紧密结合，彼此接触的两表面具有相同的温度，且在每一层中温度的分布都是直线，所以在轻质 CFC 复合外挂板多层平壁中，温度分布为一条折线［图 7-4（a）］，导热热阻可按照串联电路电阻计算［图 7-4（b）］。根据标准《民用建筑热工设计规范》（GB 50176—2016），当外临界面空气热阻取 0.04m²·K/W（冬季与室外空气直接接触的表面），内临界面空气热阻取 0.11m²·K/W，CFC 的导热系数取 0.14W/(m·K) 时，不同构造层厚度的轻质 CFC 复合外挂板的传热系数见表 7-4。

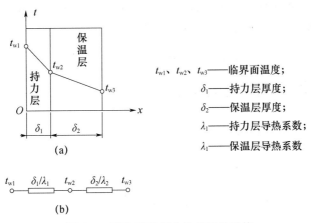

图 7-4 轻质 CFC 复合外挂板的导热
（a）温度分布折线；（b）导热热阻计算

其中：

- t_{w1}、t_{w2}、t_{w3}——临界面温度；
- δ_1——持力层厚度；
- δ_2——保温层厚度；
- λ_1——持力层导热系数；
- λ_1——保温层导热系数

表 7-4 轻质 CFC 复合外挂板的传热系数

序号	持力层厚度 (mm)	保温层厚度 (mm)	传热系数 $[W/(m^2 \cdot K)]$	适合气候分区
1	50	70	1.47	夏热冬暖地区
2	60	120	0.96	夏热冬冷地区
3	60	210	0.59	寒冷地区

注：结构层普通钢筋混凝土层的导热系数取值 1.74W/(m·K)。

【例 7-1】 某办公楼外墙围护结构如图 7-5 所示，加气混凝土密度为 $700kg/m^3$，空气间层热阻值为 $R_{空气}=0.18$（$m^2 \cdot K/W$），墙壁内外两侧的表面传热系数分别为 $h_1=7.5W/(m^2 \cdot K)$，$h_2=10W/(m^2 \cdot K)$，冬季内外两侧空气温度分别为 $t_{f1}=20℃$ 和 $t_{f2}=-5℃$，试计算墙壁的各项热阻、传热系数以及热流密度。如使用轻质 CFC 复合外挂板（图 7-6），CFC 的导热系数取 0.14，围护墙体的传热会发生什么变化？

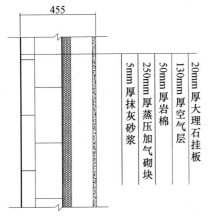

图 7-5 大理石挂板外墙围护结构

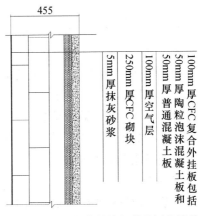

图 7-6 CFC 复合外挂板外墙围护结构

【解】 （1）对于图 7-5 所示围护结构墙体，查规范可得各项墙体材料的导热系数分别为：$\lambda_{砂浆}=1.5\text{W/(m}\cdot\text{K)}$；$\lambda_{加气砌块}=0.22\text{W/(m}\cdot\text{K)}$；$\lambda_{岩棉}=0.05\text{W/(m}\cdot\text{K)}$；$\lambda_{大理石}=2.91\text{W/(m}\cdot\text{K)}$，单位面积墙体各项热阻为

$$R_{内临界面}=\frac{1}{h_1}=\frac{1}{7.5}=0.133(\text{m}^2\cdot\text{K/W})$$

$$R_{砂浆}=\frac{\delta_{砂浆}}{\lambda_{砂浆}}=\frac{0.005}{1.5}=0.003(\text{m}^2\cdot\text{K/W})$$

$$R_{加气块}=\frac{\delta_{加气砌块}}{\lambda_{加气砌块}}=\frac{0.25}{0.22}=1.136(\text{m}^2\cdot\text{K/W})$$

$$R_{岩棉}=\frac{\delta_{岩棉}}{\lambda_{岩棉}}=\frac{0.05}{0.05}=1.0(\text{m}^2\cdot\text{K/W})$$

$$R_{大理石}=\frac{\delta_{大理石}}{\lambda_{大理石}}=\frac{0.02}{2.19}=0.009(\text{m}^2\cdot\text{K/W})$$

$$R_{外临界面}=\frac{1}{h_2}=\frac{1}{10}=0.100(\text{m}^2\cdot\text{K/W})$$

传热热阻（单位面积）为

$$R_{墙体}=R_{内临界面}+R_{砂浆}+R_{加气砌块}+R_{岩棉}+R_{空气}+R_{大理石}+R_{外临界面}$$
$$=0.133+0.003+1.136+1.0+0.18+0.009+0.1=2.561\ (\text{m}^2\cdot\text{K/W})$$

墙体的传热系数为 $k=\dfrac{1}{R_{墙体}}=\dfrac{1}{2.561}=0.39\ [\text{W/(m}^2\cdot\text{K)}]$

热流密度为：$q=k\cdot\Delta t=0.39\times(20+5)=9.75\ (\text{W/m}^2)$

（2）对于图 7-6 所示围护墙体，轻质 CFC 砌块和轻质 CFC 复合外挂板的热阻为

$$R_{砌块}=\frac{\delta_{砌块}}{\lambda_{砌块}}=\frac{0.25}{0.14}=1.786\ (\text{m}^2\cdot\text{K/W})$$

$$R_{挂板}=\frac{\delta_{轻质板}}{\lambda_{轻质板}}+\frac{\delta_{混凝土板}}{\lambda_{混凝土板}}=\frac{0.05}{0.14}+\frac{0.05}{1.74}=0.357+0.029=0.386\ (\text{m}^2\cdot\text{K/W})$$

墙体各项热阻增加值为

$$R_{增加}=R_{砌块}+R_{挂板}-R_{加气砌块}-R_{岩棉}-R_{大理石}$$
$$=1.786+0.386-1.136-1.0-0.009=0.027\ (\text{m}^2\cdot\text{K/W})$$

墙体的传热系数为 $k=\dfrac{1}{(R_{增加}+R_{墙体})}=\dfrac{1}{(0.027+2.561)}=0.386\ [\text{W/(m}^2\cdot\text{K)}]$

热流密度为　　$q=k\cdot\Delta t=0.386\times(20+5)=9.65\ (\text{W/m}^2)$

【讨论】从本例可看出：（1）提高墙体的热阻才可以减少墙体的热损失。（2）CFC 的导热系数比加气混凝土小，比岩棉大，通过合理设计，CFC 复合外挂板可取代岩棉保温层，满足外墙传热系数限值要求，围护墙体总厚度不变。（3）轻质 CFC 复合外挂板节约岩棉保温层二次施工工序，另外，CFC 保温性能达到与建筑物同寿命，满足建筑设计中的经济性理念和原则。

3. 蓄热系数

蓄热系数分为材料蓄热系数和表面蓄热系数：材料蓄热系数就是材料储存热量的能力，用 S 表示；表面蓄热系数是指在周期性热作用下，物体表面温度升高或降低 1℃时，在 1h 内，1m² 表面积储存或释放的热量，内表面蓄热系数用 Y_i 表示，外表面蓄热系数用 Y_c 表示。

CFC属于新型建筑材料，《民用建筑热工设计规范》（GB 50176—2016）并未列出其相关热物理性能计算参数，在试验研究的基础上，中国建筑技术中心总结的CFC蓄热系数[5-7]列于表7-5。

表7-5　CFC干密度和蓄热系数

序号	干密度（kg/m³）	蓄热系数［W/(m²·K)］
1	>500，≤600	≥2.40
2	>600，≤700	≥2.60
3	>800，≤900	≥3.00
4	>1000，≤1100	≥4.0
5	>1200，≤1300	≥4.6

4. 热惰性指标

热惰性指标是表征温度波在围护结构内部衰减快慢程度的指标，对于单一材料围护结构或单一材料层，其值为热阻 R 与材料蓄热系数 S 的乘积；对于多层围护结构，其值为各层材料热惰性指标之和；当某层由两种以上材料组成时，则该层热惰性指标为平均热阻 $\bar{R}$ 和平均蓄热系数 $\bar{S}$ 的乘积。

对于夏热冬冷和夏热冬暖气候分区，由于夏季温度较高，围护结构节能设计应考虑保温材料的隔热性能（外墙应具有在夏季阻止热量传入，保持室温稳定的能力），传热系数的限值多与材料热惰性指标相关，如福建、湖北、四川等省级地方标准；另外，降低建筑物的体形系数（建筑物与室外大气接触的外表面积与其所包围体积的比值）也有助于围护结构的节能设计。部分省市地方标准外墙（包括非透明幕墙）传热系数限值表见表7-6。

表7-6　不同地方标准外墙（包括非透明幕墙）传热系数限值表

序号	标准名称及编号	气候分区		传热系数限值 W/(m²·K)
1	公共建筑节能设计标准（DB22/JT 149-2016）（内蒙古地方标准）	严寒 A、B 区	甲类公共建筑	$S≤0.3$，$K≤0.38$ 或 $0.3<S≤0.5$，$K≤0.35$
		严寒 C 区	甲类公共建筑	$S≤0.3$，$K≤0.43$ 或 $0.3<S≤0.5$，$K≤0.38$
		严寒 A、B 区	乙类公共建筑	$K≤0.45$
		严寒 C 区	乙类公共建筑	$K≤0.50$
2	《居住建筑节能设计标准》（DB11/891—2012）（北京市地方标准）	寒冷地区		≤3 层建筑（$S≤0.52$），$K≤0.35$
				（4～8 层）建筑（$S≤0.33$），$K≤0.40$
				（9～13 层）建筑（$S≤0.30$），$K≤0.45$
				≥14 层建筑（$S≤0.26$），$K≤0.45$
3	《福建省居住建筑节能设计标准》（DBJ 13—62—2019）	夏热冬冷地区		$S≤0.40$，$D<2.5$，$K≤0.7$ 或 $D≥2.5$，$K≤1.5$
				$S>0.40$，$D<2.5$，$K≤0.7$ 或 $D≥2.5$，$K≤1.0$
		夏热冬暖地区		$K≤2.0$，$D≥2.8$ 或 $K≤1.5$，$D≥2.5$
				$K≤0.7$

5. 避免冷桥的节点构造

轻质 CFC 复合外挂板的热工设计要满足墙体保温隔热性能和防结露性能要求。外挂板设计时应尽可能减少混凝土肋、金属件等热桥影响，避免内墙面或墙体内部结露。保温层厚度可根据 CFC 的导热系数、各地区围护结构传热系数限值以及相关节能设计要求确定。挂板板缝节能构造节点范例如图 7-7～图 7-9 所示。

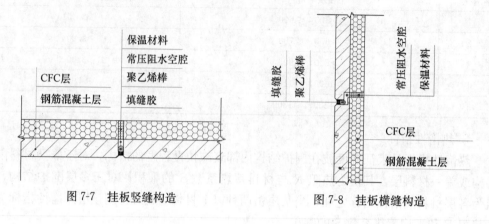

图 7-7 挂板竖缝构造   图 7-8 挂板横缝构造

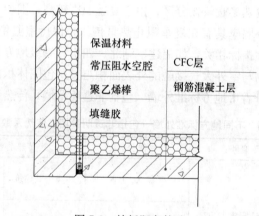

图 7-9 挂板阳角构造

7.2.3 防火、防水设计

1. 防火设计

轻质 CFC 复合外挂板不含有机材料，自身具有优良的防火性能（燃烧性能等级达到 A_1），设计应重点考虑板缝、板与主体结构层间缝、门窗等部位满足耐火极限要求，需明确外挂板防火材料设置构造及防火材料选择。最后，应满足《建筑设计防火规范（2018 年版）》（GB 50016—2014）条文要求。

2. 防水设计

（1）板缝防水

在装配式建筑防水设计中，预制剪力墙外墙板防水采用"以堵为主"的方式，轻质 CFC 复合外挂板遵循防水设计"以导为主，以堵为辅"的思想，两者防水理念不同。

在进行板缝防水设计时,需综合考虑以下四个方面:

① 使接缝处尽量少接触雨水;

② 不形成渗流通道;

③ 断绝或减轻水的渗透压力;

④ 将渗入接缝处的雨水迅速引导外流。

目前,外挂板防水构造做法较多[14-18],轻质 CFC 复合外挂板板缝防水可参考图 7-10~图 7-14 所示的做法。

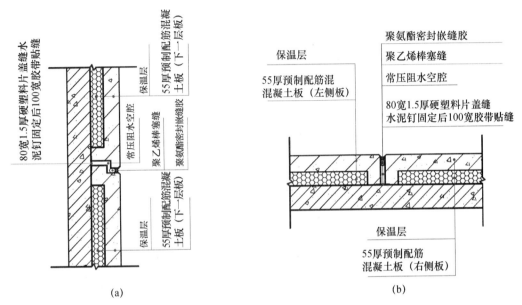

图 7-10　板缝防水构造实例 1

(a) 水平接缝防水构造;(b) 垂直接缝防水构造

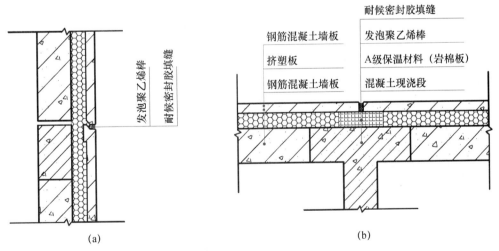

图 7-11　板缝防水构造实例 2

(a) 水平接缝防水构造;(b) 垂直接缝防水构造

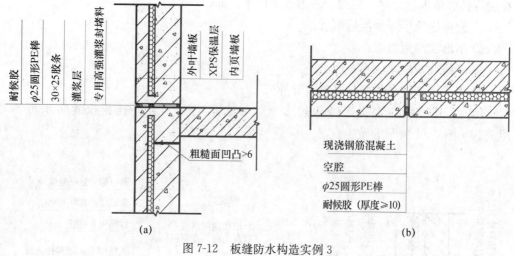

图 7-12 板缝防水构造实例 3

（a）水平接缝防水构造；（b）垂直接缝防水构造

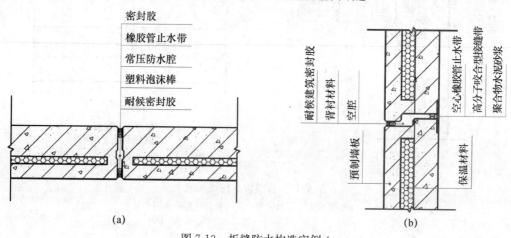

图 7-13 板缝防水构造实例 4

（a）水平接缝防水构造；（b）垂直接缝防水构造

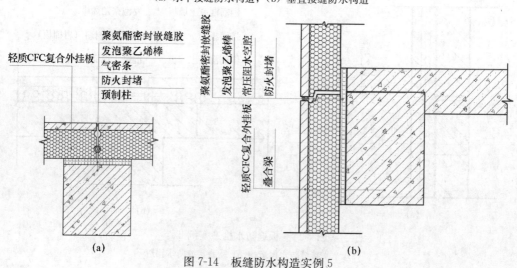

图 7-14 板缝防水构造实例 5

（a）水平接缝防水构造；（b）垂直接缝防水构造

（2）外窗洞口防水

外窗洞口部位也是防水设计的重点，如采取的防治措施不当，不仅会影响建筑的整体质量，还会给后期的使用带来诸多不便。

轻质 CFC 复合外挂板的窗户应采用标准化部件，并采用缺口、预留副框（图 7-15）或预埋件（图 7-16）等方法与墙体可靠连接，其窗洞口与窗框之间的密闭性不应低于外窗的密闭性。

为防止窗口周边缝隙渗漏并提高轻质 CFC 复合外挂板的整体防水性能，应优先用预装法，如采用后装法安装窗框，建议在预制外墙板上预埋副框[19]。预埋安装还可有效地减少施工现场安装工程量，进一步提升房屋的整体性能[20]。

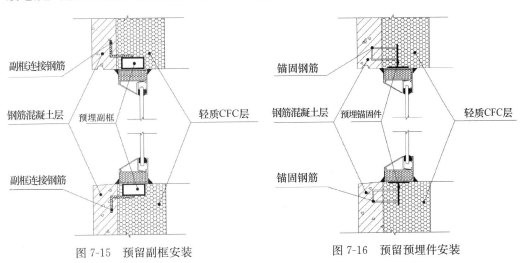

图 7-15　预留副框安装　　　　　图 7-16　预留预埋件安装

（3）板缝宽度设计

板缝宽度应根据极限温度变形、风荷载及地震作用下的层间位移、密封材料最大拉伸-压缩变形量及施工安装误差等因素设计，并应满足板缝宽度在 10～35mm 范围，密封胶的厚度应按缝宽的 1/2 且不小于 8mm 设计。板缝设计推荐尺寸见表 7-7。

表 7-7　板缝设计推荐尺寸

挂板长（m）	2	2～3.2	3.5～5	5～6.5	6.5～8
板缝设计宽度（mm）	15	20	25	30	35
最小节点宽度（mm）	10	15	20	25	30
接缝厚度（mm）	8	10	12	15	15

7.2.4　轻质 CFC 复合外挂板外墙系统设计

外墙系统是建筑物围护结构的重要组成部分，建筑构造设计的任务之一是在综合考虑其外墙材料的围护、承重、节能和美观等方面的基础上设计出合理的墙体方案。

根据气候分区和建筑物节能要求的不同，轻质 CFC 复合外挂板外墙系统有多种设计方案。

（1）装配式外墙系统

轻质 CFC 复合外挂板作为装配式预制构件（厚度为 120～300mm），自身作为围护外墙系统（图 7-17），适用于寒冷地区、夏热冬冷、夏热冬暖气候分区的建筑。

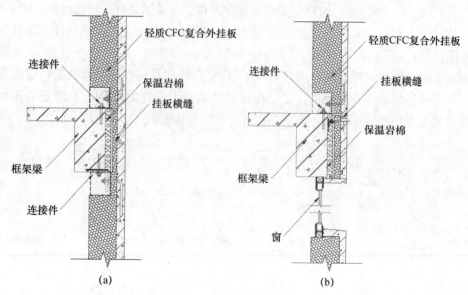

图 7-17 装配式外墙系统

(a) 梁节点示意图；(b) 窗洞口节点示意图

轻质 CFC 导热系数相对挤塑板、岩棉偏高，对于严寒地区、部分寒冷地区以及其他气候分区的特殊建筑，采用轻质 CFC 作为保温材料会增加建筑物外墙的厚度，经济性不足。针对此类问题，中国建筑技术中心研发人员开发出四层复合外挂板，由内而外由内装饰层、岩棉保温层、轻质 CFC 保温层、外装饰层组成，构造示意图如图 7-18 所示，装配示意图如图 7-19 所示。四层复合外挂板厚度为 250～400mm，适用于严寒、寒冷气候分区以及夏热冬冷气候分区有特殊要求的建筑物。

装配式外墙系统特点如下：

① 集装饰、保温、承载于一体，并采用工业化预制技术生产，施工效率高；

② 施工现场无湿作业；

③ CFC 保温材料的保温性能与建筑物同寿命；

④ 门窗洞口预埋件与构件连接牢固，无额外增加的冷桥；

⑤ 围护墙体整体性好，内饰面可以悬挂重物；

⑥ 四层复合外挂板用岩棉保温材料使用寿命为 10～15 年，更换时，在室内将岩棉剔除更换即可，无须拆装围护墙板，大大降低了运维费用。

（2）砌块＋轻质 CFC 复合外挂板外墙系统

轻质 CFC 复合外挂板与加气砌块、轻质 CFC 砌块墙体相结合（图 7-20），也可满足夏热冬冷及以南气候分区外围护墙体的传热系数要求，特点如下：

① 现场有湿作业（砌筑施工），施工工序较多；

② 采用加气块砌筑墙体，门窗部位需采取砌筑灰砂砖、压顶等措施，增大冷桥面积。

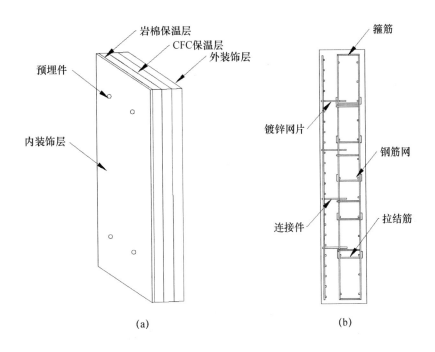

(a)　　　　　　　　　　　　　　　　(b)

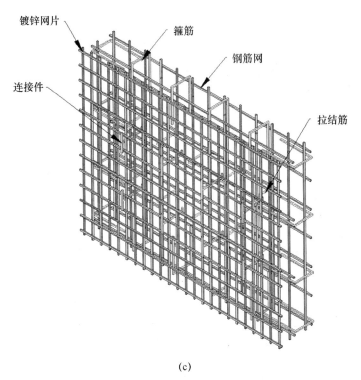

(c)

图 7-18　四层复合外挂板构造示意图

（a）构造示意图；（b）配筋剖面图；（c）配筋轴视图

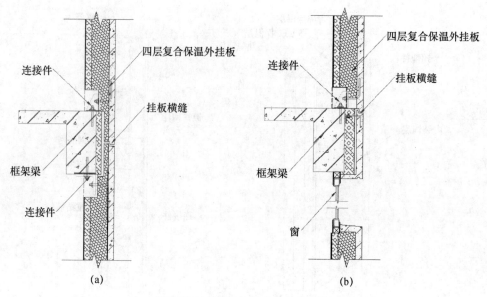

图 7-19　四层复合外挂板外墙系统

（a）梁节点示意图；（b）窗洞口节点示意图

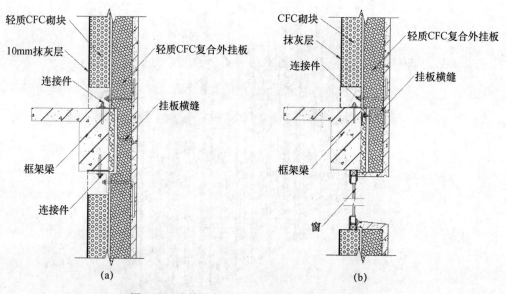

图 7-20　砌块＋轻质 CFC 复合外挂板外墙系统

（a）梁节点示意图；（b）窗洞口节点示意图

（3）隔墙板＋轻质 CFC 复合外挂板外墙系统

为提高工作效率，轻质 CFC 隔墙板或 ALC 条板可替代砌块与轻质 CFC 复合外挂板相结合形成外墙系统（图 7-21），特点如下：

① 现场无湿作业；

② 保温材料的保温性能与建筑物同寿命；

③ 门窗洞口预埋件需采取措施加固（根据模型图，窗口固定在隔墙板上）。

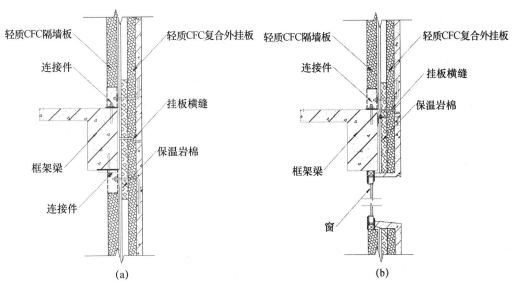

图 7-21　隔墙板＋轻质 CFC 复合外挂板外墙系统

（a）梁节点示意图；（b）窗洞口节点示意图

7.3　轻质 CFC 复合外挂板的结构设计

轻质 CFC 复合外挂板主要包括梁式外挂板、柱式外挂板和墙式外挂板，其设计计算和连接节点不同。我国对不同类型外挂板所做的研究工作和工程实践经验都比较少，本节涉及内容仅限于墙式外挂板，即非承重的、作为围护结构使用的、仅跨越一个层高和一个开间的轻质 CFC 复合外挂板。

7.3.1　荷载、效应及其组合

轻质 CFC 复合外挂板、连接节点作用效应的计算均应按照我国现行相关标准规定执行[23-24]，同时应注意以下几点：

（1）进行持久性设计状况下的承载力验算时，应计算轻质 CFC 复合外挂板在平面外的风荷载效应；进行地震设计状况下的承载力验算时，除应计算轻质 CFC 复合外挂板平面外水平地震作用效应外，还应分别计算平面内水平和竖向地震作用效应，特别是对开有洞口的 CFC 复合外挂板，更不能忽略后者。

（2）计算重力荷载效应值时，除应计入轻质 CFC 复合外挂板自重外，还应计入附加于轻质 CFC 复合外挂板的其他部件和材料的自重。

（3）轻质 CFC 复合外挂板的截面和配筋设计应根据各种荷载和作用组合效应设计

值中的最不利组合进行。

（4）承重节点（预埋件）应能承受重力荷载、轻质 CFC 复合外挂板平面外风荷载和地震作用、平面内的水平和竖向地震作用；非承重节点仅承受上述各种荷载与作用中除重力荷载外的各项荷载与作用。

（5）在一定的条件下，旋转式轻质 CFC 复合外挂板可能产生重力荷载仅由一个承重节点（预埋件）承担的工况，应特别注意分析。

（6）对重力荷载、风荷载和地震作用，均不应忽略由于各种荷载和作用对连接节点（预埋件）的偏心在轻质 CFC 复合外挂板中产生的效应。

（7）轻质 CFC 复合外挂板在施工阶段的验算应考虑外挂板自重、脱模吸附力、翻板、吊装及运输等环节最不利施工荷载工况计算，并应根据实际情况考虑适当的动力系数（一般取 1.5）。

7.3.2　构件设计

轻质 CFC 复合外挂板构件设计应根据《混凝土结构设计规范（2015 年版）》（GB 50010—2010）进行承载力极限状态计算、正常使用极限状态验算以及挂板在翻转、运输及吊装过程中构件受力的最不利工况验算，同时应满足如下规定[25]：

（1）由于轻质 CFC 复合外挂板受到平面外风荷载和地震作用的双向作用，因此应双层、双向配筋（受力主筋宜采用直径不小于 8mm 的热轧带肋钢筋），且应满足最小配筋率的要求。

（2）按承载力极限状态设计构件时采用基本组合设计值，结构重要性系数可取 1.0，荷载分项和组合系数按现行荷载规范要求取用。

（3）按正常使用极限状态计算时采用标准组合和准永久组合值，荷载组合系数按现行荷载规范取用，挂板挠度限值取 1/200，裂缝控制等级按三级考虑，最大裂缝宽度允许值取 0.2mm。

（4）轻质 CFC 复合外挂板门窗洞口边由于应力集中，应采取防止开裂的加强措施（根据平面内水平和竖向地震作用效应设计值，对洞口边加强钢筋进行配筋计算）。一般情况下，洞边钢筋不应少于 2 根且直径不应小于 12mm，该钢筋自洞口边角算起伸入轻质 CFC 复合外挂板的长度应满足锚固长度 L_a 的要求（图 7-22）。

（5）轻质 CFC 复合外挂板的饰面可以有多种做法，应根据不同做法，确定其钢筋混凝土保护层的厚度。当轻质 CFC 复合外挂板的饰面采用表面露出不同深度的骨料时，其最外层钢筋的保护层厚度，应从最凹处混凝土表面计起。

7.3.3　节点设计

轻质 CFC 复合外挂板与主体结构应采用合理的连接节点，以保证荷载传递路径简捷，符合结构的计算假定。连接节点包括预埋件及连接件。预埋件包括主体结构支撑构件中的预埋件和轻质 CFC 复合外挂板中的预埋件，轻质 CFC 复合外挂板通过连接件和预埋件将其与主体结构连接在一起。对有抗震设防要求的地区，应对连接节点进行抗震设计[21-22]。

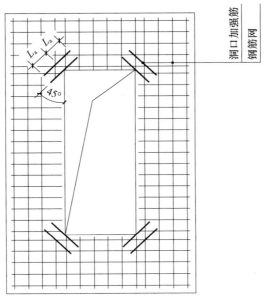

图 7-22　外墙洞口钢筋构造图

1. 连接件、预埋件设计

轻质 CFC 复合外挂板及主体结构上的预埋件、连接件均应根据受力工况按现行《混凝土结构设计规范（2015 年版）》（GB 50010—2010）设计；连接件、钢牛腿、螺栓及焊缝应根据最不利荷载组合按现行《钢结构设计标准》（GB 50017—2017）进行承载力极限状态设计，连接节点应采取可靠的防腐蚀措施，其耐久性应满足工程设计使用年限要求。

2. 设计要点

（1）根据建筑类型、功能特点、施工吊装能力以及轻质 CFC 复合外挂板的形状、尺寸及主体结构层间位移量等特点，确定连接件的数量和位置。对连接节点进行设计计算时，所取用的计算简图应与实际连接构造一致。

（2）轻质 CFC 复合外挂板与主体结构应采用预埋件连接，不得采用后锚固的方法。在不同用途的环境中，使用不同的预埋件。例如，用于连接节点的预埋件一般不同时作为吊装预埋件。

（3）点支承的轻质 CFC 复合外挂板一般可视连接节点为铰支座，两个方向均按简支构件进行计算分析。

（4）尽量避免轻质 CFC 复合外挂板支承构件的扭转和挠曲，实在不能避免时，应进行定量的分析计算。

（5）当支承构件为跨度较大的悬臂构件时，其端部可能会产生较大的位移，不宜将轻质 CFC 复合外挂板支承在此类构件上。

（6）节点连接方式一般分为线支承和点支承两种，连接示意图如图 7-23 和图 7-24 所示。

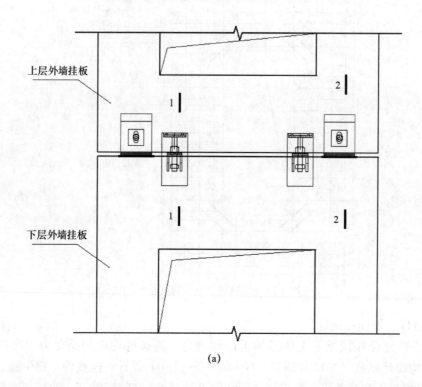

(a)

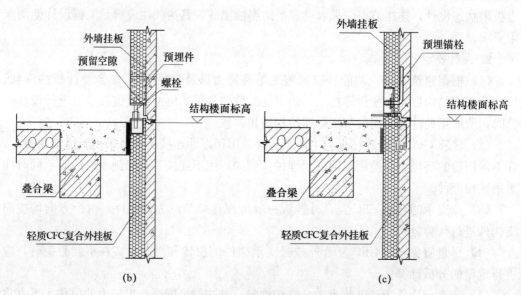

(b)   (c)

图 7-23　轻质 CFC 复合外挂板线支承连接示意图
(a) 线支承连接示意图；(b) 1—1 剖面图；(c) 2—2 剖面图

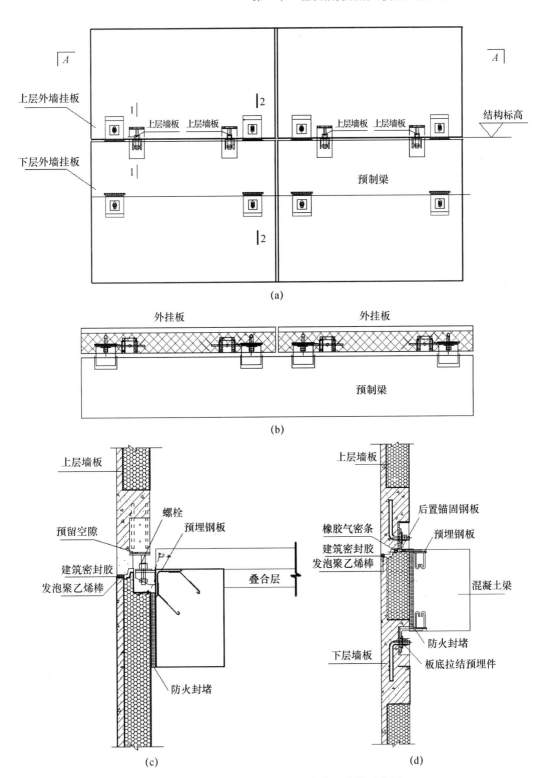

图 7-24　轻质 CFC 复合外挂板点支承连接示意图

（a）点支承连接示意图；（b）A—A 剖面图；（c）1—1 剖面图；（d）2—2 剖面图

7.3.4 变位设计

（1）目前，美国、日本和我国的台湾地区，外挂板与主体结构的连接节点主要采用柔性连接的点支承的方式（以保证外挂板在地震时能够适应主体结构的最大层间位移角）[21-22]。

一般情况下，外挂板与主体结构的连接宜设置 4 个支承点；当下部两个为承重节点时，上部两个宜为非承重节点；相反，当上部两个为承重节点时，下部两个宜为非承重节点。应注意，平移式轻质 CFC 复合外挂板与旋转式轻质 CFC 复合外挂板的承重节点和非承重节点的受力状态和构造要求是不同的，因此设计要求也是不同的。

轻质 CFC 复合挂板的最大层间位移角应不小于 1/200（用于混凝土结构时）或 1/100（用于钢结构），另外，连接构造节点的变位设计还应满足以下要求：

① 对规范规定的主体结构误差、构件制作误差、施工安装误差等具有三维可调节适应能力。

② 应满足将外挂板的荷载有效传递到主体结构承载要求的同时，可协调主体结构层间位移及垂直方向变形的随动性。

③ 对外挂板、连接件的极限温度变形具有自由变形的吸收能力。

④ 采用螺栓连接时，连接件的调节变位长孔应加设在滑移垫板上，长孔尺寸可按下列公式确定：$L=2$（变形极限值＋误差极限值）＋螺栓直径，且 $L \geqslant 50+D$（D 为螺栓直径）。

⑤ 连接构造节点外挂板适应主体结构层间变位原理可分为表 7-8 所列 3 类。

表 7-8　轻质 CFC 复合外挂板连接构造节点类型[10]

序号	变位方式	原理图	适用范围
1	移动		1. 整间板； 2. 竖条板
2	平移＋移动		整间板
3	固定		1. 与梁连接的横条板； 2. 混凝土装饰板

注：△—自重支点；↕ ✛—辊轴；○—销轴。

（2）根据现有的研究成果，当外挂板与主体结构采用线支承连接时，连接节点的抗震性能应满足：

① 多遇地震和设防地震作用下连接节点保持弹性；

② 罕遇地震作用下外挂板顶部剪力键不破坏，连接钢筋不屈服。

连接节点的构造应满足以下要求：

①轻质 CFC 复合外挂板上端与楼面梁连接时，连接区段应避开楼面梁塑性铰区域；

②轻质 CFC 复合外挂板与梁的结合面应做成粗糙面并宜设置键槽，外挂板中应预留连接用钢筋。连接用钢筋一端应可靠地锚固在轻质 CFC 复合外挂板中，另一端应可靠地锚固在楼面梁（或板）后浇混凝土中；

③轻质 CFC 复合外挂板下端应设置两个非承重节点，此节点仅承受平面外水平荷载；其构造应能保证轻质 CFC 复合外挂板具有随动性，以适应主体结构的变形。

7.3.5　构造设计

根据日本和我国台湾地区的工程实践经验，点支承的连接节点一般采用在连接件和预埋件之间设置带有长圆孔的滑移垫片，形成平面内可滑移的支座；当轻质 CFC 复合外挂板相对于主体结构可能产生转动时，长圆孔宜按垂直方向设置；当轻质 CFC 复合外挂板相对于主体结构可能产生平动时，长圆孔宜按水平方向设置[21-22]。

轻质 CFC 复合外挂板连接节点中的连接件厚度不宜小于 8mm，连接螺栓的直径不宜小于 20mm，焊缝高度应按相关规范要求设计且不应小于 5mm。

另外，用于连接轻质 CFC 复合外挂板的型钢、连接板、螺栓等零部件的规格尽量做到标准化，各个零部件的规格统一化，数量最小化，避免施工中可能发生的差错。

7.4　轻质 CFC 复合外挂板的生产

轻质 CFC 复合外挂板生产用原材料和配合比设计在前面章节已有介绍，此不赘述，本节重点介绍生产工艺流程、生产技术要点及质量控制、安全生产等内容。

7.4.1　工艺流程

轻质 CFC 复合外挂板生产工艺流程如图 7-25 所示。

7.4.2　生产技术要点

1. 模具准备

（1）模具检验

模具首次使用前或拆模后应认真检验模具的质量状况，并对模具各部分特征尺寸进行复核、测量和检查，明确是否存在模具变形、松动和表面损伤情况。

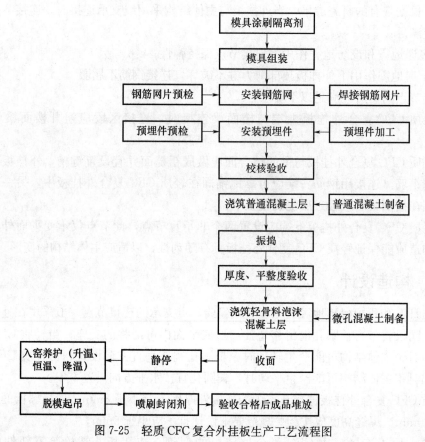

图 7-25　轻质 CFC 复合外挂板生产工艺流程图

（2）模具清理

① 清理上挡边模具时，重点清理边模的底面和内侧面；

② 清理固定挡边模具时，重点清理边模的内侧面和橡胶条；

③ 清理外挡边模具内侧表面时，边模拼接处、边模与台车底模接缝处不可遗漏。

2. 模具安装

① 在模具接缝处粘贴密封条，密封条宽度和厚度应与接缝缝隙匹配，密封条粘贴应平整、结实，不得出现松散不平和漏贴现象（图 7-26）；

② 模具安装固定顺序是先下后上、先主要结构后附属部分、先连接稳定后微调方位，并应对称同步进行（图 7-27）；

③ 复核模具各部分尺寸是否满足设计要求（图 7-28）；

④ 用螺栓、螺杆、顶紧丝杆及磁力扣等连接件或夹具对模具整体进行最终固定（图 7-29）；

⑤ 安装完毕，清理模具内部杂物。

3. 窗框安装和检验

① 混凝土浇筑前，应在金属窗框（或副框）与混凝土接触面均匀涂抹一层防腐材料；

② 窗框锚固件的间距不宜大于 300mm，角部 100mm 范围内应设置锚固件；

③ 固定窗框时不应采用预制木砖；

图 7-26　粘贴密封条

图 7-27　侧模安装

图 7-28　模具对角线检验

图 7-29　模具固定

④ 窗框（或副框）与混凝土面层或装饰面砖之间的缝隙宜使用硅酮类密封胶密封，密封胶宽度满足设计要求；

⑤ 窗框安装和预留洞口允许偏差与检验方法[20]见表 7-9。

表 7-9　窗框安装和预留洞口允许偏差和检验方法

项目		允许偏差（mm）	检验方法
锚固脚片	中心线位置	5	钢尺检查
	外露长度	+5，0	钢尺检查
窗框定位		±1.5	钢尺检查
窗框对角线		±1.5	钢尺检查
窗框的水平度		±1.5	钢尺检查
预留洞	中心线位置	5	钢尺检查
	尺寸	+8，0	钢尺检查

4. 脱模剂涂刷

在涂刷脱模剂之前，必须将台座表面或钢模板面清扫干净，严禁滴、洒到钢筋、预埋件上；脱模剂刷涂后不得踩踏，并注意防尘防水（图 7-30）。

图 7-30　刷涂脱模剂后的模具
(a) 小型复合挂板；(b) 复合大板

5. 钢筋骨架入模

(1) 钢筋加工

① 进场钢筋原材料需进行复检；

② 钢筋调直后检查表面伤痕及锈蚀情况，不应使钢筋截面面积减小，钢筋端部扭曲的材料，弯折前应予以校直；

③ 钢筋下料前，应明确各部位钢筋的规格数量、形状及各个单根钢筋的形状和细部尺寸，依据下料单下料，严禁乱取料乱搭接；

④ 钢筋弯曲成型后表面不得有裂纹、鳞片或断裂等现象，钢筋弯心直径、平直段长度必须符合相应规范要求；

⑤ 制作加工好的半成品钢筋，应分类按场地存放，并挂好料单牌（图 7-31），注明所用构件的名称、规格、数量、尺寸等，便于绑扎和安装；

⑥ 钢筋原材料、半成品钢筋均不得直接堆置在地面上，必须用砖墩垫起，使钢筋离地面 200mm 以上（图 7-32）。

图 7-31　三角桁架钢筋分类存放

图 7-32　钢筋网片堆放

(2) 骨架成型

① 根据骨架钢筋种类型号、规格尺寸和数量在成型架上进行钢筋骨架成型操作；

② 钢筋骨架采用焊接或八字扣绑扎成型，所有交叉点处都应连接牢固，若钢筋骨架采用绑扎方式成型，则底层扎丝头的方向要求统一朝上；

③ 吊环位置应符合设计要求；

④ 钢筋骨架制作成型后进行实测检查和分类堆放，并设明显标识牌；

⑤ 钢筋网片和钢筋骨架允许偏差[22]见表 7-10。

表 7-10　钢筋网片和钢筋骨架允许偏差及检验方法

名称	序号	项目	允许偏差	检验方法
绑扎钢筋网片	1	长、宽	±5	钢尺检查
	2	网眼尺寸	±10	钢尺量连续三档，取最大值
焊接钢筋网片	1	长、宽	±5	钢尺检查
	2	网眼尺寸	±10	钢尺量连续三档，取最大值
	3	对角线差	5	钢尺检查
	4	端头不齐	5	钢尺检查
钢筋骨架	1	长	±10	钢尺检查
	2	宽	±5	钢尺检查
	3	厚	0，−5	钢尺检查
	4	主筋间距	±10	钢尺量两端、中间各一点，取最大值
	5	主筋排距	±5	钢尺量连续三档，取最大值
	6	箍筋间距	±10	钢尺量两端、中间各一点，取最大值
	7	起弯点位移	15	钢尺检查
	8	端头不齐	5	钢尺检查

（3）骨架入模

① 骨架入模前检查其型号是否与构件生产模具型号匹配，没有检验标识的骨架不得使用；

② 大型外挂板的钢筋骨架应采用特制铁扁担吊运，吊点设置要合理，间距不大于 3m，以保证在吊运时骨架不产生大幅度的弯曲和变形；

③ 钢筋笼任一钢筋必须与内、外边模、孔洞预埋件保持 20mm 的间距作为保护层；骨架入模（图 7-33）应用垫块控制保护层厚度，骨架垫块呈梅花形布置；

④ 骨架入模后，钢筋如有错位、松扣、变形等应复位并绑牢；两端外露部分钢筋应用钢筋或木条夹绑固定，插筋的外露长度应符合设计图要求；

⑤ 外露钢筋出筋处，应用泡沫条塞严，以减少漏浆（图 7-34）。

6. 预埋件安装和检验

① 侧模上的预埋件用工具式螺栓固定（图 7-35），浇筑面上的预埋件用附加定位板及螺栓固定（图 7-36）；外挂板内部预埋线盒等预埋件可与钢筋焊接固定或用火烧丝将预埋件锚筋与主筋绑扎固定（图 7-37）；

② 预留孔洞要用柔性材料封堵严实（图 7-38），防止进入混凝土浆体；

③ 安装吊钉要保证方向正确（吊钉两端结构不一样），且吊钉中轴线要保证与台车

底模平行，与上挡边模具垂直（图7-39）；

④ 检验人员必须严格按照相关标准复检验收（图7-40）；

⑤ 预埋件安装允许偏差和检验方法[19],[22]见表7-11。

图7-33　骨架入模

图7-34　外露钢筋处密封处理

(a)

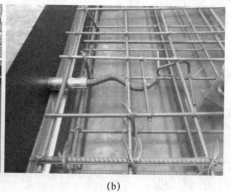

(b)

图7-35　侧模预埋件安装

（a）小型复合挂板；（b）复合大板

(a)

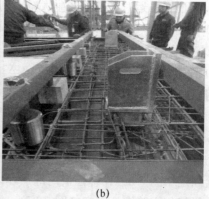

(b)

图7-36　浇筑面预埋件安装

（a）小型复合挂板；（b）复合大板

图 7-37　预埋线盒等埋件安装

图 7-38　预留孔洞封堵

图 7-39　吊钉安装

图 7-40　埋件复核

表 7-11　预埋件安装允许偏差（mm）

项目		允许偏差	检验方法
预埋钢板	中心线位置	3	钢尺检查
	安装平整度	5	靠尺和塞尺检查
预埋管、预留孔中心线位置		3	钢尺检查
插筋	中心线位置	5	钢尺检查
	外露长度	+8, 0	钢尺检查
预埋吊环	中心线位置	5	钢尺检查
	外露长度	+8, 0	钢尺检查
预埋接驳器	中心线位置	5	钢尺检查

7. 普通混凝土搅拌与浇筑

1）普通混凝土的制备按搅拌站的常规工艺进行，但对离析泌水情况应更严格控制。

2）普通混凝土层浇筑。

（1）浇筑前要履行钢筋骨架、预埋件的校核验收工作；

（2）混凝土运到浇筑地点，班组人员应确认其工作性满足要求；

（3）混凝土卸料摊铺可使用吊斗或铺料机（图 7-41 和图 7-42），使用吊斗时，下料口一般距模具≤600mm，均匀下料并辅以人工摊铺，且吊斗不得碰撞模具，插筋等；

（4）普通混凝土浇筑时，严格控制模具内混凝土的卸料量，卸料误差≤2%。

图 7-41　吊斗卸料摊铺　　　　　　　图 7-42　铺料机卸料摊铺

（5）工业化生产流水线中，混凝土常用的成型设备为振动台（图 7-43），也可以选择插入式振捣棒进行振捣（图 7-44），但应注意以下几点：

① 混凝土表面的宽度较窄（小于 100mm）时应选用细棒（直径 30mm）；

② 振捣棒应平卧使用（持力层混凝土较薄），从挂板一端向另一端顺序排列均匀振捣，不得漏振；

③ 振捣棒软轴应顺直，不得有死弯，不得撞击钢筋和模具；

④ 振捣时间不宜过长或过短，以混凝土不再沉陷，不冒气泡，表面呈水平面为度；

⑤ 混凝土振捣过程中，应随时检查模具有无漏浆、变形，预埋钢筋及铁件有无移位等；

⑥ 振捣完毕，测量普通混凝土层厚度，并再次检查预埋件位置，如有偏移，应立即纠正，避免混凝土硬化后难以复合。

图 7-43　复合大板生产线上的振动台　　　　图 7-44　L 形挂板插捣振实

3）粘结面。

复合大板一般设有拉结筋［图 7-45（a）］，普通混凝土层振实后直接浇筑保温层 CFC 即可，小型挂板一般没有拉结筋，为保证界面粘结强度，应对普通混凝土层表面进行拉毛处理［图 7-45（b）］。

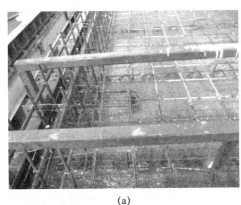

（a）　　　　　　　　　　　　　（b）

图 7-45　轻质 CFC 复合外挂板粘结界面
（a）复合大板；（b）小型复合挂板

8. CFC 保温层的浇筑

（1）CFC 制备及质量控制

CFC 混凝土搅拌宜采用强制式搅拌机，启动搅拌机后，加入水泥、水、外加剂以及辅助材料，搅拌约 30s 后，开始注入泡沫（图 7-46），搅拌 40～50s 后加入陶粒，再搅拌 20～30s 即可出料（拌合料见图 7-47），总搅拌时间 2～2.5min。

图 7-46　泡沫注入　　　　　　　　　图 7-47　CFC 拌合物

（2）质量控制

① CFC 应事先通过试验确定配合比，保证拌合物的工作性（包括不出现陶粒的上浮或下沉等）以及硬化混凝土的密度、强度和导热系数等指标满足设计要求；

② 上料计量准确；

③ CFC 工业化生产过程中，因高落差卸料导致密度增大（部分泡沫破裂），应在配合比上事先加以考虑；

④ 从搅拌出机到浇筑间隔时间不宜超过 20min。

（3）CFC 浇筑施工要点

① 普通混凝土层浇筑完毕，可连续浇筑或第二天浇筑 CFC 保温层（图 7-48）；

② 将 CFC 拌合物卸料至模具后进行初步整平；

③ 使用φ5钢丝贴近模具内侧进行粘结缝处理，钢丝插入深度超过CFC保温层厚度，沿模具四周划线；

④ CFC保温层整平收面（图7-49）时不得使用木质抹刀，且应避免反复揉抹；

⑤ 抹面时应注意表面预埋件的位置，避免扰动；

⑥ 抹面完成后及时清理撒落在模具四周和刮杠上的残留混凝土以防止混凝土硬结为后续工作带来不便；

⑦ 对于浇筑面有拉毛处理的挂板，待CFC浇筑完毕4～6h后进行拉毛处理（图7-50）。

(a)   (b)

图7-48　CFC保温层浇筑

(a) 复合大板；(b) 小型复合挂板

图7-49　抹面　　　　　　　　　　图7-50　浇筑面拉毛

9. 试块的留置

混凝土和CFC的试块按每工作台班同一混凝土配比取样一次成型，3块为一组，每次成型3组，尺寸为150mm×150mm×150mm。

混凝土试块取样应在浇筑地点，从混凝土运送小车或料斗中随机取样。取样数量约为制作用量的两倍，取样后应拌匀；不允许使用停放时间长的拌合物或落地灰做试块。普通混凝土试块成型按常规进行，CFC试块成型时，不用机械振捣，而是用钢筋插捣后用抹刀收面即可。

混凝土试块应根据需要采取标准养护和同条件养护。同构件一起蒸汽养护时，试块不应放在养护池或模具最顶层，也不应放在蒸汽管出口处；用于评定同条件强度的试块，拆模后则与构件同条件放置。

10. 养护

(1) 轻质 CFC 复合外挂板一般采用覆盖、浇水等方式进行自然养护，如工期紧，可以进行蒸汽养护或太阳能养护。

(2) 蒸汽养护时，静停时间不小于 2h，升温和降温速度都不宜超过 10℃/h，恒温最高温度不得超过 55℃。

(3) 若采用帆布覆盖的方式进行蒸汽养护时，设专人随时检查帆布覆盖情况以保证蒸汽不跑、冒、漏，养护完成后按要求逐步揭开帆布降温。

11. 复合板的拆模、起吊

(1) 拆模

轻质 CFC 复合外挂板养护 24h（25℃环境下）后即可拆除边模（图 7-51），操作要点如下：

① 若采用蒸汽养护，拆模时外挂板表面温度与环境温度差不超过 20℃；

② 拆模过程中严禁用铁锤敲击，应小心将模具拆离开混凝土结构，可采用撬棍将模具撬离构件或将撬棍插入模具的支拆孔内翻开模具，并注意保护各预埋件（孔洞），确保构件表面、棱角、内孔壁不因拆模而损坏；

③ 拆模后应及时做好轻质 CFC 复合外挂板清理工作；应将预留孔的堵塞物、飞边等清除干净；外挂板带有的锚环、外露筋、预埋件等必须外露；拆除的模具各部位、各孔内壁应及时将灰浆残渣和杂物清理干净；暂时不用的模具应按照模具维护和堆放要求管理；

④ 拆模操作场地的混凝土残渣、木块、杂物等应随时清理，保持现场清洁干净；

⑤ 拆模过程中应做好成品保护工作，拆模后及时对构件进行编号（图 7-52）。

(a)

(b)

图 7-51　轻质 CFC 复合外挂板拆模
(a) 复合大板；(b) 小型复合挂板

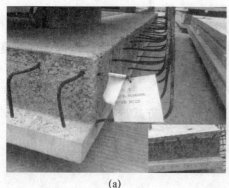 

(a) (b)

图 7-52　挂板编号
(a) 复合大板；(b) 小型复合挂板

（2）起吊

同条件养护试块抗压强度不小于设计强度的 75% 时方可起吊脱模，操作要点如下：

① 采用回弹仪初测混凝土强度时，一般须测试 10 个以上的不同点位，初测回弹强度不小于设计强度的 75%，如图 7-53 所示；

② 起吊轻质 CFC 复合外挂板用的吊具、吊钩、吊绳和卡具应经常检查其是否有焊点开裂、变形、裂纹、断丝等缺陷（图 7-54）；

③ 起吊前，必须在确认模具与构件无任何连接后方可起吊模具；

④ 轻质 CFC 复合外挂板构件吊装前根据构件类型准备吊具。对于长度超过 4m 的大板，建议采用多点吊装，以保证每个吊点以及钢丝绳均匀受力，防止吊装时构件因变形而破坏；

⑤ 模具吊运和放置时应注意安全，吊运过程中吊钩底下严禁站人，防止吊件坠落伤人（图 7-55）；

⑥ 轻质 CFC 复合外挂板构件在吊运过程中，应保持其平稳不转动，并不得在重要的机械设备上通过；

⑦ 起吊后应检查每块轻质 CFC 复合外挂板的外观质量情况。

图 7-53　初测混凝土强度　　　　　图 7-54　吊环安装

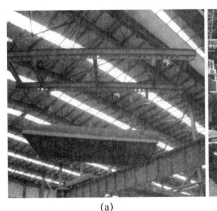

(a)　　　　　　　　　　　　　　　　(b)

图 7-55　挂板吊运

(a) 复合大板；(b) 小型复合挂板

12. 水洗工序

对于有水洗工序要求的轻质 CFC 复合外挂板，在脱模后采用高压水枪冲洗涂有缓凝剂的板面（脱模时间不得超过缓凝剂失效时间），直至露出骨料为止（图 7-56 和图 7-57）。

图 7-56　冲洗工序　　　　　　　　　图 7-57　冲洗面效果

13. 码放和储存

（1）码放场地应平整结实，排水通畅，码放区域应在起重设备工作范围内；定期检查码放位置，控制码放场地的过量沉陷，避免成品扭曲或变形。

（2）装配式轻质 CFC 复合外挂板采用专用插放架存放或叠层码放，叠层码放时墙板之间用 50mm×50mm 垫木隔开，垫木设置在轻质 CFC 复合外挂板吊点正下方以确保受力均匀和稳定。

（3）储存期间做好成品保护工作，应采取有效措施确保吊运不碰伤、码放不压伤、表面不污染以及做好后期养护（图 7-58）。

14. 质量验收

轻质 CFC 复合外挂板按《装配式混凝土结构技术规程》（JGJ 1—2014）的要求进行检验和评定，尺寸允许偏差及检验方法见表 7-12。

（a）　　　　　　　　　　　　　　　　（b）

图 7-58　轻质 CFC 复合外挂板堆场

（a）复合大板；（b）小型复合挂板

表 7-12　CFC 复合外挂板构件尺寸允许偏差及检验方法

项目		允许偏差（mm）	检验方法
长度	墙板	±4	尺量检查
宽度、高（厚）度	墙板的高度、厚度	±3	钢尺量取一端及中部，取其中偏差绝对值较大处
表面平整度	墙板内表面	5	2m 靠尺和塞尺检查
	墙板外表面	3	
侧向弯曲	墙板、桁架	$l/1000$ 且≤20	拉线、钢尺量最大侧向弯曲处
翘曲	墙板	$l/1000$	调平尺在两端测量
对角线差	墙板、门窗口	5	钢尺量两个对角线
预留孔	中心线位置	5	尺量检查
	孔尺寸	±5	
预留洞	中心线位置	10	尺量检查
	洞口尺寸、深度	±10	
门窗口	中心线位置	5	尺量检查
	宽度、高度	±3	
预埋件	预埋件锚板中心线位置	5	尺量检查
	预埋件锚板与混凝土面平面高差	0，－5	
	预埋螺栓中心线位置	2	
	预埋螺栓外露长度	＋10，－5	
	预埋套筒、螺母中心线位置	2	
	预埋套筒、螺母与混凝土面平面高差	0，－5	
	线管、电盒、木砖、吊环在构件平面中的中心线位置偏差	20	
	线管、电盒、木砖、吊环与构件表面混凝土高差	0，－10	

项目		允许偏差（mm）	检验方法
预留插筋	中心线位置	3	尺量检查
	外露长度	+5，−5	
键槽	中心线位置	5	尺量检查
	长度、宽度、深度	±5	

7.5　轻质 CFC 复合外挂板的挂装施工

轻质 CFC 复合外挂板的安装施工应编写专项施工方案和施工组织设计，本节对其施工工艺、技术要点、质量控制以及安全施工的要点进行介绍。

7.5.1　施工工艺流程

轻质 CFC 复合外挂板安装施工工艺流程如图 7-59 所示。

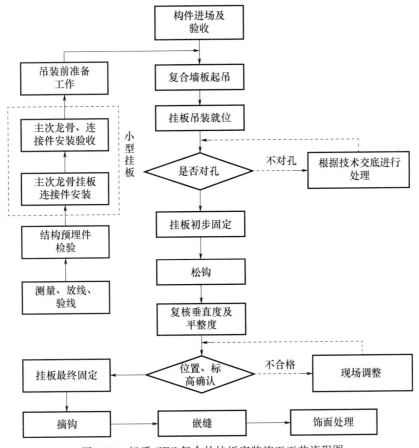

图 7-59　轻质 CFC 复合外挂板安装施工工艺流程图

7.5.2 施工技术要点

1. 场地要求

轻质 CFC 复合外挂板原则上不在安装现场存放，宜按流水段要求的规格、数量运至现场后，直接由拖板车上吊至工作面进行安装施工。如必须在现场存放，需在指定地点按要求放置，并对存放区进行封闭管理。

2. 出厂及运输

（1）轻质 CFC 复合外挂板出厂前须完成相关质量验收程序。

（2）在生产厂和工程应用现场选择合理的运输路线，场内的运输道路需结合运输单位的要求进行规划，可给出车辆转弯半径的参考图。

（3）轻质 CFC 复合外挂板构件及相关产品的合格证明材料应随运输队伍一起送到工地。

（4）轻质 CFC 复合外挂板运输可选用专用平板车，车上应设有专用架，且需有可靠的稳定构件措施。

（5）小型轻质 CFC 复合外挂板在运输车上可以平放（图 7-60），大型轻质 CFC 复合外挂板应对称靠放、饰面朝外，且与地面的倾斜角度不宜小于 80°（图 7-61）。

图 7-60 小型复合挂板出厂运输

图 7-61 复合大板运输

3. 装卸

（1）轻质 CFC 复合外挂板应成套装车或按安装顺序装车运至安装现场。

（2）挂板起吊时应拆除与之相邻构件的连接，并将相邻构件支撑牢固。

（3）对装配式大型挂板，吊装设备宜采用龙门吊或汽车起重机，起吊前检查吊钩是否挂好，构件中螺栓是否拆除等。

（4）吊点和起吊方法都应按设计要求和施工方案执行。

（5）挂板抗弯能力较差时，应设抗弯拉索，拉索和捆扎点应计算确定。

4. 进场验收

轻质 CFC 复合外挂板进场后，根据预制构件质量验收标准逐块验收，对不合格构件予以退场处理。另外，对挂板裂缝采用"刻度放大镜"进行检查，出现大于 0.1mm 的裂缝按不合格品退场，对于不大于 0.1mm 的裂纹需进行补修。

5. 挂装施工

轻质 CFC 复合外挂板根据板型可分为小型复合挂板和复合大板，其挂装施工如下：

(1) 小型复合挂板

小型复合挂板通过龙骨与结构主体连接，其挂装施工主要包括测量放线、埋件检验、龙骨安装验收、挂板吊装就位、挂板初步固定、挂板调整、挂板最终固定和填充结构胶等[1],[2]。

① 测量放线

由专职测量员复核施工现场结构轴线，并根据基准线放出龙骨安装定位线和挂板安装定位线，放线完毕后组织验线。

② 预埋件检验

根据设计图纸以及测量放线的垂直和水平控制线复核预埋件位置，并确认预埋件的规格和数量。

连接件和预埋件采用三面围焊，焊缝质量满足《钢筋焊接及验收规范》(JGJ 18—2012) 的要求，焊接后应除焊渣，焊接表面必须刷两道防锈漆。

③ 龙骨加工及安装

主龙骨加工前应进行校直调整，主龙骨应按照层高加工和安装，层与层的主龙骨采用满焊连接，主龙骨的允许偏差为 ±10mm；孔位的允许偏差为 ±0.5mm，孔距的允许偏差应为 0.5mm，累计偏差≤1mm；主龙骨采用锚固板与连接件连接，所有主龙骨安装就位、调试完成后应及时紧固。

次龙骨放线以每层水平线为准并在主龙骨上标出，安装副龙骨 (点焊)，再次检查副龙骨是否水平，复检无误后满焊固定。

相邻两根次龙骨的水平标高偏差≤1mm，次龙骨长度允许偏差为 ±10mm；孔位的允许偏差为 ±0.5mm，孔距的允许偏差为 ±0.5mm，累计偏差≤1.0mm。

龙骨安装完毕后应组织验收，图 7-62 是龙骨安装的一个实例。

图 7-62　龙骨安装 (中国建筑技术中心办公楼项目)

④ 挂装

挂装前拉设定位线，其中水平钢丝应每挂板层拉一根，垂直钢丝的拉设宽度不超过

6m。小型 CFC 复合挂板一般采用三种连接件，底层挂板安装采用 L-1 型连接件，两层挂板之间的安装采用 T 形连接件，顶层挂板的固定采用 L-2 型连接件（图 7-63）。

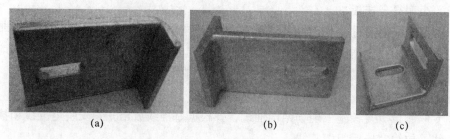

（a）   （b）   （c）

图 7-63 挂板连接件

（a）L-1 型连接件；（b）T 形连接件；（c）L-2 型连接件

a. 定位板安装

首先安装定位板底端的连接件并初步固定，挂板吊装至安装位置后，将挂板底端预留孔与挂板连接件对正，缓缓放下就位，然后安装挂板顶部的连接件并初步固定，随后拆除挂板吊装带，对挂板水平度和垂直度进行微调（图 7-64），使挂板定位精度满足设计要求。然后拧紧螺栓，对挂板连接件进行最终固定，并将挂板预留孔与连接件处填充结构胶（图 7-65）。

图 7-64 定位板安装   图 7-65 填充结构胶

b. 层间板的挂装

在下层挂板顶端连接件的凸出部分抹涂结构胶，然后进行上层板的挂装（工序与定位板安装相同），安装完毕后，需采用靠尺对相邻挂板的表面平整度进行检验，如不符合验收标准，则进行调整，同时保证接缝宽度、水平度和垂直度均满足设计要求（图 7-66～图 7-69）。挂装完毕后，在挂板接缝与连接件重合的位置填充结构胶。

图 7-66　挂板安装就位

图 7-67　水平调平

图 7-68　横向平整度调整

图 7-69　竖向平整度调平

（2）装配式大型外挂板[19],[21-22]

装配式大型外挂板宽度一般大于 2.0m，高度一般大于 2.4m，质量较大，其吊装机具和挂装施工方法与小型挂板均有所不同，操作要点如下：

① 测量放线

为达到轻质 CFC 复合外挂板整体拼装的严密性，避免因累计误差超过允许偏差值而使后续外挂板无法正常吊装就位等问题的出现，挂装前须对所有的控制线进行认真的复检。

② 准备工作

轻质 CFC 复合外挂板吊装时，为了保证挂板构件整体受力均匀，应采用专用吊梁（即模数化通用吊梁，见图 7-70）。专用吊梁由 H 型钢焊接而成，根据挂板吊装时的不同尺寸和起吊点位置，设置模数化吊点，确保轻质 CFC 复合外挂板在吊装时吊装钢丝绳保持竖直。专用吊梁下方设置专用吊钩，用于悬挂吊索，进行不同类型预制墙体的吊装（图 7-70）。

③ 连接件校核、清理

轻质 CFC 复合外挂板吊装前清理连接件的焊渣等杂物，并再次对其位置、尺寸、孔距、垂直度等进行校核，保证挂板吊装一次完成。

图 7-70　专用吊梁示意图

④ 吊装、就位

试吊：将构件缓缓吊起，待板的底边升至距地面 50cm 时略做停顿，再次检查吊挂是否牢固，板面有无污染破损，确认无误后，继续提升使之慢慢靠近安装作业面（图 7-71）。

就位：墙板缓慢下降，待位置对准后，再次缓缓下降，使之平稳就位；安装时由专人负责外挂板下口定位和对线，并用靠尺板找直（图 7-72）。

图 7-71　试吊

图 7-72　安装就位

⑤ 初步固定和墙板校正

轻质 CFC 复合外挂板就位后初步固定，然后脱钩，校正挂板的平整度和垂直度（图 7-73），措施如下：

a. 垂直板面方向（Y 向）：利用撬棍调整墙板 Y 向位置，也可利用短钢管斜撑调节杆，对墙板根部定位进行微调。

b. 平行板面方向（X 向）：利用撬棍或小型千斤顶在墙板侧面进行微调。

c. 垂直度：用靠尺测量墙体垂直度，用小型千斤顶或预埋螺杆调节挂板顶部或底部的水平位移来控制其垂直度。

⑥ 位置、标高确认和最终固定

轻质 CFC 复合外挂板就位并调整后，对其安装位置、标高等进行再次确认，然后进行最终固定。

图 7-73　墙体垂直度测量

6. 嵌缝施工

嵌缝施工采用硅酮结构密封胶，进场前需进行相容性和粘结性试验。嵌缝施工工艺流程：板缝基面处理→背衬棒填充→美纹纸粘贴→打胶施工→细部处理、清理等（图 7-74～图 7-77）。

图 7-74　背衬棒填充

图 7-75　美纹纸粘贴

图 7-76　打胶施工

图 7-77　细部处理、清理

嵌缝施工需注意事项如下：

（1）板缝基面处理：清理挂板倒角飞边，清除板缝中的杂质、灰尘等附着物，在板缝中涂刷与挂板颜色一致的保护底漆和面漆各一道。

（2）背衬棒填充：选择合适直径的背衬棒，确保在打胶时背衬棒不会移位，背衬棒安装应符合设计要求，以保证打胶厚度。

（3）美纹纸粘贴：打胶前采用美纹纸将板缝两边加以遮盖，以确保密封胶的工作线条整齐美观，并确保不污染挂板表面。

（4）打胶施工：使用注胶枪注胶，然后采用刮缝刀抹平处理，确保缝隙密实、均匀、干净，接头处连接自然。

（5）细部处理、清理：撕除美纹纸，对胶缝进行细部处理。

嵌缝施工后保护措施如下：

密封胶表干之前不能接触水，前期固化过程中禁止接触化学物质（特别是醇类溶剂）和进行机械运动。在必要的情况下（如施工现场雨水天气等），需用遮盖物保护刚打的密封胶，且要保证必要的通风。

7. 饰面处理

轻质 CFC 复合外挂板表面须进行保护剂面层涂装（图 7-78），施工工艺如下：

图 7-78 表面涂装施工

基层处理→墙面部分修补→挂板表面清理、保护→弱化色差→涂 2 道底漆→涂 1 道中漆→涂 1 道面漆。

其中，底漆能够渗透至混凝土挂板内部孔隙，具有防水功能；中漆作为承上启下的过渡层，具有提高面漆的丰满度、附着力及复合涂层的耐候性的功能；面漆具有优异的透气性和耐久性能，能有效防止基材老化、被污染以及表面漆膜开裂脱落，从而使清水混凝土的效果历久常新。

7.5.3　质量控制

轻质 CFC 复合外挂板挂装允许偏差参考装配式普通混凝土结构的相关标准[21-22]，推荐值见表 7-13。

表 7-13　挂板安装允许尺寸偏差

序号	项目	允许偏差（mm）	检验方法
1	挂板中心线对轴线位置	10	尺量检查
2	挂板顶面标高	±3	水准仪或尺量检查
3	挂板垂直度	5	经纬仪量测
4	相邻挂板平整度	5	钢尺、塞尺量测
5	接缝宽度	±5	尺量检查

7.5.4　安全施工

（1）吊运轻质 CFC 复合外挂板时，构件下方禁止站人，应待吊物降落至离地 1m 以内方准靠近。

（2）轻质 CFC 复合外挂板吊装就位并固定牢固后方可进行脱钩，脱钩人员应使用专用梯子在楼层内操作。

（3）轻质 CFC 复合外挂板吊装时，操作人员应站在楼层内，佩戴保险带并与楼面内预埋件（点）扣牢；当外挂板吊至操作层时，操作人员应在楼层内用专用钩子将构件上系扣的揽风绳勾至楼层内，然后将构件拉到就位位置。

（4）轻质 CFC 复合外挂板吊装应单件（块）逐块安装，起吊钢丝绳长短一致，两端严禁倾斜。

（5）遇到雨、雾天气，或者风力大于 6 级时，不得吊装挂板。

本章小结

本章介绍了轻质 CFC 复合外挂板的构造和基本性能，对复合外挂板的建筑设计和结构设计的要点进行了说明，还列举了除复合板外的几种复合墙体的构造、连接节点以及防水节点的构造；结合工程实例说明了围护结构的热工计算过程和根据建筑节能指标要求来选择 CFC 保温隔热层密度和厚度的方法。本章还系统介绍了轻质 CFC 复合外挂板的生产工艺流程和挂装施工工艺，对各环节的施工操作要点、质量控制以及安全施工等进行了较为详细的表述，还对结构挂装后的防水和涂装施工进行了简要的介绍。

本章参考文献

[1] 张燕刚，石云兴，李景芳，等．轻质混凝土复合外挂板挂装施工技术 [J]．施工技术，2015，44（3）．

[2] 石云兴，蒋立红，李景芳，等．中国建筑工程总公司工法．保温复合外挂板施工工法：ZJGF013-2015 [S]．2015．

[3] 石云兴，宋中南，张燕刚，等．装饰保温一体化轻质混凝土板材及其生产方法 [P]．发明专利，ZL201210489490.7，2012．

[4] 石云兴，蒋立红，石敬斌，等．煤制气渣轻质微孔混凝土复合板材的制备方法 [P]．发明专利，ZL 201410847088.0．

[5] 王庆轩，石云兴，屈铁军，等．不同构造形式轻质保温复合板传热特性试验研究 [J]．施工技术，2016，45（3）．

[6] 任晓光，石云兴，屈铁军，等．微孔混凝土墙材制品的隔热与隔声性能试验研究 [J]．施工技术，2018（16）．

[7] 郭万江，张松，等．新型墙体材料空气声隔声性能检测与分析 [J]．天津城建大学学报，2014（3）．

[8] 中华人民共和国国家标准．建筑材料及制品燃烧性能分级：GB 8624—2012 [S]．北京：中国标准出版社，2017．

[9] 杨希文．建筑表皮在建筑造型中的视觉印象 [J]．工业建筑，2004，10（34）．

[10] 国家建筑标准设计图集．预制混凝土外墙挂板（一）：J110-2/16G333 [S]．北京：中国计划出版社，2017．

［11］中华人民共和国国家标准．蒸压加气混凝土砌块：GB 11968—2006［S］．北京：中国标准出版社，2006.

［12］中华人民共和国建筑工业行业标准．陶粒加气混凝土砌块：JG/T 504—2016［S］．北京：中国标准出版社，2016.

［13］中华人民共和国国家标准．公共建筑节能设计标准：GB 50189—2015［S］．北京：中国建筑工业出版社，2015.

［14］杨霞，仲小亮．预制装配式建筑外墙防水密封现状及存在的问题［J］．中国建筑防水，2016.12.

［15］赵晓辉．装配整体式混凝土建筑防水技术及工程应用［J］．中国建筑防水，2016.13.

［16］凌涛．装配式建筑防水密封技术探讨［J］．中国建筑防水，2016.5.

［17］马跃强，何飞，等．预制装配式建筑防水技术研究及工程应用［J］．中国建筑防水，2016.5.

［18］邓凯，朱国梁．某装配式建筑外墙防水设计及节点构造处理［J］．中国建筑防水，2016.24.

［19］深圳市技术规范．预制装配钢筋混凝土外墙技术规程：SJG 24—2012［S］．北京：中国建筑工业出版社，2012.

［20］谭晓燕．浅谈装配式住宅外墙板的防水处理施工技术［J］．广东建材，2017.12.

［21］中华人民共和国行业标准．装配式混凝土结构技术规程：JGJ 1—2014［S］．北京：中国建筑工业出版社，2014.

［22］北京市地方标准．装配式混凝土结构工程施工与质量验收规程：DB11/T 1030—2013［S］．

［23］中华人民共和国国家标准．建筑结构荷载规范：GB 50009—2012［S］．北京：中国建筑工业出版社，2012.

［24］中华人民共和国国家标准．建筑抗震设计规范（2016年版）：GB 50011—2010［S］．北京：中国建筑工业出版社，2016.

［25］中华人民共和国国家标准．混凝土结构设计规范（2015年版）：GB 50010—2010［S］．北京：中国建筑工业出版社，2016.

第8章 微孔混凝土复合大板的力学性能试验研究

8.1 微孔混凝土复合大板的初步设计

中国建筑技术中心研发的 CFC 复合大板是以微孔混凝土和普通混凝土连续浇筑为一体的外墙大板，集合了装饰、保温隔热、防火、防水和结构持力等综合功能，适合于装配式围护结构[1-2]，大板设计时应考虑的主要荷载有风荷载、自重荷载、地震荷载等。

8.1.1 风荷载

CFC 复合大板作为围护结构主要考虑的是承受风荷载。《建筑结构荷载规范》（GB 50009—2012）[3]中围护结构风荷载的计算公式，即

$$w_k = \beta_{gz} \mu_{sl} \mu_z w_0 \tag{8-1}$$

其中，w_k 是风荷载标准值（kN/m^2）；β_{gz} 是高度 z 处的阵风系数；μ_{sl} 是局部风压体型系数；μ_z 是风压高度变化系数；w_0 是基本风压（kN/m^2），基本风压按照 50 年一遇的风压采用。

以北京、上海、深圳等地区为例，假设高度为 100m，根据《建筑结构荷载规范》（GB 50009—2012）可知，北京：$w_0 = 0.45kN/m^2$、上海：$w_0 = 0.55kN/m^2$、深圳：$w_0 = 0.75kN/m^2$；地面粗糙度类别按照 C 级，$\beta_{gz} = 1.7$，$\mu_z = 1.6$；μ_{sl} 外表面正压区取值 0.8，负压区对墙面取值 -1.0，负压区对墙角边取值 -1.8，内表面按外表面风压的正负情况取 -0.2 或 0.2。根据式（8-1）计算得到以下不同位置的风荷载标准值，详见表 8-1。

表 8-1 不同城市的高度为 100m 的围护结构的风荷载标准值（kN/m^2）

地区	外表面		内表面	
	正压区	对墙面负压区	正压区	负压区
北京	0.979	-1.224	-0.245	0.245
上海	1.197	-1.496	-0.299	0.299
深圳	1.632	-2.040	-0.409	0.409

风荷载为均布荷载，CFC 复合大板的弯矩可以根据式（8-2）计算，即

$$M_{max} = \frac{1}{8}ql^2 \tag{8-2}$$

式中　M_{max}——最大弯矩，kN·m；

　　　　q——荷载，kN/m；

　　　　l——跨度，m。

l 的取值按照国内商业建筑 3.5m 的净空计算，q 按照单位宽度的风荷载标准值乘以分项系数 1.4 计算，可得到以下计算结果（表 8-2）。由表 8-2 可知，无论哪个城市风荷载对围护结构作用产生的弯矩，对墙面负压区的弯矩最大。对于围护结构承受外表面和内表面荷载共同作用下的弯矩，负压区弯矩大于正压区弯矩，但是两者相差不大。由于CFC 复合大板安装时，迎风面和背风面的墙体是一致的，因此在试件的配筋设计时主要考虑负压区弯矩，但是也要兼顾正压区弯矩。

表 8-2　不同城市的高度为 100m 的围护结构的风荷载设计弯矩（kN·m）

地区	外表面		内表面		正压区弯矩	负压区弯矩
	正压区	对墙面负压区	正压区	负压区		
北京	2.098	−2.624	−0.524	0.524	1.574	−2.100
上海	2.566	−3.207	−0.641	0.641	1.925	−2.566
深圳	3.498	−4.373	−0.877	0.877	2.621	−3.496

8.1.2　自重荷载

自重荷载关系到 CFC 复合大板吊装、存放和运输。普通混凝土的密度取值 2400kg/m³，跨度取值 3.5m，根据式（8-2）可以计算出不同密度的 CFC 复合大板与墙板自重荷载的关系，如图 8-1 所示。自重荷载随着 CFC 密度而增大，并且两者呈线性关系。自重荷载与风荷载处于同一数量级，两者大小十分接近，且并不一定小于风荷载。因此，在外墙板的设计中应注意计算 CFC 复合大板的自重荷载。

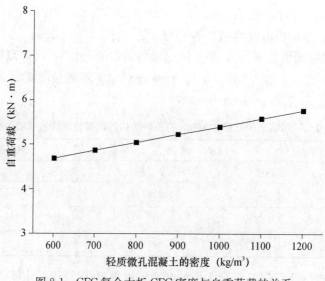

图 8-1　CFC 复合大板 CFC 密度与自重荷载的关系

此外，根据《装配式混凝土结构技术规程》(JGJ 1—2014)[4]，当 CFC 复合大板进行运输和调运时，动力系数宜取 1.5；翻转及安装过程中就位、临时固定时，动力系数可取 1.2。

8.1.3 地震荷载

CFC 复合大板是建筑物的非结构构件，其自身在地震中并不受力，但是由于其会随着主体结构运动，CFC 复合大板与建筑物主体结构和 CFC 复合大板与 CFC 复合大板相连接的节点处应进行抗震设计。CFC 复合大板节点的抗震设计不是本章的范畴，此处不予介绍。

8.2 试验方案介绍

8.2.1 试件的参数

本试验的试件方案以国内某装配式建筑为参考，共设计制作 CFC 复合大板 4 件，试件外层为普通混凝土承载层，层厚 100mm；内层为 CFC 保温层，层厚 120mm。试件包括带有窗户和不带窗户两大类型，尺寸外观参数如图 8-2 所示。

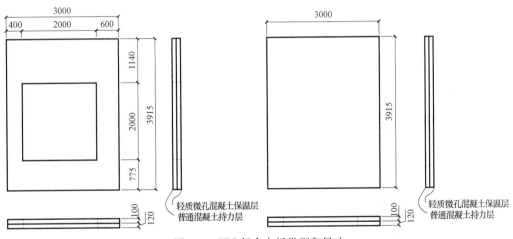

图 8-2 CFC 复合大板类型和尺寸

8.2.2 试件的配筋

试件的钢筋骨架安放位置如图 8-3 所示。由于外墙板可能受到的正压和负压相差不大，因此纵向受力钢筋配置在普通混凝土持力层的中间，横向分布钢筋位于纵向受力钢筋外侧。对于 Φ10 钢筋，钢筋骨架保护层厚度为 35mm，符合普通钢筋混凝土构件保护层厚度方面的一般要求。微孔混凝土保温层，考虑到 CFC 的密实度较低，钢筋的保护层厚度设定为 50mm。

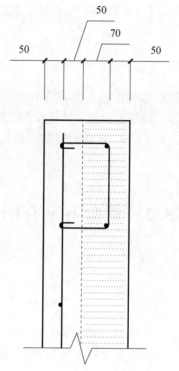

图 8-3　CFC 复合大板的钢筋骨架位置

各试件的配筋采取图 8-4 所示形式。

(a)　　　　　　　　　　　　(b)

图 8-4　CFC 复合大板的配筋

(a) 带窗类型；(b) 不带窗类型

图 8-4（a）的试件为带窗类型，普通混凝土持力层采用单层配筋，CFC 保温层在窗口四周和复合墙板四周均配筋加强，具体配筋形式如图 8-5 所示。普通混凝土持力层的纵向受力钢筋和横向分布钢筋均采用 ϕ10，CFC 保温层和箍筋采用 ϕ8，具体配筋详情见表 8-3，通过计算可知截面配筋率为 0.704%。

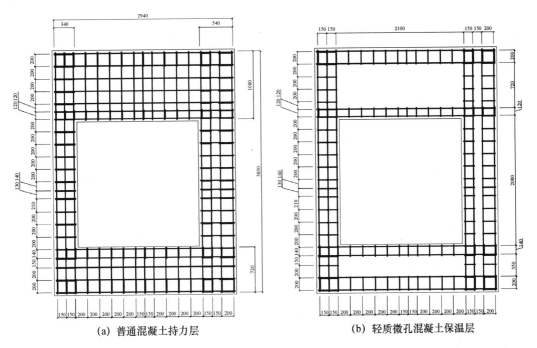

(a) 普通混凝土持力层　　　　　　　　(b) 轻质微孔混凝土保温层

图 8-5　CFC 复合大板的配筋（带窗）

表 8-3　CFC 复合大板的配筋详表（带窗）

	类型	钢筋等级	钢筋长度（mm）	合计（根）	单根质量（kg）	总质量（kg）
普通层	纵向受力钢筋	Φ10	3850	7	1.523	10.66
	纵向受力钢筋（窗口上）	Φ10	1080	10	0.427	4.27
	纵向受力钢筋（窗口下）	Φ10	720	10	0.284	2.84
	横向分布钢筋	Φ10	2940	12	1.161	13.93
	横向分布钢筋（窗口左）	Φ10	340	10	0.134	1.34
	横向分布钢筋（窗口右）	Φ10	540	10	0.213	2.13
轻质层	纵向加强钢筋	Φ8	3850	7	0.856	5.99
	横向加强钢筋	Φ8	2940	8	0.653	5.22
	箍筋	Φ8	—	134	—	—

　　图 8-4（b）的试件为不带窗类型，普通混凝土持力层采用单层配筋，CFC 保温层在窗口四周和复合墙板四周均配筋加强，具体配筋形式如图 8-6 所示。普通混凝土持力层的纵向受力钢筋和横向分布钢筋均采用Φ10，CFC 保温层和箍筋采用Φ8，具体配筋详情见表 8-4，通过计算可知截面配筋率为 0.536%。

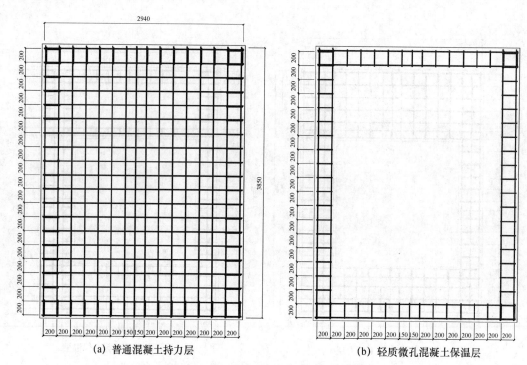

(a) 普通混凝土持力层   (b) 轻质微孔混凝土保温层

图 8-6　CFC 复合大板的配筋（不带窗）

表 8-4　CFC 复合大板的配筋详表（不带窗）

	类型	钢筋等级	钢筋长度（mm）	合计（根）	单根质量（kg）	总质量（kg）
普通层	纵向受力钢筋	Φ10	3850	16	1.523	24.37
	横向分布钢筋	Φ10	2940	20	1.161	23.22
轻质层	纵向加强钢筋	Φ8	3850	4	0.856	3.42
	横向加强钢筋	Φ8	2940	4	0.653	2.61
	箍筋	Φ8	—	134	—	—

8.2.3　试件的混凝土

普通混凝土抗压强度按照 C40 设计，CFC 分为两个等级，分别为 800 级和 1200 级，其强度等级分别为 C5 和 C10（表 8-5）。

表 8-5　CFC 复合大板混凝土配合比

	普通混凝土	CFC800 级	CFC1200 级
设计密度	2400kg/m³	800kg/m³	1200kg/m³
水泥	400kg/m³	400kg/m³	600kg/m³
粉煤灰	—	70kg/m³	90kg/m³
硅灰	—	15kg/m³	15kg/m³
砂	900kg/m³	—	—

	普通混凝土	CFC800 级	CFC1200 级
石子	900kg/m³	—	—
陶粒	—	130kg/m³	130kg/m³
泡沫	—	540L/m³	500L/m³
水	170kg/m³	145kg/m³	160kg/m³
聚丙烯纤维	—	0.5kg/m³	0.5kg/m³
减水剂	1.2kg/m³	3.2kg/m³	4.5kg/m³

8.2.4　试件的制作

根据试验设计，共制作 4 件 CFC 复合大板试件（其中试件 0 为加载实验系统测试试件，有效实验研究试件为 3 件），试件的主要区别列于表 8-6。

表 8-6　试件之间的主要区别

编号	配筋形式	是否带窗	CFC 等级	加载方向（受压面）
0	A	是	800 级	CFC
1	A	是	800 级	CFC
2	A	是	1200 级	CFC
3	B	否	800 级	CFC

同时基于以下几点的考虑，试件的受压面均定为 CFC：①CFC 抗拉强度很低；②CFC复合大板在 CFC 层并不配受拉钢筋；③CFC 复合大板的外表面在负压区受到的风荷载最大，即外侧的普通混凝土受拉，内侧的 CFC 受压；④CFC 复合大板在制作时先制作普通混凝土层，再制作 CFC 层，因此在脱模起吊时，上部的 CFC 层受压，底部的普通混凝土层受拉。

CFC 复合大板的制作（图 8-7）按照前面章节所述。主要分为以下步骤：钢筋骨架的制作和安装、普通混凝土的制备和浇筑、微孔混凝土的制备和浇筑、脱模、养护等。CFC 复合大板的洒水养护时间为 14d，在制作 CFC 复合大板同时制作 100mm×100mm×100mm 的立方体试块进行同条件养护和标准养护，用以测定普通混凝土和CFC 的抗压强度，制作 150mm×150mm×300mm 的试块进行标准养护用以测定普通混凝土和 CFC 的弹性模量和泊松比。

8.2.5　加载方案

1. 加载方式

CFC 复合大板的加载试验按照《混凝土结构试验方法标准》（GB/T 50152—2012)[5]进行。加载装置示意图如图 8-8 所示。加载点分布示意图如图 8-9 所示。

图 8-7　CFC 复合大板的制作

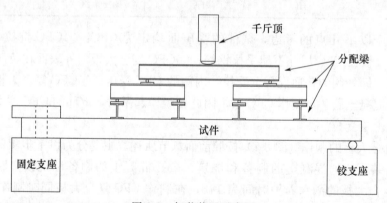

图 8-8　加载装置示意图

2. 加载制度

（1）预加载

首先采用分级加载至开裂荷载 P_{cr} 的 80%，检查仪器是否正常工作以及试件是否对中，检查无误后，卸载至 0，调平各仪器。

开裂荷载 P_{cr} 的计算采用 ACI 318M-05 规范[6]，即

$$M_{cr} = \frac{f_r I_g}{y_t} \tag{8-3}$$

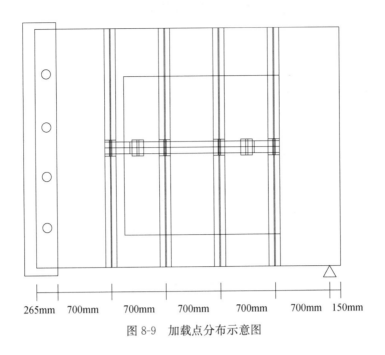

265mm 700mm 700mm 700mm 700mm 700mm 150mm

图 8-9 加载点分布示意图

$$f_r = 0.62\sqrt{f'_c} \tag{8-4}$$

式中 M_{cr}——开裂弯矩；

  f_r——混凝土弯曲抗拉强度；

  I_g——重心轴的截面惯性矩，不计钢筋面积；

  y_t——中和轴至受拉边缘的距离；

  f_c'——混凝土的设计抗压强度。

对于 CFC 复合墙板，不考虑 CFC 层，普通混凝土层 100mm，y_t 近似取值为普通混凝土层厚度的一半。通过计算得到 CFC 复合墙板普通混凝土层的开裂弯矩 M_{cr} 为 4.7kN·m。根据加载点的分布，可计算出开裂荷载 P_{cr} 为 9kN。开裂荷载 P_{cr} 的 80%即约为 7kN。分部加载的框架质量为 632kg，即约 6.32kN。因此，千斤顶实际加荷约为 1kN。

（2）正式加载

按照以下加载制度进行：首先加载至 $0.8P_{cr}$，再以 $0.05P_{cr}$ 为一级分级加载至试件开裂，每级荷载持荷 5min，观察记录裂缝宽度，并绘制裂缝形态。裂缝宽度达到 0.3mm 后，改为连续加载，加载速率为荷载控制，加载速率为 0.2kN/s，加载至构件屈服后，加载速率改为位移控制，加载速率为 0.1~0.2mm/s。试验过程中进行拍照和记录。试件破坏后，撤去仪器及加载设备，准备下次试验。

8.2.6 材性测试

浇筑试件时，每种混凝土留置 3 组（每组 3 块）100mm×100mm×100mm 的立方体试块以及 1 组（每组 6 块）150mm×150mm×300mm 的棱柱体试块，依据《混凝土物理力学性能试验方法标准》（GB/T 50081—2019）[7]对混凝土的立方体抗压强度、弹性模量以及微孔的密度、绝干密度进行测定。混凝土的抗压强度实测结果见表 8-7。

表 8-7 CFC 复合大板混凝土的抗压强度

试件		28d 标准养护（MPa）	28d 同条件养护（MPa）	加载时同条件养护（MPa）
0	CFC	7.5	7.0	7.4
	普通混凝土	64.6	58.6	62.1
1	CFC	7.8	7.2	7.6
	普通混凝土	77.2	63.3	84.4
2	CFC	14.7	13.9	18.5
	普通混凝土	61.0	57.9	74.3
3	CFC	6.5	4.3	4.9
	普通混凝土	54.2	53.1	68.3

CFC 的湿密度、绝干密度实测结果见表 8-8。

表 8-8 CFC 复合大板 CFC 的密度

试件	设计密度（kg/m³）	密度（kg/m³）	绝干密度（kg/m³）
0	800	814.5	721.4
1	800	806.4	710.5
2	1200	1310.3	1186.8
3	800	679.8	601.1

CFC 的弹性模量和泊松比实测结果见表 8-9。

表 8-9 CFC 复合大板 CFC 的弹性模量和泊松比

试件	CFC 等级	弹性模量（kN/mm²）	泊松比
0	800 级	4.4	0.26
1	800 级	4.4	0.26
2	1200 级	7.9	0.20
3	800 级	3.1	0.24

8.2.7 试件测试

1. 测量内容

CFC 复合大板的加载试验测量的内容有以下几个方面：

（1）荷载挠度曲线；

（2）钢筋应变，包括竖直方面钢筋和水平方向钢筋；

（3）裂缝宽度。

2. 测点布置

（1）试件内部钢筋应变测点具体布置如图 8-10 所示。

应变测点符号（字母一＋字母二＋数字一＋数字二）的说明：字母一表示钢筋的方向，V 表示竖直方向（Vertical），H 表示水平方向（Horizontal）；字母二表示混凝土的类型，N 表示普通混凝土（Normal），L 表示 CFC（Light）；数字一表示钢筋的编号，编号从上到下，从左往右依次增大；数字二表示该根钢筋上的应变片的编号，编号从上到下，从左往右依次增大（图 8-10）。

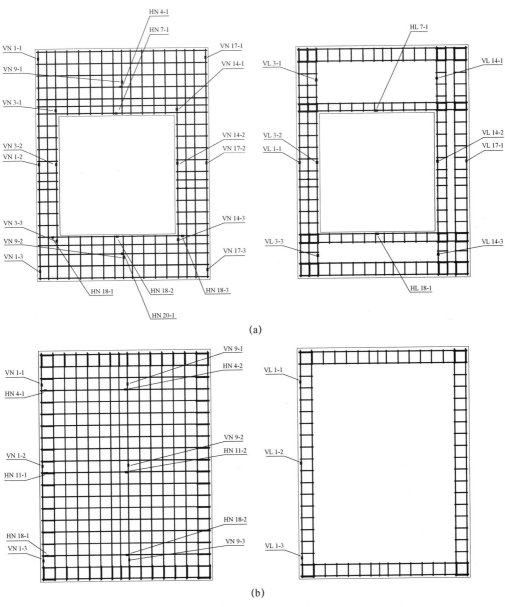

图 8-10　CFC 复合大板的钢筋应变测点布置

试件混凝土表面应变测点具体布置如图 8-11 所示。对于带窗构件：600mm 一侧为

Gape1～6，400mm 一侧为 Gape1′～6′，应变片长度为 100mm。

（2）变形测点布置如图 8-12、图 8-13 所示。对于带窗构件：600mm 一侧为 L1～3，400mm 一侧为 L1′～3′。

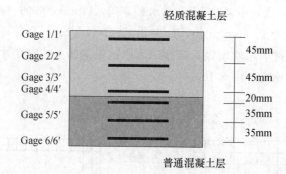

图 8-11　CFC 复合大板试件混凝土表面应变测点布置

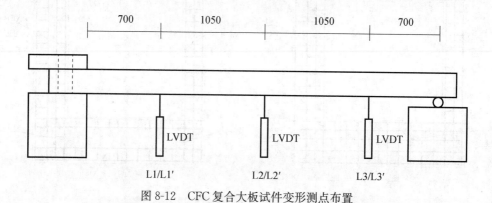

图 8-12　CFC 复合大板试件变形测点布置

图 8-13　CFC 复合大板试件变形测点布置

（3）裂缝观测。

试验前将试件的两侧用白色涂料刷白，并绘制 100mm×100mm 的网格；发现试件开裂后立即记录下当时的荷载值，并对裂缝的发展情况进行观测，用记号笔描绘裂缝形态，采用裂缝观测仪测量裂缝的宽度。

8.3　试验现象和破坏特征

8.3.1　试验现象

带窗口的大板试件和不带窗口的大板试件的试验现象有所不同。

1. 带窗口的大板试件试验过程

（1）加载至 $0.1\sim0.2P_u$，复合大板试件表现为弹性变形阶段，挠度与应变随荷载近似呈线性增长。

（2）加载至 $0.2\sim0.3P_u$ 时，首先在 400mm 侧的复合大板试件跨中的普通混凝土层出现若干条竖向裂缝，然后在 600mm 侧的跨中的普通混凝土层陆续出现裂缝，裂缝的宽度较小，此时荷载-挠度曲线出现明显转折。

（3）随着荷载进一步增加，裂缝逐渐增多，原有裂缝宽度逐渐增大，并且裂缝向 CFC 层扩展，直至 $0.4\sim0.5P_u$ 时，主裂缝基本出齐，仅在主裂缝周围局部出现次生微裂缝，并且在普通混凝土层和 CFC 层的界面处出现横向裂缝。

（4）接近破坏荷载时，纵向受力筋进入屈服状态，复合大板试件的挠度较荷载加速增长。

（5）荷载继续增加至破坏荷载时，跨中裂缝宽度迅速增长，直至受压区混凝土压碎，试件破坏。

2. 不带窗口的试件试验过程

（1）加载至 $0.5P_u$，大板试件表现为弹性变形阶段，挠度与应变随荷载近似呈线性增长。

（2）加载至 $0.7\sim0.8P_u$ 时，复合大板试件跨中的普通混凝土层出现一条裂缝，裂缝一出现其裂缝宽度就超过 0.2mm，荷载迅速下降。荷载重新加载至 $0.7\sim0.8P_u$ 时，复合大板试件跨中的普通混凝土层再次出现一条裂缝，裂缝一出现其裂缝宽度也超过 0.2mm，荷载迅速下降。在普通混凝土层和 CFC 层的界面处出现横向裂缝，荷载-挠度曲线出现明显转折。

（3）接近破坏荷载时，纵向受力筋进入屈服状态，复合大板试件的挠度较荷载加速增长。

（4）荷载继续增加至破坏荷载时，仅有的两条跨中裂缝宽度迅速增长，直至受压区混凝土压碎，试件破坏。

各试件的整体开裂形态和跨中区域放大的裂缝形态如图 8-14 和图 8-15 所示。

(a)

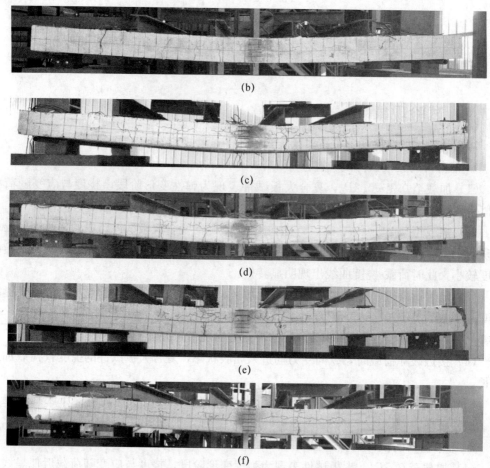

(b)
(c)
(d)
(e)
(f)

图 8-14　CFC复合大板试件整体开裂形态
（a）试件1—600侧；（b）试件1—400侧；（c）试件2—600侧；
（d）试件2—400侧；（e）试件3—左侧；（f）试件3—右侧

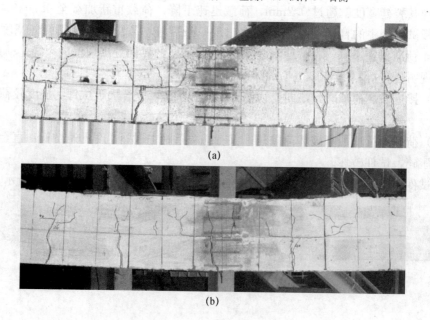

(a)
(b)

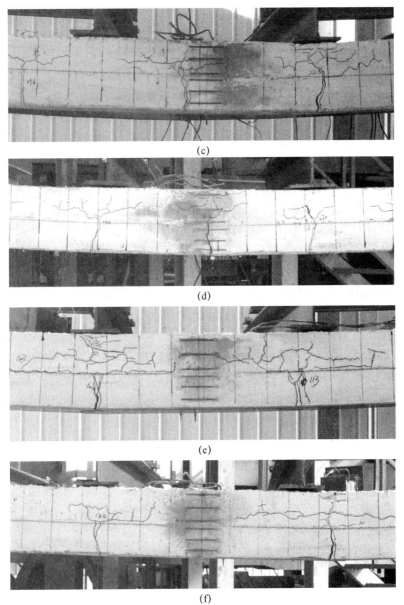

(c)

(d)

(e)

(f)

图 8-15　CFC 复合大板试件跨中区域开裂形态

(a) 试件 1—600 侧；(b) 试件 1—400 侧；(c) 试件 2—600 侧；

(d) 试件 2—400 侧；(e) 试件 3—左侧；(f) 试件 3—右侧

8.3.2　破坏特征

　　包括系统测试用的试件在内，无论复合大板试件是否带窗口，4 个试件的破坏均表现为受拉破坏。破坏均始于受拉纵筋的屈服，然后由于受拉导致的裂缝贯穿整个普通混凝土层，CFC 层出现部分区域受拉，处于受压区的 CFC 被压碎后，达到承载力极限。复合大板试件表现出了较好的塑性变形能力。

8.4 试验结果分析和讨论

8.4.1 荷载-位移曲线

试件的荷载-挠度曲线如图 8-16 所示（其中 L1～L3，L1′～L3′ 的布置参见图 8-12）。从图中可以看出：

（1）带窗口的大板试件的荷载-挠度曲线以普通混凝土层出现裂缝为分界，曲线的斜率出现明显变化。

（2）带窗口的大板试件的荷载-挠度曲线以受拉钢筋出现屈服为分界，曲线的斜率再次出现明显变化。

（3）不带窗口的大板试件的荷载-挠度曲线（1）和（2）的两个分界出现的荷载相近，荷载-挠度曲线在达到极限荷载前只出现了一次斜率的变化。

（4）大板试件在 L1 和 L1′ 位置的荷载-挠度曲线与 L2 和 L2′ 位置的荷载-挠度曲线变化非常接近。

（5）对于带窗口的大板试件在 400mm 宽度位置和 600mm 宽度位置的荷载-挠度曲线，即 L1 和 L1′、L2 和 L2′、L3 和 L3′ 位置的荷载-挠度曲线相比较，差异性非常小，差异与不带窗口的大板试件接近。

（6）跨中 L2/L2′ 位置的挠度变化明显大于均布荷载边缘 L1/L1′、L3/L3′ 位置的挠度，L1/L1′、L3/L3′ 位置的测量值占 L2/L2′ 位置测量值的比率为 30%～50%。

（7）试件 1 和试件 2 的荷载-挠度曲线相比较，差异性不明显，CFC 的强度等级的不同对于荷载-挠度曲线影响不明显。

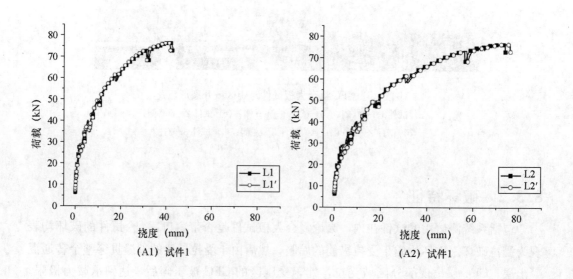

（A1）试件1 　　（A2）试件1

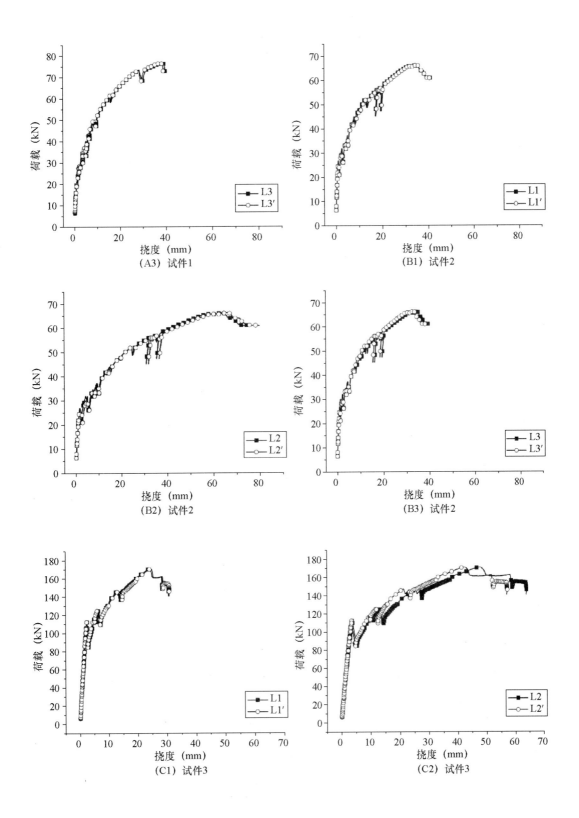

（A3）试件1

（B1）试件2

（B2）试件2

（B3）试件2

（C1）试件3

（C2）试件3

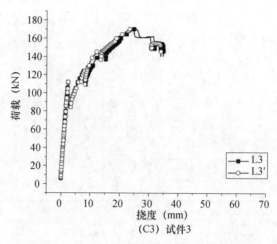

(C3) 试件3

图 8-16　CFC 复合大板试件荷载-挠度曲线

8.4.2　钢筋应变

CFC 复合大板试件中布置的钢筋应变测点，如图 8-10 所示。本小节选取了部分有特点的测点绘制了钢筋应变曲线，如图 8-17 所示。从图中可以看出：

（1）对于带窗口的墙板构件，位于普通混凝土层的纵向受拉钢筋拉应变较大，而位于其正上方 CFC 层的构造钢筋，在普通混凝土层纵向受拉钢筋受拉时，钢筋的应变非常小。

（2）对于不带窗口的墙板构件，位于普通混凝土层的纵向受拉钢筋出现一定程度的受拉应变，而位于其正上方 CFC 层的构造钢筋，则表现出明显的受压应变。

（3）不带窗口的墙板构件和带窗口的墙板构件，横向钢筋均有一定的受压应变但是应变很小。

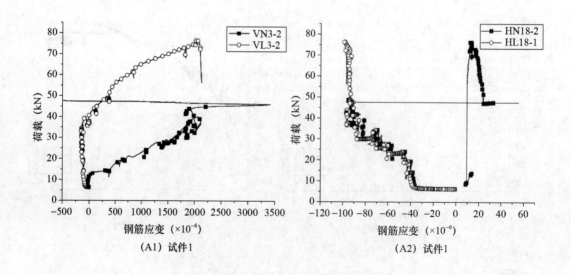

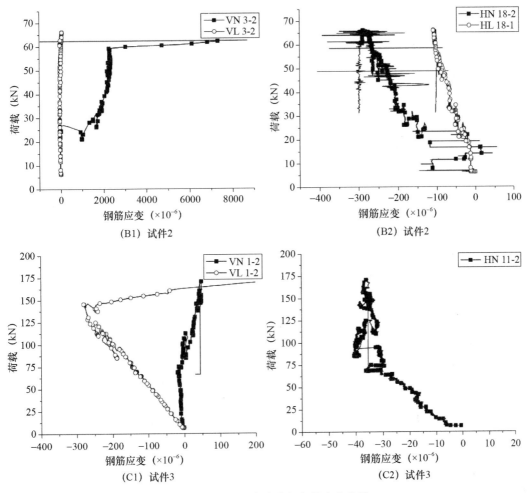

图 8-17　CFC复合大板钢筋应变曲线

8.4.3　混凝土应变

试件跨中混凝土平均应变沿截面高度的分布情况如图 8-18 所示（其中应变片的布置参见图 8-11）。从图中可以看出以下特征：

（1）混凝土的平均应变服从平截面假定。

（2）对于带窗口试件，400mm 侧和 600mm 侧的中和轴位于 50mm 左右，该位置与钢筋所在位置接近。400mm 侧在荷载达到 $0.2 \sim 0.3P_u$ 后，600mm 侧在荷载达到 $0.4 \sim 0.45P_u$ 后，位于普通混凝土层的中和轴逐渐向 CFC 层移动，在达到 $0.9P_u$ 前，中和轴多位于 175mm 左右，约为 CFC 层高度的 2/3 处。

（3）对于不带窗口试件，普通混凝土层的中和轴位于 55mm 左右，该位置与钢筋所在位置接近。在荷载达到 $0.7P_u$ 后，位于普通混凝土层的中和轴逐渐向 CFC 层移动，在达到 $0.9P_u$ 前，中和轴多位于 150mm 左右，约为 CFC 层高度的 1/2 处。

（4）试件 1 和试件 2 的跨中混凝土平均应变沿截面高度的分布情况相比较，差异性不明显，CFC 的强度等级的不同对于跨中混凝土平均应变沿截面高度的分布情况影响不明显。

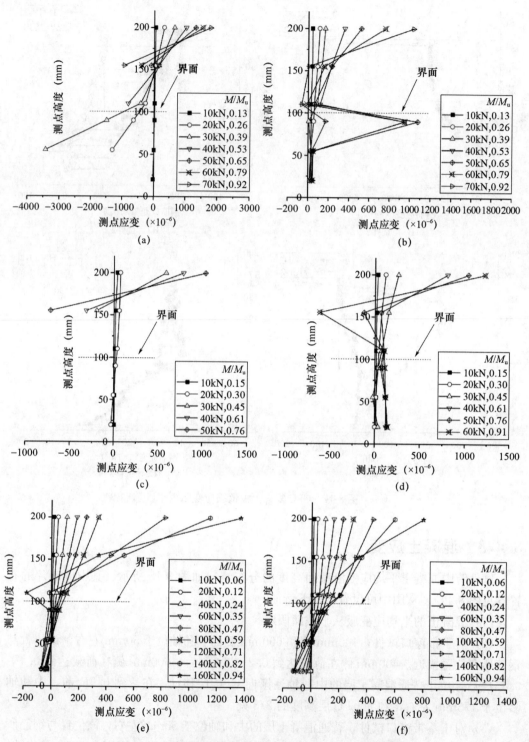

图 8-18 试件跨中混凝土平均应变沿截面高度的分布情况

(a) 试件 1—400 侧；(b) 试件 1—600 侧；(c) 试件 2—400 侧；(d) 试件 2—600 侧；

(e) 试件 3—右侧；(f) 试件 3—左侧

8.4.4　复合界面混凝土应变

　　跨中混凝土复合界面附近高度的应变随荷载的变化情况如图 8-19 所示，从图中可以看出在试件开裂前，复合界面两侧的 10mm 处混凝土应变几乎相同；开裂之后，混凝土应变的差异性开始显现，并且随着荷载的增加，差异越来越大，但是混凝土应变的变化趋势非常相近。这说明了复合大板的整体性较好，普通混凝土层和 CFC 层界面强度较高，满足使用的要求。

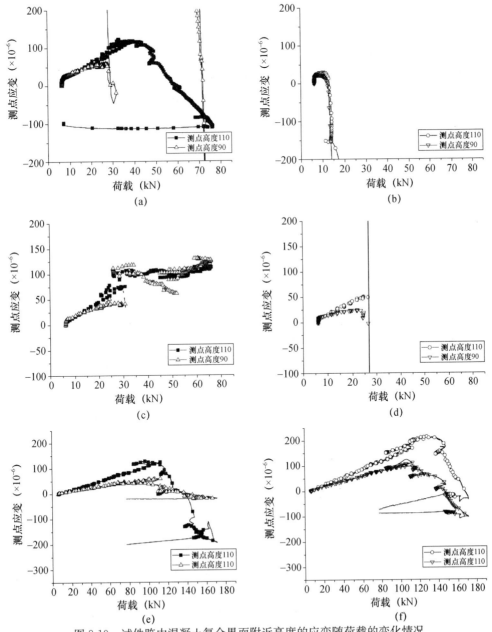

图 8-19　试件跨中混凝土复合界面附近高度的应变随荷载的变化情况

（a）试件 1—600 侧；（b）试件 1—400 侧；（c）试件 2—600 侧；（d）试件 2—400 侧；

（e）试件 3—左侧；（f）试件 3—右侧

8.4.5 裂缝宽度

试件的最大裂缝宽度随荷载的变化如图 8-20 所示。从图中可以看出以下特征：

（1）三个不同类型的大板试件，其试件的最大裂缝宽度随荷载的变化呈现出较大的差异性。

（2）试件 1 在 600mm 侧和 400mm 侧的裂缝宽度差别较大；试件 2 则在裂缝宽度达到 0.6mm 之前有明显的差异，在裂缝宽度达到 0.6mm 后，即荷载达到 $0.45\sim0.5P_u$ 时，两端的裂缝宽度非常接近。

（3）试件 2 和试件 3 裂缝一出现，其宽度就超过 0.2mm，特别是试件 3，其裂缝宽度甚至达到 0.4mm 左右。

（4）试件 2 和试件 1 相比，裂缝荷载以及裂缝宽度达到 0.2mm 时的荷载明显提高，说明 CFC 的强度等级对裂缝的抑制有明显的作用。但是试件一旦开裂后，试件 2 的裂缝宽度增加迅速，两者在裂缝宽度达到 1mm 时的荷载接近，这说明 CFC 的强度等级对裂缝的发展没有明显的作用。

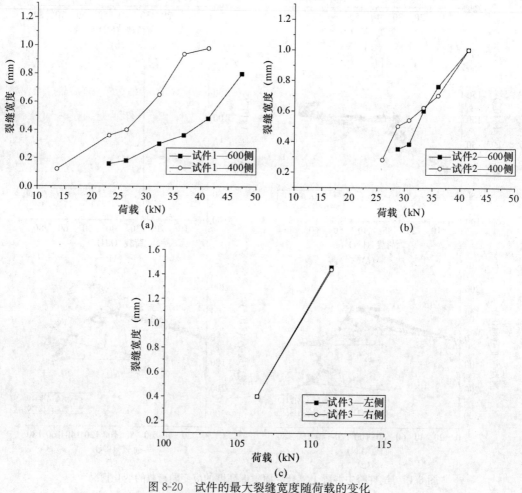

图 8-20 试件的最大裂缝宽度随荷载的变化

（a）试件 1；（b）试件 2；（c）试件 3

8.4.6　开裂荷载、屈服荷载和极限荷载

根据 1～3 的试验结果得到 CFC 复合大板抗弯试验的几个重要的荷载值，如表 8-10 所示。从表中可以明显看出，CFC 强度等级的提高对复合大板的开裂荷载和裂缝控制作用明显，但是对构件的屈服荷载和极限荷载影响不大，而对于不带窗口的复合大板，其开裂荷载和屈服荷载非常接近。另外，结合图 8-12 数据可知 CFC 复合大板达到开裂荷载时，其中和轴位于普通混凝土层。

表 8-10　CFC 复合大板的抗弯荷载（kN）

编号	开裂荷载	0.2mm 裂缝宽度荷载	0.3mm 裂缝宽度荷载	0.4mm 裂缝宽度荷载	屈服荷载	极限荷载
1	13	16.5	20.5	26	47	76
2	25	—	26	27.5	43	66
3	106	—	—	106	109.5	171

8.4.7　抗弯承载力的计算

试件的抗弯承载能力的理论计算值根据《混凝土结构（上册）混凝土结构设计原理》[8] 和《混凝土结构设计规范（2015 年版）》（GB 50010—2010）[9] 计算（对于带窗口构件简化为试件宽度为 1000mm），并与复合大板的抗弯试验试测值进行了对比，其中弯矩按照试验加载荷载和重力荷载的共同作用计算得到，结果见表 8-11。理论计算分为两种计算方式，第一种计算时只考虑普通混凝土层，完全不考虑 CFC 层，第二种计算时同时考虑普通混凝土层和 CFC 层，受压区的混凝土抗压强度按照 CFC 抗压强度计算。其中混凝土轴心抗压强度取值有两种：一种根据设计取值；另一种则根据试验值取值。结果表明两种取值方式的结果相差不大，以试验值为依据的取值略为准确，而两种计算方式则差异很大。

计算结果表明采用第一种方式计算，其计算结果与试验值相差很大，实测屈服弯矩是理论极限弯矩值的 3 倍以上，实测极限弯矩达到 4.5 倍以上。而采用第二种计算方式，理论值和试验值比较接近，以混凝土轴心抗压强度以试验值为根据取值为例，$M_{y.t}/M_{u.c}$ 的均值为 1.0433，标准差为 0.0751，变异系数为 0.0719，$M_{u.t}/M_{u.c}$ 的均值为 1.5067，标准差为 0.1501，变异系数为 0.0996。实测屈服弯矩值与理论计算值接近，而实测极限弯矩值比理论计算值偏大，当 CFC 层这一侧受压时，表明按规程公式计算的抗弯承载力是偏安全的。

表 8-11　抗弯承载力实测值和理论计算值对比

编号	$M_{cr.t}$ (kN·m)	$M_{y.t}$ (kN·m)	$M_{u.t}$ (kN·m)	$M_{u.c}$ (kN·m)	$M_{cr.t}/M_{u.c}$	$M_{y.t}/M_{u.c}$	$M_{u.t}/M_{u.c}$
1	13.77	31.62	46.85	8.87 * #	1.55	3.56	5.28
				25.49 * * #	0.54	1.24	1.84
				9.35 * # #	1.47	3.38	5.01
				28.22 * * # #	0.49	1.12	1.66

编号	$M_{cr.t}$ (kN·m)	$M_{y.t}$ (kN·m)	$M_{u.t}$ (kN·m)	$M_{u.c}$ (kN·m)	$M_{cr.t}/M_{u.c}$	$M_{y.t}/M_{u.c}$	$M_{u.t}/M_{u.c}$
2	21.06	30.51	42.59	8.87*	2.37	3.44	4.80
				29.58**	0.71	1.03	1.44
				9.28*＃＃	2.27	3.29	4.59
				31.33**＃＃	0.67	0.97	1.36
3	70.78	72.61	104.9	20.82*	3.40	3.49	5.04
				62.67**	1.13	1.16	1.67
				21.46*＃＃	3.30	3.38	4.89
				69.77**＃＃	1.01	1.04	1.50

注：$M_{y.t}$ 为实测屈服弯矩值，$M_{u.t}$ 为实测极限弯矩值，$M_{u.c}$ 为理论极限弯矩值，且以上弯矩为实验加载荷载和重力荷载共同作用的结果。

  ＊ 只考虑普通混凝土层，不考虑 CFC 层。

  ＊＊ 同时考虑普通混凝土层和 CFC 层，受压区混凝土强度按照 CFC 抗压强度计算。

 ＃ 普通混凝土和 CFC 轴心抗压强度按照设计计算，即普通混凝土强度为 C40，CFC 分别为 C5 和 C10。普通混凝土轴心抗压强度设计值根据《混凝土结构设计规范（2015 年版）》（GB 50010—2010）取定，即 19.1MPa，CFC 轴心抗压强度参考《混凝土结构设计规范（2015 年版）》（GB 50010—2010）的数据，轴心抗压强度设计值是标准值的 72%，立方体试块试验值是轴心抗压强度标准值的 1.5 倍计算，即 CFC 轴心抗压强度设计值分别为 2.4MPa 和 4.8MPa。

＃＃ 普通混凝土和 CFC 轴心抗压强度设计值由立方体试块试验值的近似值（普通混凝土分别取值 80MPa、70MPa、65MPa，CFC 分别取值 7.5MPa、17.5MPa、5MPa）计算得到，即普通混凝土分别为 35.9MPa、31.8MPa 和 29.7MPa，CFC 分别为 3.6MPa、8.4MPa 和 4.8MPa。

8.4.8 抗弯刚度和裂缝宽度的计算

1. 抗弯刚度

抗弯刚度可由弯矩-曲率曲线得到，其中弯矩按照试验加载荷载和重力荷载的共同作用计算得到，而平均曲率可以通过量测纯弯段内的相对挠度求得，公式如下：

$$\phi = \frac{8f_a}{l^2} \tag{8-5}$$

$$f_a = \frac{f_2 - (f_1 + f_3)}{2} \tag{8-6}$$

式中　　　　ϕ——平均曲率；

　　　　　　f_a——挠度差；

　f_1、f_2、f_3——L1、L2、L3 位置的挠度；

　　　　　　l——L1 和 L3 之间的距离。

根据荷载-位移曲线以及式（8-5）和式（8-6）计算，得到弯矩-曲率曲线，如图 8-21 所示。

根据截面弯曲刚度的定义，在混凝土开裂前的阶段，可近似地把弯矩-平均曲率曲线看成直线，它的斜率就是截面弯曲刚度；而在正常使用时，截面弯曲刚度是随着弯矩的增大而变小的，是变化的值。根据东南大学等单位大量的试验数据和实践经验给出的通常情况下，受弯构件截面弯曲刚度的定义为 $0.5 \sim 0.7M_u$ 区段内，曲线上的任意一点与坐标原点相连割线的斜率。

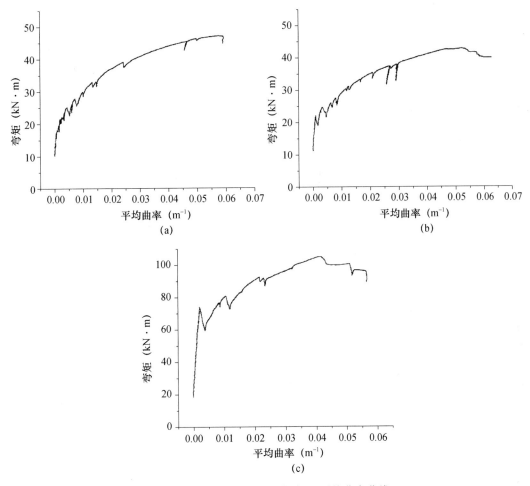

图 8-21　CFC复合大板试件弯矩-平均曲率曲线

(a) 试件 1；(b) 试件 2；(c) 试件 3

截面弯曲刚度的理论计算则根据《混凝土结构设计规范（2015 年版）》（GB 50010—2010）（对于带窗口构件简化为试件宽度为 1000mm），对于要求不出现裂缝的构件短期刚度按照式（8-7）计算，对于钢筋混凝土受弯构件短期刚度按照式（8-8）计算：

$$B_s = 0.85 E_c I_0 \tag{8-7}$$

$$B_s = \frac{E_s A_s h_0^2}{1.15\Psi + 0.2 + \dfrac{6\alpha_E \rho}{1 + 3.5\gamma'_f}} \tag{8-8}$$

式中　B_s——短期截面弯曲刚度；

$\quad\quad E_c$——混凝土的弹性模量；

$\quad\quad I_0$——换算截面的截面惯性矩；

$\quad\quad E_s$——钢筋的弹性模量；

$\quad\quad A_s$——受拉区纵向普通钢筋的截面面积；

h_0——截面有效高度；

Ψ——裂缝间纵向受拉普通钢筋应变不均匀系数；

α_E——钢筋弹性模量与混凝土弹性模量的比值，即 E_s/E_c；

ρ——纵向受拉钢筋配筋率；

γ_f'——受拉翼缘截面面积与腹板有效截面面积的比值。

截面弯曲刚度的试验值和理论计算值列于表 8-12，其中轻质混凝土的弹性模量采用表 8-9 数据。

表 8-12　截面弯曲刚度实测值和理论计算值对比

编号	开裂前			正常使用阶段				
	$B_{s.t}$ ($\times 10^6$ N·m²)	$B_{s.c}$ ($\times 10^6$ N·m²)	$B_{s.t}/B_{s.c}$	M/M_u	$M/M_{u.c}$	$B_{s.t}$ ($\times 10^6$ N·m²)	$B_{s.c}$**** ($\times 10^6$ N·m²)	$\bar{B}_{s.t}/\bar{B}_{s.c}$
1	12.35	2.69*	4.59	0.37	0.61	9.43	2.71	3.47
				0.43	0.71	5.47	2.56	2.13
		14.83**	0.83	0.50	0.83	3.62	2.45	1.48
				0.57	0.95	2.20	2.37	0.93
		12.95***	0.95	0.63	1.05	1.92	2.31	0.83
				0.70	1.16	1.56	2.27	0.69
2	13.64	2.62*	5.21	0.37	0.50	13.64	5.44	2.51
				0.43	0.58	13.64	4.34	3.14
		15.93**	0.86	0.50	0.68	13.64	3.69	3.69
				0.57	0.77	3.65	3.32	1.10
		14.37***	0.95	0.63	0.86	1.86	3.11	0.60
				0.70	0.95	1.58	2.93	0.54
3	30.69	7.76*	3.95	0.37	0.57	30.69	7.72	3.98
				0.43	0.65	30.69	7.01	4.38
		41.35**	0.74	0.50	0.75	30.69	6.49	4.73
				0.57	0.86	30.69	6.15	4.99
		38.84***	0.79	0.63	0.95	9.68	5.93	1.63
				0.70	1.05	4.70	5.74	0.82

注：$B_{s.t}$ 为实测值，$B_{s.c}$ 为理论计算值。

* 只考虑普通混凝土层，不考虑 CFC 层，即混凝土的弹性模量按照普通混凝土（抗压强度按照试验值取值）的弹性模量，截面惯性矩 $I_0 = bh^3/12$，其中 h 为 100mm。

** 同时考虑普通混凝土层和 CFC 层，具体计算示意图如图 8-22 所示：

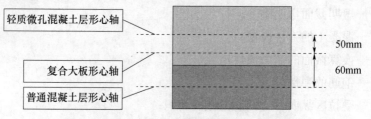

轻质微孔混凝土层形心轴　　50mm

复合大板形心轴　　60mm

普通混凝土层形心轴

图 8-22　CFC 复合大板截面惯性矩计算示意图

开裂前的理论计算方法分为两种：一是只考虑普通混凝土层，不考虑 CFC 层；二是同时考虑普通混凝土层和 CFC 层。计算结果表明同弯矩计算一样，同时考虑普通混凝土层和 CFC 层的计算方法更为合理，对于带窗口试件试验值和以试验值为基础的理论值的比值为 0.74～0.86，试验值和以设计值为基础的理论值的比值为 0.79～0.95。因此，建议计算开裂前的截面弯曲刚度时在式（8-7）的基础上乘以系数 0.75。

正常使用阶段的刚度计算同时考虑普通混凝土层和 CFC 层，弹性模量 E_c 为复合材料的弹性模量采用并联模型计算，混凝土轴心抗拉强度标准值 f_{tk} 为 CFC 的轴心抗拉强度。计算结果表明现有的理论计算与复合大板的实测刚度值有一定的差距，具体有以下特征：

（1）在 $0.5～0.7M_u$ 区段内，刚度的理论计算值相对稳定，而复合大板的实测刚度值变化较大。究其原因，由于开裂后，当裂缝扩展至 CFC 层和普通混凝土层的界面时，裂缝沿界面方向发展，发展到一定程度后再向 CFC 层发展，导致了复合大板的刚度下降速度较快。而理论计算则忽略了复合大板界面的效应。

（2）当小于 $0.5M_u$ 时，复合大板的实测刚度值均大于刚度的理论计算值，而大于 $0.63M_u$ 时，复合大板的实测刚度值小于刚度的理论计算值。

（3）尽管对于正常使用阶段刚度的理论计算值不能很好地计算出复合大板的刚度，但是在约 $0.8M_{u,c}$ 时复合大板的实测刚度值均大于理论计算值。

因此，荷载在小于 $0.8M_{u,c}$ 时，可考虑采用《混凝土结构设计规范（2015 年版）》（GB 50010—2010）中规定的计算方法。但是 CFC 复合大板抗弯刚度的准确计算，目前还不适用于 CFC 大板抗弯刚度的计算，还需进一步的理论推导和大量试验验证。

复合大板对形心轴的截面惯性矩为普通混凝土层对复合大板形心轴的截面惯性矩和 CFC 层对复合大板形心轴的截面惯性矩之和，计算方案参考《材料力学（I）》[10] 即

$$I_0 = I_{0n} + I_{0i} \tag{8-9}$$
$$I_{0n} = I_{0nc} + a_1{}^2 A_1 \tag{8-10}$$
$$I_{0l} = I_{0lc} + a_2{}^2 A_2 \tag{8-11}$$

式中　I_{0n}——普通混凝土层对复合大板形心轴的截面惯性矩；

　　　I_{0l}——CFC 层对复合大板形心轴的截面惯性矩；

　　　I_{0nc}——普通混凝土层对自身形心轴的截面惯性矩；

　　　I_{0lc}——CFC 层对自身形心轴的截面惯性矩；

　　　a——自身形心轴到复合大板形心轴的距离；

　　　A——普通混凝土层或 CFC 层的面积。

复合大板的混凝土弹性模量按照复合材料并联模型计算，即

$$E_c = E_{cn}V_{cn} + E_{cl}V_{cl} \tag{8-12}$$

式中　E_c——复合材料的弹性模量；

　　　E_{cn}——普通混凝土的弹性模量（抗压强度按照实验值取值）；

　　　V_{cn}——普通混凝土的体积比例；

　　　E_{cl}——CFC 的弹性模量（试验值）；

　　　V_{cl}——CFC 的体积比例。

＊＊＊同时考虑普通混凝土层和 CFC 层，但是普通混凝土的弹性模量 E_{cn} 抗压强度按照设计，取值为 C40。

＊＊＊＊同时考虑普通混凝土层和 CFC 层。截面有效高度 h_0 取值 170mm；混凝土弹性模量 E_c 按照前文所述采用并联模型计算；混凝土轴心抗拉强度标准值 f_{tk} 的取值为 CFC 的轴心抗拉强度，而 CFC 的轴心抗拉强度标准值参考《混凝土结构设计规范（2015 年版）》（GB 50010—2010）数据，计算方法如下：

$$f_{tk} = 0.4\sqrt{f_{ck}} \tag{8-13}$$
$$f_{ck} = f_{cu}/1.5 \tag{8-14}$$

式中　f_{ck}——混凝土的轴心抗压强度标准值；

　　　f_{cu}——混凝土的立方体抗压强度；

　　　f_{tk}——混凝土轴心抗拉强度标准值。

2. 最大裂缝宽度

最大裂缝宽度的计算则根据《混凝土结构设计规范（2015 年版）》（GB 50010—2010）（对于带窗口构件简化为试件宽度为 1000mm），对于矩形截面的 CFC 复合大板，按照下列公式计算：

$$\omega_{max} = \alpha_{cr} \Psi \frac{\sigma_s}{E_s}\left(1.9c_s + 0.08\frac{d_{eq}}{\rho_{te}}\right) \tag{8-15}$$

$$\Psi = 1.1 - 0.65\frac{f_{tk}}{\rho_{te}\sigma_s} \tag{8-16}$$

$$d_{eq} = \frac{\sum n_i d_i^2}{\sum n_i v_i d_i} \tag{8-17}$$

$$\rho_{te}=\frac{A_s}{A_{te}} \qquad (8\text{-}18)$$

$$\sigma_s=\frac{M}{0.87A_sh_0} \qquad (8\text{-}19)$$

式中　ω_{max}——最大裂缝宽度；

$\quad\quad\quad\alpha_{cr}$——构件受力特征系数；

$\quad\quad\quad\Psi$——裂缝间纵向受拉普通钢筋应变不均匀系数；

$\quad\quad\quad\sigma_s$——混凝土构件裂缝截面处纵向受拉钢筋的应力；

$\quad\quad\quad E_s$——混凝土的弹性模量；

$\quad\quad\quad c_s$——混凝土构件受拉钢筋的应力；

$\quad\quad\quad d_{eq}$——受拉区纵向钢筋的等效直径；

$\quad\quad\quad\rho_{te}$——有效受拉混凝土截面面积计算的纵向受拉钢筋配筋率；

$\quad\quad\quad f_{tk}$——混凝土轴心抗拉强度标准值；

$\quad\quad\quad n_i$——受拉区第 i 种纵向钢筋的根数；

$\quad\quad\quad d_i$——受拉区第 i 种纵向钢筋的公称直径；

$\quad\quad\quad v_i$——受拉区第 i 种纵向钢筋的相对粘结特征系数，带肋钢筋取值为1，光圆钢筋取值为0.7；

$\quad\quad\quad A_s$——受拉区纵向钢筋截面面积；

$\quad\quad\quad A_{te}$——受拉混凝土截面面积。

截面有效高度 h_0 取值170mm；混凝土轴心抗拉强度标准值 f_{tk} 的取值为 CFC 的轴心抗拉强度。最大裂缝宽度的理论计算结果列于表8-13。结果表明对于当裂缝宽度较小时，计算值和实测值相差不大，但是当裂缝较大时，计算值明显小于实测值。这与刚度的计算值与实测值的对比结果相呼应。

表 8-13　最大裂缝宽度实测值和理论计算值对比

编号	M	$M/M_{u.c}$	$\omega_{max.t}$		$\omega_{max.c}$		$\omega_{max.t}/\omega_{max.c}$	
			400 侧	600 侧	400 侧	600 侧	400 侧	600 侧
1	14.10	0.50	0.12	—	0.25	0.11	0.48	—
	19.08	0.68	0.36	0.16	0.43	0.25	0.84	0.64
	20.76	0.74	0.40	0.18	0.49	0.30	0.82	0.60
	23.92	0.85	0.65	0.30	0.60	0.39	1.08	0.77
	26.27	0.93	0.94	0.36	0.68	0.45	1.38	0.80
	28.64	1.01	0.98	0.48	0.76	0.52	1.29	0.92
	31.79	1.13	—	0.80	0.87	0.61	—	1.31
			400 侧	600 侧			400 侧	600 侧
2	18.26	0.62	0.28	—	0.27	0.09	1.04	—
	19.70	0.67	0.50	0.35	0.32	0.11	1.56	3.18
	20.75	0.70	0.54	0.38	0.36	0.14	1.50	2.71
	22.11	0.75	0.62	0.60	0.40	0.18	1.55	3.33

编号	M	$M/M_{u.c}$	$\omega_{max.t}$		$\omega_{max.c}$		$\omega_{max.t}/\omega_{max.c}$	
2	23.48	0.79	0.7	0.76	0.45	0.22	1.56	3.45
	26.32	0.89	1.0	1.00	0.55	0.30	1.82	3.33
	28.94	0.98	1.3	1.35	0.64	0.37	2.03	3.65
			左侧	右侧			左侧	右侧
3	70.93	1.02	0.4	0.40	0.83	0.48	0.48	—
	73.57	1.05	1.46	1.44	0.87	1.67	1.65	—

对于带窗口试件，裂缝荷载为 $0.6M_{u.c}$ 以下时，可用《混凝土结构设计规范（2015 年版）》（GB 50010—2010）进行计算。对于不带窗口试件，则只能参考《混凝土结构设计规范（2015 年版）》（GB 50010—2010）计算。总体上，《混凝土结构设计规范（2015 年版）》（GB 50010—2010）中规定的计算方法目前还不十分准确，目前还不适用于 CFC 大板裂缝宽度的计算，还需进一步的理论推导和大量试验验证。

8.5　复合大板计算实例

某地地铁站车站高 25m。采用 CFC 复合大板，普通混凝土层厚度为 80mm，轻质混凝土层厚度为 150mm，外挂板外形尺寸为 6580mm×2980mm×230mm，无窗口。该区域基本风压 0.45kPa，地面粗糙度类别 C 类。结构构件裂缝控制等级为三级，最大裂缝宽度限制：室内为 0.3mm，室外为 0.2mm。普通混凝土等级 C40，CFC 等级 C5；纵向受拉钢筋采用 HRB400 级钢筋。吊装点设置在距外挂墙板边缘 500mm 处。

求：CFC 复合大板脱模时的最小抗压强度和受弯配筋。

解：

（1）风荷载计算

外表面正压区：

$$w_k = \beta_{gz}\mu_{sl}\mu_z w_0 = 1.7 \times 0.8 \times 1.0 \times 0.45 = 0.612 \ (kN/m^2)$$

外表面负压区：

$$w_k = \beta_{gz}\mu_{sl}\mu_z w_0 = 1.7 \times (-1.0) \times 1.0 \times 0.45 = -0.765 \ (kN/m^2)$$

内表面：

$$w_k = \beta_{gz}\mu_{sl}\mu_z w_0 = 1.7 \times 0.2 \times 1.0 \times 0.45 = 0.153 \ (kN/m^2)$$

（2）吊装荷载计算

$$h_k = 1.5 \times (2.4 \times 0.08 + 0.8 \times 0.15) \times 9.8 = 4.5864 \ (kN/m^2)$$

（3）由于吊装荷载远大于风荷载，弯矩仅考虑吊装荷载

$$M = \frac{1}{8}ql^2 = \frac{1}{8} \times 4.5864 \times 5.580^2 = 17.85 \ (kN \cdot m)$$

（4）相对界限受压区高度

通常情况下，CFC 的强度范围为 3～15MPa，脱模时强度约为抗压强度的 70%，即

2.1～10.5MPa。

$$\varepsilon_{cu.2.1}=0.0033-(f_{cu.k}-50)\times10^{-5}=0.0033-(2.1-50)\times10^{-5}=0.00378$$

$$\varepsilon_{cu.10.5}=0.0033-(f_{cu.k}-50)\times10^{-5}=0.0033-(10.5-50)\times10^{-5}=0.00370$$

$$\xi_{b.2.1}=\frac{\beta_1}{1+\dfrac{f_y}{E_s\varepsilon_{cu}}}=\frac{0.8}{1+\dfrac{360}{200000\times0.00370}}=0.538$$

$$\xi_{b.10.5}=\frac{\beta_1}{1+\dfrac{f_y}{E_s\varepsilon_{cu}}}=\frac{0.8}{1+\dfrac{360}{200000\times0.00378}}=0.542$$

由于相对界限受压区高度相差很小，取最小值即 0.538。

（5）CFC 的抗压强度最小值

$$M=\alpha_1f_cbx\left(h_0-\frac{x}{2}\right),\ x\leqslant\xi_bh_0$$

$$x=h_0-\sqrt{h_0^2-\frac{2M}{\alpha_1f_cb}}\leqslant\xi_bh_0$$

$$190-\sqrt{190^2-\frac{2\times17.85\times10^6}{1.0\times f_c\times1000}}\leqslant0.538\times190$$

$$f_c\geqslant1.26\ (MPa)$$

$$f_c/f_{ck}=0.72,\ f_{ck}=1.75\ (MPa)。$$

设混凝土立方体抗压强度为 f_{ck} 的 1.5 倍，即 CFC 的脱模时的最小抗压强度为 2.63MPa。脱模时强度约为抗压强度的 70%，因此当 CFC 的抗压强度不足 3.8MPa 时，应当适当延长养护或者在 CFC 层内设置少量的受压钢筋，防止 CFC 在吊装时压碎。

（6）CFC 复合大板的受弯配筋

CFC 抗压等级为 5MPa，f_{ck} 为 3.3MPa，f_c 为 2.4MPa。

$$x=h_0-\sqrt{h_0^2-\frac{2M}{\alpha_1f_cb}}=190-\sqrt{190^2-\frac{2\times17.85\times10^6}{1.0\times2.4\times1000}}=44.31\ (mm)$$

$$\alpha_1f_cbx=f_yA_s$$

$$A_s=\frac{\alpha_1f_cbx}{f_y}=\frac{1.0\times2.4\times1000\times44.31}{360}=295.4\ (mm^2)$$

注：由于目前计算方法不适用于裂缝宽度和刚度的验算，裂缝宽度和刚度最好采用试验进一步验证。

本章小结

本章对 CFC 复合大板的力学性能试验研究进行了介绍，得到了以下主要结论：

（1）CFC 复合大板的 CFC 层位于受压区时可以承担一定的压力，其对于复合大板极限承载力的提高具有明显的作用。

（2）CFC 强度等级的提高对复合大板的开裂荷载作用明显，但是对裂缝发展的控制和构件的屈服荷载和极限荷载影响不大。

（3）根据《混凝土结构设计规范（2015 年版）》（GB 50010—2010）可对计算复合大板的抗弯承载力进行计算。计算时考虑普通混凝土层和 CFC 层，受压区的混凝土抗压强度按照 CFC 抗压强度计算，计算结果是偏安全的。

（4）复合大板的开裂前整体性好，刚度可根据《混凝土结构设计规范（2015 年版）》（GB 50010—2010）进行计算，并建议计算开裂前的截面弯曲刚度时在式（8-7）的基础上乘以系数 0.75。但是开裂后抗弯刚度，刚度下降速度较快，根据《混凝土结构设计规范（2015 年版）》（GB 50010—2010）进行计算的结果准确性较差，说明《混凝土结构设计规范（2015 年版）》（GB 50010—2010）目前还不适用于 CFC 复合大板的抗弯刚度计算。

（5）直接使用《混凝土结构设计规范（2015 年版）》（GB 50010—2010）可对复合大板裂缝宽度计算的准确性较差，说明《混凝土结构设计规范（2015 年版）》（GB 50010—2010）目前还不适用于 CFC 复合大板的裂缝宽度计算。

（6）由于目前 CFC 复合大板的力学性能研究的样本数量非常有限，因此结论(3) ～ (5) 可能存在一定的误差，同时无法对开裂后的刚度计算和裂缝宽度计算提出修正。

本章参考文献

［1］中国建筑集团有限公司技术中心 .《轻质微孔混凝土制备的关键技术及其在节能建筑中应用的研究》科技成果评价资料，北京，2018.6.

［2］Kun Ni, Yunxing Shi, Yangang Zhang. Flexural Behavior of Ceramsite Foam Concrete and Normal Concrete Large-composite Panel for External Wall, 8th International Conference of ACF, Fuzhou, 2018.11.

［3］中华人民共和国住房和城乡建设部 . 建筑结构荷载规范：GB 50009—2012 ［S］. 北京：中国建筑工业出版社，2012.

［4］中华人民共和国住房和城乡建设部 . 装配式混凝土结构技术规程：JGJ 1—2014 ［S］. 北京：中国建筑工业出版社，2014.

［5］中华人民共和国住房和城乡建设部 . 混凝土结构试验方法标准：GB/T 50152—2012 ［S］. 北京：中国建筑工业出版社，2012.

［6］美国混凝土协会 . ACI 318M-05 美国混凝土结构建筑规范和注释 ［S］. 2004.

［7］中华人民共和国住房和城乡建设部 . 混凝土物理力学性能试验方法标准：GB 50081—2019 ［S］. 北京：中国建筑工业出版社，2019.

［8］程文瀼，颜德姮 . 混凝土结构（上册）混凝土结构设计原理 ［M］. 北京：中国建筑工业出版社，2008.

［9］中华人民共和国住房和城乡建设部 . 混凝土结构设计规范（2015 年版）：GB 50010—2010 ［S］. 北京：中国建筑工业出版社，2015.

［10］孙训方，方孝淑，关来泰 . 材料力学（Ⅰ）［M］. 4 版 . 北京：高等教育出版社，2001.

第9章 CFC复合大板力学性能的有限元分析

陶粒轻骨料微孔混凝土（CFC）与钢筋混凝土复合的外墙大板（以下简称复合大板）将装饰保温功能和结构一体化，提高了大板生产和装配施工的效率。由两项材料复合的大板受弯力学性能较为复杂，影响因素较多，且由于板材规格较大，足尺寸试验难以大量重复。随着计算机运行速度的加快和数值求解方法的进步，在土木工程领域以更快捷和低成本的方式评估设计概念和细节的有限元分析发挥着越来越重要的作用。在众多的有限元软件中，ABAQUS由于其庞大的求解功能和非线性力学分析能力，可以模拟任意几何形状的单元库，并拥有各种典型材料的模型库，具有非常丰富的材料本构模型，可用于诸多工程科学领域。但是，目前缺少对复合大板受弯性能分析的模型。

本章在试验结果的基础上，采用有限元软件对复合大板的力学性能进行了数值分析，并与试验结果进行对比，为进一步分析复合大板的受力性能提供参考。同时，在建立良好模型的基础上，通过修改其他参数，无须试验，即可探讨其他因素对结构受力性能的影响，并且借助准确的数值分析可指导后期结构的设计和施工，大大提高了工作效率。

本章研究的模型为复合大板结构，所用结构尺寸按照试验实际尺寸及配筋进行建模（图8-2），模型均采用1∶1比例。

9.1 有限元模型建立的基本设置

9.1.1 材料本构关系

1. 混凝土本构关系

模型采用的复合大板由C40混凝土（持力层）分别与密度等级800级和1200级CFC（保温层）构成。使用ABAQUS软件计算分析时，采用混凝土塑性损伤模型。混凝土塑性损伤模型使用各向同性损伤弹性综合各向同性拉伸和压缩塑性的模式来表示混凝土的非弹性行为。

（1）普通混凝土本构关系

普通混凝土的本构模型采用《混凝土结构设计规范（2015年版）》（GB 50010—2010)[1]附录C提供的混凝土单轴应力-应变曲线，如图9-1所示。混凝土的抗压强度按照材料试验结果表8-7取值，抗拉强度按C40混凝土取值。

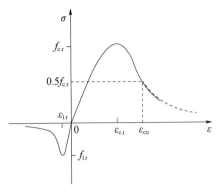

图 9-1　混凝土单轴应力-应变曲线

（2）CFC 的本构关系

为使得数值计算更为准确，CFC 采用试验测得的本构关系。试验所测得密度等级为 800 和 1200 的 CFC 名义应力-应变关系如图 9-2（a）和 9-2（b）所示。

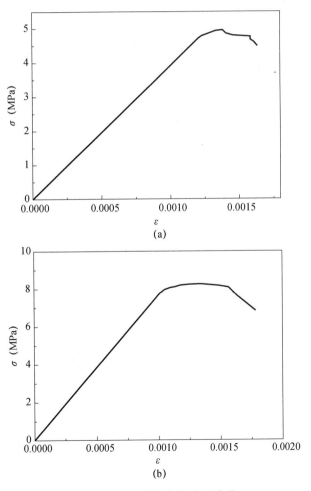

图 9-2　CFC 单轴应力-应变曲线

（a）CFC800 级；（b）CFC1200 级

在 ABAQUS 中采用混凝土损伤塑性模型定义塑性数据时，必须采用真实应力和真实应变。通过本次试验获得数据是以名义应力和名义应变的形式给出的。在这种情况下，必须将名义应力和应变数值转化为真实的应力和应变数值[2]，其转化关系如式（9-1）和式（9-2）所示：

$$\varepsilon = \ln(1 + \varepsilon_{nom}) \tag{9-1}$$

$$\sigma = \sigma_{nom}(1 + \varepsilon_{nom}) \tag{9-2}$$

CFC 弹性模量参考第 8 章内容中试验所测得数值和本项目前期的一些研究数据[3-5]，密度 800 级和 1200 级的弹性模量分别取 4400MPa 和 7900MPa。

同样，CFC 的泊松比采用第 8 章内容中试验所测得的数值的平均值，800 级和 1200 级取为 0.22。

2. 钢筋本构关系

钢筋本构模型采用考虑强化效应的三折线模型。钢筋弹性阶段的斜率为钢筋的弹性模量，上升段为钢筋的强化阶段，具体强度和应变按照钢筋材料试验结果表取值。钢筋采用《混凝土结构设计规范（2015 年版)》（GB 50010—2010)[1]附录 C 中给出的有屈服点钢筋单调加载应力-应变曲线，如图 9-3 所示。本构关系可表示为式（9-3）：

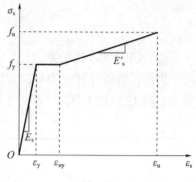

图 9-3　钢筋本构模型

$$\sigma_s = \begin{cases} E_s \varepsilon_s & (\varepsilon_s \leqslant \varepsilon_y) \\ f_y & (\varepsilon_y \leqslant \varepsilon_s \leqslant \varepsilon_{uy}) \\ f_y + E'_s (\varepsilon_s - \varepsilon_{uy}) & (\varepsilon_{uy} \leqslant \varepsilon_s \leqslant \varepsilon_u) \\ 0 & (\varepsilon_s > \varepsilon_u) \end{cases} \tag{9-3}$$

式中　σ_s、ε_s——钢筋的应力与应变；

E_s——钢筋的弹性模量；

E'_s——钢筋的强化弹性模量，通常取为 $0.0085E_s$；

f_y——钢筋的屈服强度；

ε_y、ε_{uy}——钢筋的屈服应变和硬化起点应变；

ε_u——钢筋的峰值应变。

试验中各型号钢筋的性能参数均取自其实测值，详见表 9-1。

表 9-1　钢筋材性试验数据

钢筋直径（mm）	钢筋牌号	序号	屈服强度（N/mm²）	平均强度（N/mm²）	弹性模量（GPa）	平均弹性模量（GPa）
20	HRB400	1	436.2	380.6	167.2	165.9
		2	466.6		170.3	
		3	435.1		160.2	
10	HRB400	1	421.4	422.2	189.9	176.4
		2	439.4		161.5	
		3	405.7		177.9	

钢筋直径 (mm)	钢筋牌号	序号	屈服强度 (N/mm²)	平均强度 (N/mm²)	弹性模量 (GPa)	平均弹性模量 (GPa)
8	HRB400	1	464.1	475.1	167.2	165.9
		2	502.5		170.3	
		3	475.1		160.2	
6	HPB300	1	382.0	388.7	198.4	210.9
		2	391.9		205.7	
		3	392.2		228.7	

9.1.2　单元类型及网格尺寸

ABAQUS 有限元软件中拥有十分丰富的单元库,可以对任意实际项目进行有限元模型分析,其中单元的选择对计算结果有至关重要的影响,若单元选择不好将会直接影响计算结果的精度,导致结果误差较大。

1. 混凝土单元类型

模型中的混凝土和 CFC 采用 C3D8R 实体单元。此种单元得到的位移结果较精确,且节省运算、便于网格细化。

该单元弹性单元刚度矩阵如式(9-4)所示:

$$[D] = \frac{E}{(1+\nu)(1-2\nu)} \begin{bmatrix} (1-\nu) & 0 & 0 & 0 & 0 & 0 \\ \nu & (1-\nu) & 0 & 0 & 0 & 0 \\ \nu & \nu & (1-\nu) & 0 & 0 & 0 \\ 0 & 0 & 0 & \frac{(1-2\nu)}{2} & \nu & \nu \\ 0 & 0 & 0 & 0 & \frac{(1-2\nu)}{2} & \nu \\ 0 & 0 & 0 & 0 & 0 & \frac{(1-2\nu)}{2} \end{bmatrix} \tag{9-4}$$

其中,E 为弹性模量,ν 为泊松比。

2. 钢筋单元类型

本模型中钢筋采用 T3D2 单元,即桁架单元模型。该单元最主要的特点是能承受拉伸和压缩荷载,却不能承受其他形式的荷载的作用。钢筋 T3D2 单元的弹性阶段刚度矩阵为式(9-5):

(1) 弹性阶段

$$[K_e] = \frac{EA}{L} \begin{bmatrix} 1 & 0 & 0 & -1 & 0 & 0 \\ 0 & 0 & 0 & 0 & 0 & 0 \\ 0 & 0 & 0 & 0 & 0 & 0 \\ -1 & 0 & 0 & 1 & 0 & 0 \\ 0 & 0 & 0 & 0 & 0 & 0 \\ 0 & 0 & 0 & 0 & 0 & 0 \end{bmatrix} \tag{9-5}$$

其中，A 为杆单元的横截面面积；E 为杆单元的杨氏弹性模量。

（2）流变阶段，E 取一个不为零的极小值。

（3）硬化阶段，E 为硬化阶段的弹性模量。

3. 网格划分

在网格划分之前必须确保在部件的装配过程中，将每个部件都设置为独立。因为网格的划分对于计算结果是否收敛及计算结果的精度都有很大的影响，因此应根据模型精度的要求确定种子的间距，一般来说，种子间距越大，计算过程越简单，计算的结果越不精确。若对计算结算的精度要求较高，则需要网格划分得越细越好，相应计算的时间也较长，同时对计算机的运算能力要求也较高。综合以上各方面的考虑，本模型的混凝土部件种子间距采用 25mm，钢筋种子间距采用 50mm。种子间距确定之后利用网格划分技术对网格进行划分即可，复合板的网格划分的结果如图 9-4 所示。

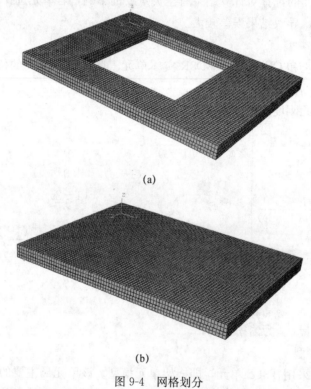

(a)

(b)

图 9-4　网格划分

(a) 开孔板；(b) 未开孔板

9.1.3　接触模拟

对于 CFC 复合大板，普通混凝土、CFC 及钢筋之间相互接触是三者共同工作的基础。因此，接触模拟的合理性直接影响结构的受力情况，是设计中的一个关键部分。

为满足普通混凝土与 CFC 之间的平动和转动一致，且两者之间的应力能够实现传递，采用了固结（Tie）来模拟两者之间的关系。混凝土中的钢筋通常采用 EBAR LAYER 和 EMBEDED 的处理方法。为便于观察钢筋的受力性能，本章中采用了命令

EMBEDDED 将钢筋整体嵌入混凝土和 CFC 组成的实体单元，忽略了钢筋与混凝土之间的粘结滑移。其他支座与加载梁之间的实体接触均采用 Tie 进行了绑定。

9.1.4　荷载与边界条件

在复合墙板的几何模型建立装配完成后进行模型的荷载和边界条件的设置。为了达到最佳的模拟效果，本章根据试验中复合墙板尺寸，参照试验的边界条件，将模型试件一端假定为铰接约束，另一端假定为简支约束。在试件的顶部施加竖向位移，具体施加方法：在分配梁上建立作用点 RP 并将其与加载点处的混凝土面进行耦合，便于施加竖向单调位移荷载。根据不同的情况进行初始分析步的设置，如将边界条件设置在初始分析步中，将荷载条件设置在后继分析步中。

9.2　计算结果与试验结果的对比分析

本文基于 ABAQUS 有限元模拟软件，对第 8 章 CFC 复合大板进行非线性有限元分析，研究其在荷载作用下的极限承载力、荷载-位移曲线及应力-应变分布规律，并将其与试验结果进行对比分析，以此验证所建立有限元模型的合理性，图 9-5 为模型计算结果示意图。

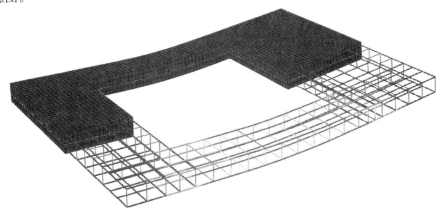

图 9-5　模型计算结果示意图

9.2.1　荷载-挠度曲线

荷载-挠度曲线可以直观地反映出试件承载力大小以及变形性能。为此，本章对比了数值方法计算得到的荷载-挠度曲线与试验所得曲线，对比结果如图 9-6~图 9-8 所示。

通过荷载-挠度曲线对比发现，在弹塑性阶段试件 1 数值计算曲线与试验曲线的刚度基本相同，但试件 2、3 的数值结果要比试验值低一些。数值计算结果显示，三个试件的屈服荷载和极限承载力分别为：69.2kN、61.9kN、148.3kN 和 75.1kN、59.4kN、172.3kN，与试验结果相差均在 10% 以内，且荷载-挠度曲线基本吻合。由此，可知本模型可以较好地反映 CFC 复合大板的承载力、变形性能及破坏过程，说明用此模型的材料参数对墙板进行分析是合理的。

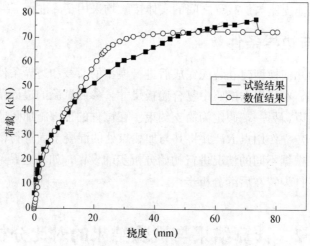

图 9-6　试件 1 荷载挠度曲线

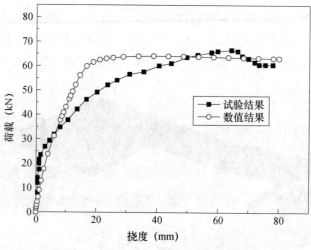

图 9-7　试件 2 荷载挠度曲线

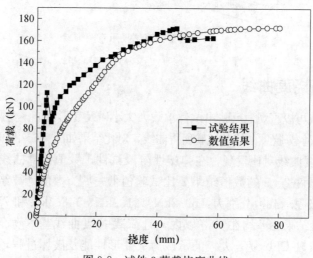

图 9-8　试件 3 荷载挠度曲线

9.2.2　应力分布

通过对轻质 CFC 复合大板受弯性能进行非线性有限元分析，得到 CFC 复合大板、钢筋骨架的应力云图，如图 9-9～图 9-11 所示。

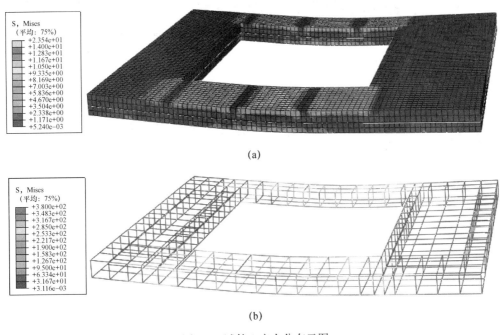

(a)

(b)

图 9-9　试件 1 应力分布云图

（a）混凝土；（b）钢筋骨架

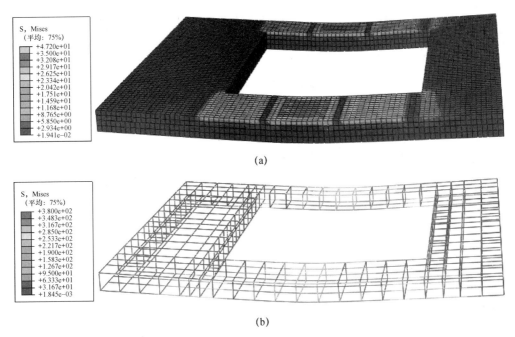

(a)

(b)

图 9-10　试件 2 应力分布云图

（a）混凝土；（b）钢筋骨架

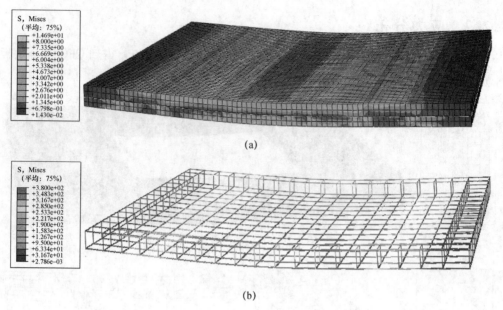

图 9-11 试件 3 应力分布云图

（a）混凝土；（b）钢筋骨架

通过对比数值计算的应力结果和试验破坏过程，发现两者的破坏过程相似，三个试件最终均发生弯曲破坏。数值计算结果显示，墙板底部混凝土首先发生受拉开裂；随着荷载的增加，与试验试件过程中裂缝开展顺序相同；加载后期，混凝土顶部的受压应力均达到受压极限，同时钢筋均达到极限强度。数值结果表明，复合大板的受压应力较高部分，均集中在普通混凝土部分，CFC 层承受压应力较低，承载力主要由普通混凝土提供。表 9-2 列出了不同试件在达到屈服荷载时混凝土的受压应力和钢筋受拉应力。通过对跨中位置处混凝土受压区和钢筋受拉区的应力对比，可以发现钢筋应力基本一致，但对于受压区混凝土表现出略大的差异。

表 9-2　屈服时试验与数值计算应力结果对比

试件编号	方法	跨中混凝土受压区最大应力（MPa）	试验结果/数值结果	跨中受拉区钢筋最大应力（MPa）	试验结果/数值结果
试件 1	试验	8.8	0.86	410	0.93
	数值	10.26		380	
试件 2	试验	10.1	0.90	390	1.03
	数值	11.2		380	
试件 3	试验	9.53	1.48	400	1.05
	数值	6.42		380	

综上所述，数值计算模拟的试件在竖向荷载作用下得出的破坏应力分布是合理的，可以用来预测 CFC 复合大板的应力分布情况。

9.3　模型参数分析

为研究不同设计参数对 CFC 复合大板受力性能的影响规律，本章对开孔板试件 1 在 CFC 不同强度、不同厚度时的荷载-挠度曲线展开了计算分析。

9.3.1　CFC 的强度

由于 CFC 目前没有针对性的技术标准，参照轻骨料混凝土技术标准，暂选取相当于 LC5、LC7.5 以及 LC10 三种不同强度的 CFC，研究了其强度对复合墙板荷载-挠度、开裂荷载、屈服荷载及试件到达屈服荷载时的应力的影响规律。

1. 对荷载-挠度曲线的影响

图 9-12 为荷载-挠度曲线，由图可以看出，随着 CFC 强度的提高，复合板的整体刚度呈现出逐渐增高的趋势。相对 LC5 的复合板，LC7.5、LC10 的强度分别提高了 50%、100%，钢筋的屈服荷载分别增加了 5.8%、9.6%，极限承载力分别增加了 4.3% 和 7.1%。可以看出，随着 CFC 强度的提高，复合板的承载力呈现出增大趋势。

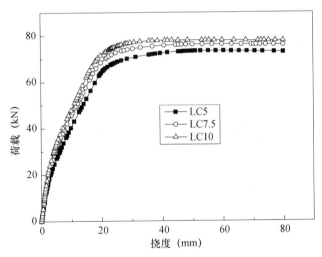

图 9-12　CFC 强度对荷载-挠度曲线的影响

2. 对特征荷载及应力的影响

通过数值方法研究了 CFC 强度对开裂荷载、屈服荷载以及试件钢筋发生屈服时跨中受压区混凝土应力和钢筋受拉应力的影响。表 9-3 列出了特征荷载及应力，通过该表可以看出对于开裂荷载，LC7.5 较 LC5 提高了 16.1%，LC10 较 LC7.5 提高了 10.6%；对于屈服荷载 LC7.5 较 LC5 提高了 6.4%，LC10 较 LC7.5 提高了 4.3%。由此，可以看出 CFC 强度的提高对开裂荷载的影响较为显著，但是对屈服荷载的影响不明显。在试件钢筋发生屈服时，对于跨中受压区混凝土的应力，LC7.5 较 LC5 提高了 35.9%，LC10 较 LC7.5 提高了 20.8%。由此可以看出，随着 CFC 强度的提高，试件在达到屈服荷载时跨中混凝土应力增大比较显著。

表 9-3 特征荷载及应力对比

强度等级	开裂荷载数值结果 (kN)	屈服荷载数值结果 (kN)	跨中混凝土应力 (MPa)	跨中钢筋受拉应力 (MPa)
LC5	18.3	66.0	7.8	380
LC7.5	21.8	70.2	10.6	380
LC10	24.1	73.2	12.8	380

9.3.2 CFC 保温层的厚度

选择 120mm、140mm 及 160mm 三种不同厚度的 CFC 保温层，研究了其厚度对复合大板荷载-挠度的影响，以及对开裂荷载、屈服荷载及试件到达屈服荷载时应力的影响规律。

1. 对荷载-挠度曲线的影响

图 9-13 为荷载-挠度曲线，由图可以看出，随着 CFC 厚度的增加，复合板的整体刚度呈现出逐渐增加的趋势。相对 120mm 的复合板，140mm、160mm 的厚度分别增加了 15.9%、31.3%，钢筋的屈服荷载分别增加了 7.5%、16.9%，极限承载力分别增加了 8.1%和 15.9%。可以看出，随着 CFC 厚度的增加，复合板的承载力呈现出增加趋势，其增加幅度约为厚度增幅的 50%。

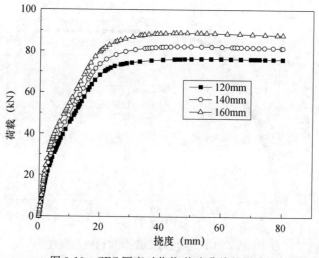

图 9-13 CFC 厚度对荷载-挠度曲线的影响

2. 对特征荷载以及应力的影响

通过数值方法研究了 CFC 厚度对开裂荷载、屈服荷载及试件钢筋发生屈服时跨中受压区混凝土应力和钢筋受拉应力的影响。表 9-4 列出了特征荷载及应力，通过该表可以看出对于开裂荷载，LC-140 较 LC-120 提高了 6.0%，LC-160 较 LC-140 提高了 6.1%；对于屈服荷载，LC-140 较 LC-120 提高了 4.8%，LC-160 较 LC-140 提高了 11.0%。由此可以看出，CFC 板厚度的提高对开裂荷载的影响变化不大，但是对屈服荷载的影响显著。在试件钢筋发生屈服时，对于跨中受压区混凝土的应力，LC-140 较 LC-120 降低了 1.9%，LC-160 较 LC-140 降低了 1.0%。由此可以看出，随着 CFC 厚度的增加，钢筋发生屈服时，受压区轻质混凝土最大压应力逐渐降低，但是降低幅度非常小。

表 9-4　厚度对特征荷载及应力的影响

CFC 厚度（mm）	开裂荷载数值结果（kN）	屈服荷载数值结果（kN）	跨中混凝土应力（MPa）	跨中钢筋受拉应力（MPa）
120	21.8	70.2	10.6	380
140	23.1	73.6	10.4	380
160	24.5	81.7	10.3	380

9.3.3　CFC 保温层的配筋率

为了确定 CFC 保温层的最优配筋率，本章选取了 0.22%、0.36% 以及 0.62% 三种不同配筋率，研究了 CFC 保温层配筋率对复合大板的荷载-挠度的影响，以及对开裂荷载、屈服荷载及试件到达屈服荷载时应力的影响规律，为设计提供参考。

1. 对荷载-挠度曲线的影响

图 9-14 为配筋率对荷载-挠度曲线的影响规律，由图可以看出，随着 CFC 层配筋率的增大，复合板的整体刚度呈现出逐渐增高的趋势，且配筋率越大，刚度增高程度越明显。相对配筋率为 0.22% 的复合板，0.36%、0.62% 的配筋率分别增大了 68.2%、182%，复合板钢筋的屈服荷载分别增加了 2.5%、9.8%，极限承载力分别增加了 2.0% 和 10.0%。可以看出，随着 CFC 层配筋率的增大，复合板的钢筋屈服荷载和承载力呈现出增加趋势，其增加幅度大致相同，且配筋率越大增加幅度越明显。

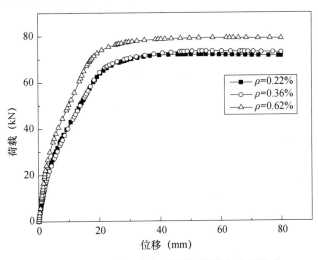

图 9-14　CFC 层配筋率对荷载-挠度曲线的影响

2. 对特征荷载以及应力的影响

通过数值方法研究了 CFC 层配筋率对开裂荷载、屈服荷载以及试件钢筋发生屈服时跨中受压区混凝土应力和钢筋受拉应力的影响。表 9-5 列出了特征荷载及应力，通过该表可以看出，对于开裂荷载，$\rho=0.36\%$ 较 $\rho=0.22\%$ 提高了 6.9%，$\rho=0.62\%$ 较 $\rho=$

0.36%提高了48.9%；对于屈服荷载，$\rho=0.36\%$较$\rho=0.22\%$提高了2.5%，$\rho=0.62\%$较$\rho=0.36\%$提高了7.1%。由此可以看出，CFC板的配筋率对开裂荷载的影响较为显著。在试件钢筋发生屈服时，对于跨中受压区混凝土的应力，$\rho=0.36\%$较$\rho=0.22\%$降低了18.7%，$\rho=0.62\%$较$\rho=0.36\%$降低了39.4%。由此可以看出，随着CFC层配筋率的提高，在钢筋发生屈服时，受压区轻质混凝土最大压应力逐渐降低，且降低幅度非常明显。

表 9-5　配筋率对特征荷载及应力的影响

配筋率 ρ（%）	开裂荷载数值结果（kN）	屈服荷载数值结果（kN）	跨中混凝土应力（MPa）	跨中钢筋受拉应力（MPa）
0.22	21.6	67.3	12.8	380
0.36	23.1	69.0	10.4	380
0.62	34.4	71.3	6.3	380

9.3.4　结果分析

通过对比不同设计参数发现，CFC的强度及CFC配筋率比厚度对开裂荷载的影响要更为显著；对屈服荷载的影响，CFC的厚度要比强度更为显著。在板厚度相同时，不同强度CFC均可以达到其极限应力，受压区混凝土主要通过增加受压应力，来提高复合板的受弯承载力；在相同强度时，不同厚度的板在受到屈服荷载时，受压区混凝土的应力最大值基本相同，复合板通过增大混凝土受压区面积来提高承载力。CFC层配筋率的提高，不仅明显提高了复合板的开裂荷载，而且明显降低了CFC层受压区混凝土的压应力。由此，可以看出，提高CFC层配筋率是提高复合板开裂荷载、刚度及降低CFC层强度需求的一条有效途径。

本章小结

通过对CFC复合大板的数值计算，模拟了墙板受力变形的全过程。通过对比数值计算结果与试验结果，验证了模型的合理性。在此基础上，研究了不同参数对CFC复合大板受力性能的影响，并得到以下主要结论：

（1）复合墙板荷载-挠度曲线与试验所得曲线大体上一致，可以较好地反映CFC复合大板的承载力、变形性能及其破坏过程，表明此模型的材料参数设置对复合墙板进行分析是合理的。

（2）CFC复合大板结构数值计算的应力云图分布趋势，与试验结果中产生裂缝趋势及混凝土受压区应力分布大致相同。

（3）采用数值方法，研究了不同设计参数对复合墙板受力性能的影响。结果表明，随着CFC强度等级、厚度和配筋率的提高，复合大板承载力随之增加，但厚度影响更为显著。

（4）在板厚度相同时，不同强度的CFC均可以达到极限应力；在相同强度时，不同厚度的复合板在达到屈服荷载时，受压区混凝土的应力最大值基本相同。

　　（5）CFC 层配筋率对复合板的刚度、开裂荷载的影响比对屈服荷载、极限荷载的影响更为显著，且在复合板达到屈服荷载时，配筋率越高，受压区 CFC 受压应力越低。

　　（6）通过对比不同设计参数发现，对于开裂荷载，提高 CFC 的强度和 CFC 层的配筋率比增加厚度更为有效；而对于屈服荷载，增加厚度则比提高强度和 CFC 层的配筋率更为有效。

本章参考文献

［1］中华人民共和国国家标准. 混凝土结构设计规范（2015 年版）：GB 50010—2010 ［S］. 北京：中国建筑工业出版社，2016.

［2］庄苗. 基于 ABAQUS 的有限元分析和应用［M］. 北京：清华大学出版社，2009.

［3］Yangang Zhang，Yunxing Shi，Jingbin Shi，et al. An experimental research on basic properties of ceramsite cellular concrete［J］. International Conference on Advanced Material Research and Application，guilin，2016. 8.

［4］任晓光，石云兴，屈铁军，等. 微孔混凝土基本力学性能试验研究［J］. 混凝土，2018（6）.

［5］任晓光. 微孔混凝土基本力学性能、热工及隔声性能试验研究［D］. 北京：北方工业大学，2018.

第10章 轻质微孔材料的热物理性能及相关应用技术

10.1 概　述

在建筑围护结构中微孔介质材料使用最为普遍，微孔介质材料是由固体骨架和微小孔隙体系以及处于其中的流体（如水、气等）构成，而绝大部分微孔体系允许流体（如水、气等）传递，所以可以认为微孔材料属于一类复合介质。微孔介质材料的传热、传质过程在自然界和人类生产、生活中广泛存在，它构成了地球生物圈的物质基础，大部分的建筑围护结构材料都属于微孔介质材料。

微孔介质材料的孔隙分为封闭孔和开放孔，封闭微孔隙多利于其保温性能，而开放孔隙多则有利于其传质过程。有些材料即使是封闭孔隙多，依然有不同程度的传质过程，依材料品种不同而不同。如轻质微孔混凝土内部含有大量封闭微孔，但它的封闭是相对的，仍有一定透气性和对空气中水分吸收与释放的功能，当将其用于围护结构内保温时，除保温功能外还能对室内湿度有一定调节作用；在不加表面防护的情况下直接用于围护结构外保温，特别在南方湿热地区，表层吸附的水分能够通过被动式蒸发将热量带走，降低结构物表面温度，起到隔热作用。而聚苯板、挤塑板一类的有机微孔材料同样也是封闭孔，却没有传质功能，不透气也不吸水，因此不具有上述对温、湿度的调节作用。

轻质微孔混凝土属于全无机微孔材料，通常用于围护结构的，孔隙率一般会超过30%，如上所述，当围护结构处在自然条件下，空气中含有的水蒸气会在毛细孔隙中有一定程度的迁移渗透；另一方面，轻质微孔混凝土的热惰性值为5左右，约为聚苯板的4倍，对室内的温度变化有平衡作用。这两个特性能够对室内温、湿度的剧烈波动起到一定程度的平衡作用，增加室内的舒适感。因此，研究微孔材料的保温隔热和传热传质规律对于提高建筑围护结构的保温隔热能力，节约建筑采暖和空调能耗以及提升建筑物宜居性等方面都具有重要的意义。

10.2 轻质微孔材料的热物理特性的试验研究

10.2.1 微孔材料的构造特点及其基本热工参数

材料分子结构和化学成分对导热系数起到非常重要的作用。材料一般可分为结晶体构造（如建筑用钢、石英石、砂子等）、微晶体构造（如花岗石、普通混凝土等）和玻璃体构造（如普通玻璃、膨胀矿渣珠混凝土等）。这些不同的分子结构使材料的导热系数有很大差别。对于化学成分相同的晶体和玻璃体，其导热系数差别仍然很大。一般建筑多孔材料的分子结构和化学成分比密度所起的作用大得多，尤其是材料的分子结构和晶体构造。

　　微孔建筑材料具有良好的热绝缘性能是由材料的热物性和结构形式所决定的，多孔建筑材料内部有大量封闭而规则的孔隙存在，材料在电子显微镜下构造形式如图 10-1 所示，孔隙内空气导热能力远远小于材料的固体导热，同时降低了孔隙内的辐射热，使多孔建筑材料中的传热、传质大大下降，从而提高了多孔材料建筑围护结构的保温隔热能力，表 10-1 是上述几种建筑材料热物理性能参数。

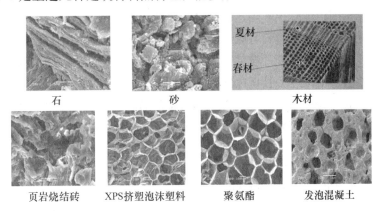

图 10-1　电子显微镜下微孔材料的结构

表 10-1　几种建筑材料热物理性能参数

材料名称	密度 (kg/m³)	计算参数			
		导热系数 [W/(m·K)]	蓄热系数 (周 24h) [W/(m²·K)]	比热容 [kJ/(kg·K)]	蒸汽渗透系数 (×10⁻⁴) [g/(m·h·Pa)]
碎石	2300	1.51	15.36	0.92	0.173
	2100	1.28	13.57	0.82	0.173
建筑用砂	1600	0.58	8.26	1.01	—
松、木、云杉 (热流方向垂直木纹)	500	0.14	3.85	2.51	0.345
页岩烧结砖	1800	0.83	10.63	1.05	1.050
XPS 挤塑泡沫塑料	20	0.03	0.34	1.38	0.126
聚氨酯（PUR）	25	0.024	0.29	1.38	0.234
微孔混凝土	500	0.12	2.21	1.05	1.110
	700	0.16	3.16	1.05	0.931

　　从表 10-1 几种建筑材料热物理性能参数和图 10-1 电子显微镜下微孔材料的结构形式来看，材料热物理性能具有以下特点：

（1）孔隙的排列规则，孔隙率越大热工性能越好。

（2）材料分布与孔隙的各向异性给热湿迁移计算带来较大的困难。

（3）孔隙结构形状的连通和非连通对热工性能影响较为显著。

通常情况下通过理论计算来确定材料的导热系数是很困难的，一般情况下使用试验的方法来确定。微孔介质材料内的导热系数不同于一般的密实材料的导热系数。由于材料的多微孔特性，它的导热情况相应也比较复杂。微孔材料作为建筑围护结构在使用过程中，由于受气候变化的热作用，通过围护结构的热传递有通过骨架的材料的导热、通过孔内空气的分子导热、通过水蒸气和液态水的导热、孔隙内的辐射热、封闭孔隙内的蒸发和冷凝等热湿迁移过程，决定了材料的热物理性能，也是研究开发此类建筑材料的难点。

影响多孔建筑围护结构保温隔热性能最主要的因素是微孔材料中热湿迁移特性，微孔材料中的湿分传递与储存过程可以帮助人们延长建筑构件的使用寿命，减少暖通空调系统的能耗，控制室内温湿度的波动，并提高建筑的热稳定性。在建筑围护结构中分析热湿分传递的方法有很多种。长期以来，Glaser 提出的稳态水蒸气渗透模型被广泛用于工程实践，甚至成为国际标准（EN ISO 13788）。我国的《民用建筑热工设计规范》（GB 50176—2016）也采用该计算方法。该模型其实源于菲克定律，其表达式为：

$$q_{\mathrm{v}} = -\mu \frac{\partial P_{\mathrm{v}}}{\partial x} \tag{10-1}$$

式中　　q_{v}——水蒸气传递速率，$kg/(m^2 \cdot s)$；

　　　　μ——蒸汽渗透系数，$kg/(m \cdot s \cdot Pa)$；

$\partial P_{\mathrm{v}}/\partial x$——蒸汽传递方向上的水蒸气压力梯度，$Pa/m$。

Glaser 模型简单易用，但在很多计算中表现出的精度较差。这主要是由两个方面因素引起的：一方面，Glaser 模型是纯蒸汽渗透的一维稳态模型，而在实际过程中，湿分的传递常常是非一维、非稳态、液态和气态湿分同时传递的。因此，近年来，同时考虑围护结构中热量、空气和湿分传递的多维多相瞬态模型得到了大量关注。另一方面，Glaser 模型中涉及的关键物性参数——蒸汽渗透系数 μ 是温度与材料含湿量的函数。而在我国规范中，这一物性参数被取为定值，因而大大影响了计算结果的准确性。如果能更准确地确定蒸汽渗透系数取值，那么计算的精度必然得到提高。

本文以微孔混凝土为例，通过试验测得其等温吸放湿曲线和蒸汽渗透系数，并与现有规范中的取值进行了对比。试验用微孔混凝土的密度 $700kg/m^3$ 标准，强度等级为 5MPa。进行试验前，试块已在自然状态下放置 6 个月以上，对等温吸放湿曲线和蒸汽渗透系数的测试，两个性质的测试都分别在 15℃、25℃和 35℃三个温度下进行，控制精度为±0.2℃。

10.2.2　等温吸放湿曲线的测定

等温吸放湿曲线的测定采用吸湿称量法，主要参照国际标准 ISO 12571 进行（图 10-2）：将微孔混凝土块切割成（$4 \times 4 \times 2$）cm^3 的试件，烘干至恒量后放入内部空气相对湿度不同的干燥器内吸湿，每隔一段时间取出各试件分别称量。待吸湿达到平衡后，将在较高相对湿度下吸湿平衡的试件取出，放入较低相对湿度的干燥器内进行放湿直至平衡。

称量所用的分析电子天平精度达万分之一克。在连续 3 次称量（间隔 24 小时以上）结果变化不超过 0.1％的情况下认为已达到平衡，取 3 次称量结果的平均值作为最终结果。计算每个试件的平衡含湿量，然后计算同一工况下 4 个试件的平均含湿量。

10.2.3 蒸汽渗透系数的测定

蒸汽渗透系数的测定采用干湿杯法，主要参照国际标准 ISO 12572 进行（图 10-3）。将微孔混凝土砌块切割成直径 12cm、厚 3cm 的圆饼状试件，用精度为 0.01mm 的游标卡尺测量每个试件的尺寸。将试件在一定温度和相对湿度下预处理后，封装在透明玻璃容器的口部。用石蜡和凡士林的混合物密封。封装了试件的玻璃容器放入盛有饱和盐溶液或干燥剂的干燥器内。试件两侧的相对湿度对共有 3 组，为 0％～40％、40％～80％和 80％～95％。

图 10-2　等温吸放湿曲线测试试验　　　　　图 10-3　蒸汽渗透系数测试试验

用气压计记录整个试验过程中人工气候室内的气压，精确到 10Pa。每个工况下均用 3～6 个试件进行平行测试。每隔 3～4 天对试件及其密封的玻璃容器进行一次称量，并用直尺测量空气层厚度。天平精度为 0.01g，直尺精度为 1mm。在质量变化速率稳定后，连续称量 7 次。最后计算每个试件的蒸汽渗透系数。空气层厚度、气压等因素均已在计算过程中考虑。整个称量过程结束后，从容器口处取出试件，迅速砸碎并用烘干法测量试件中心部分的含湿量。

图 10-4 为测得的微孔混凝土试件在各温度和相对湿度下的平衡含湿量散点图。

用 Peleg 公式[1]拟合得到的吸湿和放湿曲线分别为

$$u=0.119\varphi^{35.173}+0.025\varphi^{0.773} \quad （吸湿，R^2=0.99） \tag{10-2}$$

$$u=0.907\varphi^{67.955}+0.033\varphi^{0.814} \quad （放湿，R^2=0.97） \tag{10-3}$$

式中　u——平衡含湿量（kg/kg，0～1）；

　　　φ——相对湿度（0～1）。

从拟合结果来看，无论是吸湿过程还是放湿过程，R^2 都非常接近 1。这也再次说明了温度对微孔混凝土的等温吸放湿曲线影响不大。

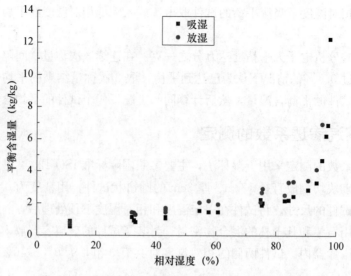

图 10-4 微孔混凝土的等温吸放湿曲线（15～35℃）

10.2.4 蒸汽渗透系数

图 10-5 为试验测得的微孔混凝土试件在各温度和含湿量下蒸汽渗透系数散点图。

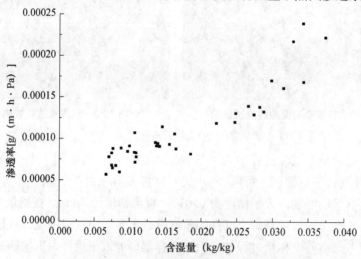

图 10-5 微孔混凝土的蒸汽渗透系数实测结果（15～35℃）

用 Galbraith 公式拟合得到的表达式为

$$\mu = 1.009u^{2.672} + 0.0000762 \quad (R^2 = 0.89) \tag{10-4}$$

式中 μ——蒸汽渗透系数，g/(m·h·Pa)；

u——平衡含湿量，（kg/kg，0～1）。

拟合得到的 R^2 较大，但并不是非常接近 1。考虑到蒸汽渗透系数的测试误差普遍较大[2-3]，因此可以认为，本文的拟合结果较为理想。此外，对各温度下的测试结果分别拟合得到的 R^2 均在 0.90 左右，与上述拟合结果相比并无明显提高，因此可以认为温度对微孔混凝土蒸汽渗透系数的影响不大。

10.2.5　湿度对微孔混凝土蒸汽渗透系数的影响

材料受潮后对蒸汽渗透系数影响较大，对于微孔混凝土这样有明显毛细滞后现象的试件而言，即使环境相对湿度相同，材料的平衡含湿量也可能因为吸放湿过程的不同而存在很大的差异。将材料的含湿量表达为相对湿度的函数，则能大大方便实际应用。图 10-6 为微孔混凝土在吸湿和放湿过程中蒸汽渗透系数与相对湿度的关系曲线。

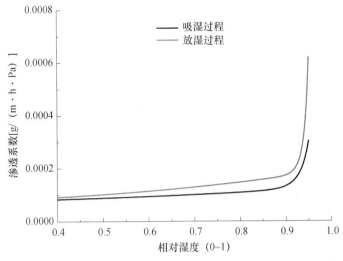

图 10-6　微孔混凝土的蒸汽渗透系数与相对湿度的关系（15～35℃）

从图 10-6 可看出，吸放湿过程对应的蒸汽渗透系数有明显差异，而且相对湿度越高，差异越明显。这主要是因为微孔混凝土的毛细滞后效应在较高相对湿度下更大。此外，在相对湿度超过 90% 后，微孔混凝土的蒸汽渗透系数随相对湿度的增高而迅速变大。此时，水蒸气的传递已不再是湿传递的主要因素，液态水的迁移起到更加重要的作用。

我国《民用建筑热工设计规范》（GB 50176—2016）中规定，微孔混凝土可归于加气混凝土类，这类材料的水蒸气渗透系数取定值，为 0.0000998g/(m·h·Pa)（材料密度为 700kg/m³）和 0.0001110g/(m·h·Pa)（材料密度为 500kg/m³）。本文所用微孔混凝土密度接近 700kg/m³，因此应与前者比较。下面选取四个典型的相对湿度工况，用变物性取值法计算该工况内微孔混凝土的蒸汽渗透系数，然后与规范比较。结果见表 10-2。

表 10-2　微孔混凝土蒸汽渗透系数的比较

环境相对湿度（%）	蒸汽渗透系数 [g/(m·h·Pa)]		
	常物性	变物性（吸湿过程）	变物性（放湿过程）
40～60	0.0000998	0.0000886	0.0001022
60～80		0.0001009	0.0001298
80～95		0.0001397	0.0001945
40～95		0.0001070	0.0001373

从表 10-2 可见，对于吸湿过程，在中等相对湿度（60%～80%）或者整个典型建筑环境相对湿度（40%～95%）范围内，得到的发泡混凝土蒸汽渗透系数与《民用建筑热工设计规范》（GB 50176—2016）规定的取值非常接近。这一方面说明本文的测试结果和计算方法较为准确，另一方面也说明使用规范规定的取值在一定工况下针对吸湿过程的计算结果是较为可靠的。然而，对于较低或者较高相对湿度范围内的吸湿过程，以及中高相对湿度范围内的放湿过程，本文的计算结果与规范规定的取值有较为明显的差异。采用本文推荐的计算方法，可以提高计算准确度。

对于其他多孔建筑材料，在测得其等温吸放湿曲线和各含湿量下的蒸汽渗透系数后，可采用本方法，根据环境相对湿度及吸放湿过程的不同，对蒸汽渗透系数进行变物性取值。

10.3　轻质微孔材料在建筑节能中的应用

10.3.1　轻质微孔混凝土应用技术的特点

由于轻质微孔混凝土良好的保温性能和热湿气候的调节能力，在南方地区建筑外表面对热湿气候开放的环境下，能吸湿的微孔材料的隔热效率比用于保温隔湿处理的效率高。微孔材料吸湿被动蒸发降低了围护结构表面温度，从而提高了整体的隔热效率，如南方民居小青瓦的多孔特性就证明了多微孔材料在自然状态下的隔热效率比在干燥状态下高，微孔材料含湿被动蒸发冷却的设计方法适应于我国南方热湿气候开放机理的保温隔热围护结构。

目前对轻质微孔混凝土类多孔材料连通与非连通不同的孔隙率与被动蒸发的传热传质研究，能开发出具有隔湿保温层和表皮气候层的屋面和墙体，其研究成果具有广阔的工程应用前景。

微孔混凝土有代表性的主要技术参数见表 10-3。

表 10-3　微孔混凝土有代表性的主要技术参数

项目	指标	项目	指标
导热系数	0.1～0.15W/(m·K)	96h 浸泡吸水性	≤6%
密度	500～800kg/m³	软化系数	≥0.72
抗压强度	≥3.5MPa	防火等级	A 级（不燃）
抗折强度	≥1.4MPa	放射性	无放射性
干燥收缩率	≤0.1%（CFC）	抗冻融	150 次（不开裂）

可见，该技术具有以下特点：

（1）解决了现有复合外保温隔热技术以前无法根本解决的缺陷，尤其高层建筑在保温隔热材料上做外饰面所带来的安全、防火、耐候性等问题，而且施工简单，与现有建筑施工技术不发生冲突；保温材料为块材或板材，便于工业化规模生产，既保证了工程施工质量和节能效果，又做到与建筑同寿命。

（2）良好的热工性能，围护结构平均传热系数 K 能控制在 $1.0\mathrm{W/(m^2 \cdot K)}$ 以下，即使混凝土剪力墙，采用 $50\mathrm{mm}$ 厚保温材料，传热系数也能控制在 $1.2\mathrm{W/(m^2 \cdot K)}$ 以下，其热工指标超过 370 砖墙，完全满足南方高层住宅建筑混凝土剪力墙的保温隔热要求，冬暖夏凉，具有被动节能建筑的特点。

（3）该保温隔热系统经济成本低，材料与施工成本不高于现有外保温隔热技术。

（4）缺点仅仅是建筑墙体加厚 $50\sim60\mathrm{mm}$，建筑室内面积减小 $1.0\%\sim1.5\%$；对于公共建筑，相应平面尺度更大，减小的面积比率会更小。

10.3.2　轻质微孔混凝土围护结构节能设计的基本原则

轻质微孔混凝土围护结构的节能设计应贯彻"遵循气候、因地制宜"的设计原则，在满足建筑功能、安全、耐候等基本需求的条件下，注重地域性特点，尽可能地将生态、可持续建筑设计理念融入整个建筑设计，从而达到降低能源消耗，改善室内环境的目的。

轻质微孔混凝土围护结构可广泛应用于住宅建筑和公共建筑，因此在节能设计时，应满足许多相应的功能要求。

作为外围护结构时，应满足下列功能要求：

（1）房屋的建筑功能：主要根据建筑设计要求确定墙体材料，可以结合墙体的饰面装饰材料一并考虑。

（2）承载安全性：轻质微孔混凝土围护结构作为外围护结构时，除了承受自身的竖向荷载外，还要承受风荷载、地震作用，外墙体应具有足够承载能力，以便保证墙体的安全使用。

（3）隔声功能：为了使室内达到一个安静的环境，外墙体应具有规定的隔声能力。

（4）保温隔热功能：保温隔热性能是节能建筑围护结构设计必须考虑的要素，特别是对于木骨架组合墙体，它是最重要的功能之一。保温隔热性能兼有热惰性、一定程度的吸湿性是微孔混凝土复合墙体的特点，通过选择保温层的不同密度和厚度以及结构形式来满足不同地区的建筑节能和宜居性的要求。

（5）防潮、防雨功能：主要防止水蒸气对木材和墙内填充材料的侵蚀，防止雨水通过各种缝隙进入墙体内部。

（6）密封功能：主要防止室内、室外的空气通过连接缝隙相互流通，影响保温隔热的效能。

10.3.3　轻质微孔材料在低能耗和近零能耗建筑的应用举例

1. 近零能耗与被动式建筑的基本要求

在日本，有代表性的节能建筑称为零能耗建筑（zero energy house，ZEH），通过围护结构体系的保温、电器设备的高性能化与高效使用以及太阳能的利用来实现"耗能"和"创能"的收支平衡，达到零能耗的目标。以上两类房屋不仅节省了能源消耗，也减少了 CO_2 的排放。它并不排除外加能源，而是在减少能源消耗的同时开辟出新能源利用方式，以新能源抵消消耗的能源，达到两者的平衡。如图 10-7 所示，减少能源消耗的途径主要是优化制热、制冷设备的性能，提高围护结构的保温绝热性能（包括墙体、门窗和屋顶），自然换气和遮阳措施等[4-5]；开辟新能源利用的方式主要是太阳光、热利用，如安装太阳能发电设施等[4-6]。

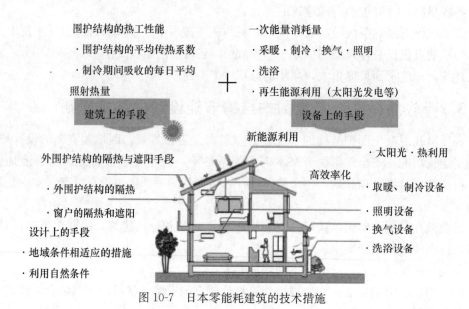

图 10-7　日本零能耗建筑的技术措施

目前，在欧洲国家获得被动建筑的认证，必须满足两个必备条件：建筑物的供暖能耗≤15kW·h/(m²·a)；建筑总能耗（供暖、空调、通风、生活热水、照明和家电等）≤120kW·h/(m²·a)。同时对建筑围护结构的保温性能提出更高要求：外窗传热系数要满足≤0.8W/(m²·K)，外墙、屋面传热系数≤0.15W/(m²·K)，并且不能存在冷桥；同时建筑物的气密性良好，每小时换气次数为 n_{50}≤0.6 次/h[6-8]。

2. 近零能耗与被动式建筑的工程与技术措施实例

（1）围护结构热工措施实例

由上述分析可见，围护结构的节能状况对整个建筑的节能效率有着举足轻重的作用。建筑物的围护体系由外墙、屋面和外窗组成，被动式建筑除了考虑围护结构体系各组成部分的传热系数外，还要避免局部冷桥，对于一层的房屋，还应考虑地面的保温性能。

例如，中建科技有限公司在 2016 年实施的钢结构装配式被动式建筑示范工程（山东建筑大学教学实验综合楼）的围护结构墙体和屋面的传热系数均≤0.14W/(m²·K)[9]。墙体的构造与做法由外向内依次为：环保型水性外墙涂料、外墙专用柔性腻子、5mm 厚抗裂砂浆、200mm 厚石墨聚苯板、200mm 厚的发泡混凝土预制挂板，并且聚苯板之间的缝隙用聚氨酯发泡剂填充。而屋面的构造与做法由外向内依次为：40mm 厚的 C20 细石混凝土、3mm 厚 SBS 改性沥青防水卷材一道、30mm 厚 C20 细石混凝土找平、220mm 厚挤塑聚苯板分为双层错缝铺设、4mm 厚 SBS 改性沥青防水卷材一道（需隔汽）、20mm 厚的水泥砂浆找平层、30mm 厚的水泥憎水型膨胀珍珠岩找坡、20mm 厚水泥砂浆找平层以及 100mm 厚钢筋混凝土屋面板。工程竣工后经测试表明各项指标满足被动式建筑要求，于 2017 年 3 月通过验收，工程实景如图 10-8 所示。

图 10-8　钢结构装配式被动建筑示范工程

日本的零能耗住宅，为了提高围护结构的隔热性能，不但墙体和屋面要采取多种节能措施，地板（日语称とこ-床）下面也要加隔热层[4-5]，构造如图 10-9 所示。

(a)　　　　　　　　　　　　　　　　(b)

图 10-9　零能耗建筑的地板隔热层（日本）

（a）挤塑板作为隔热材料；（b）岩棉板作为隔热材料

（2）高气密性措施的实例

高气密性是被动式建筑和零能耗建筑的一项重要指标，良好的气密性才能避免热量通过空气渗透热损失而流失。保证房屋的高气密性之后，室内的换气通过机械新风系统有组织地进行。图 10-10 是日本高气密性房屋的节能作用的简单示意图。暑热天气时，依靠房屋的高气密性，把热气阻挡在外面，保证冷气在室内循环（a 图）；寒冷天气时，依靠房屋的高气密性，把冷气阻挡在外面，保证暖空气在室内循环，减少空气调节的能耗[4-5]（b 图）。

外窗是保证房屋气密性的很重要的方面，因此应选择保温性能、气密性良好且经济合理的复合窗，最好选择传热系数≤1W/(m² · K) 的复合窗，复合窗构造如图 10-11所示。

为了使房间具有高气密性，除了外窗本身的质量外还须有良好的安装质量，外门窗与主体结构的连接、与屋顶等处的连接要保证达到良好的密闭性。

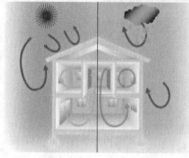

高隔热性、高气密性住宅内的空气流动

夏　　　　　　　冬

隔热、室内冷空气循环　　隔绝寒冷、室内暖空气循环

图 10-10　高气密性的效果　　　　图 10-11　三层玻璃复合外窗的构造

气密性测试的核心参数是 n_{50}，即室内外正负压差为 50Pa 时，每小时的空气渗透量占建筑物内部总空间的比率，被动建筑要求的指标为 ≤0.6 次/h。如上述由中建科技有限公司实施的钢结构装配式被动式示范工程（图 10-8），针对装配式建筑接缝较多，影响气密性且易产生热桥的弊端，采取多项新技术措施[9]，竣工后经现场气密性试验，负压 n_{50}=0.41 次/h，正压 n_{50}=0.45 次/h，达到了装配式与被动式建筑融合的效果。

（3）遮阳系统、采光系统和新风系统实施的实例

在夏热地区建筑遮阳也是降低建筑能耗，提高居住舒适性重要手段，是被动式建筑的措施之一。遮阳有窗口遮阳、屋面遮阳、墙面遮阳、绿化遮阳等形式，其中窗口遮阳是最重要的。

固定外遮阳有水平、垂直、挡板遮阳三种基本形式：①水平遮阳是遮挡从窗口上方射来的阳光，适用于南向外窗；②垂直遮阳是遮挡从窗口两侧射来的阳光，适用于北向外窗；③挡板遮阳是遮挡平射到窗口的阳光，适用于东西向外窗。实际中可以单独选用或者进行组合，实例如图 10-12 和图 10-13 所示。

图 10-12　"布鲁克"被动房的组合遮阳　　图 10-13　中建科技有限公司被动建筑示范垂直遮阳

采光系统对于北方或高寒地区的被动式建筑也很重要，冬季要尽量增加自然光的进入，但不要影响室内人员的景观视线。可以通过增加建筑窗口的开口面积，还可利用侧窗、天窗或中庭来增加采光率；夏季则要利用遮阳系统减少自然光的进入，以减少制冷对能源的消耗。

被动式建筑仅靠自然通风无法满足对新风的需求，要通过新风系统完成机械通风。为最大限度地降低新风系统能耗，新风系统必须安装热（冷）回收交换器，将室内空气中储存的热量（制冷量）补给新进来的新鲜空气。

10.3.4　微孔混凝土对于节能建筑的适应性

作为围护结构保温隔热材料的微孔混凝土具有热惰性值较高的特点，从一个周期来看，具有使室内温度稳定以减少制冷和制热能耗的效果，而且可根据热工设计要求选择密度和厚度；微孔混凝土虽然主要为封闭微孔，但是具有一定程度的传质特性，较有机保温材料更能增加居住的舒适性。

微孔混凝土不仅具有保温隔热性能好，而且具有 A 级防火性能，图 10-14 所示的是耐火试验的一个实例，50mm 厚的微孔混凝土板的一侧以火焰枪喷射火焰，另一侧在试验过程中始终用手接触却安然无恙，可见不燃和阻隔高温的性能具有有机保温材料无可比拟的优势。

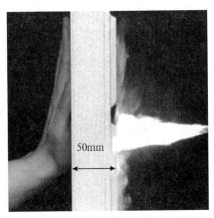

图 10-14　微孔混凝土板的耐火试验

微孔混凝土应用于建筑围护结构，可以预制也可现场浇筑，施工便捷，并且可以充分利用当地再生资源，如工程下挖土、工矿灰渣等。

微孔混凝土及其墙材制品应用于节能建筑围护结构的主要途径如下：

1. 现场浇筑的方式

微孔混凝土可以用来浇筑地暖和屋顶隔热层，虽然微孔混凝土主要为封闭微孔隙，但是仍有一定的传质特性，所以作为屋顶的隔热层仍需要在表面施工防水层，作为地暖的隔热层，因其上面有细石混凝土层，则不必做防水层。图 10-15 和图 10-16 分别是地暖隔热层和屋面隔热层的施工实景。在浇筑屋面隔热保温层时，可以配置一定的钢筋网片，同时做好养护，避免裂缝的发生。

图 10-15　FC 用于浇筑地暖隔热层　　　　图 10-16　FC 用于浇筑屋面保温隔热层

CFC 可以直接在现场浇筑非承重轻质墙体，而且根据设计的热工要求，可以设计成中间有空气隔层或是更小导热系数的材料夹层的墙体，可大大增大热阻。而且浇筑墙体可以减少或消除外挂保温板、外贴保温板或砌块砌筑墙体形成的缝隙，提高结构的气密性。现浇筑墙体的外观如图 10-17 所示。

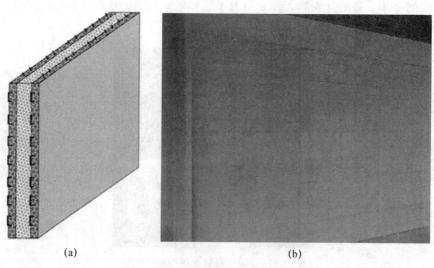

(a)　　　　　　　　　　　　　　　(b)

图 10-17　微孔混凝土现浇墙体
(a) 夹层墙体示意图；(b) 浇筑完成的轻质墙体的外观

2. 制成隔墙板使用

微孔混凝土预制隔墙板具有质轻、隔声、隔热、防火和可锯可钉的优点，密度一般为 $800\sim1200kg/m^3$，而且与抹面砂浆或找平腻子的粘结性好，适合做成室内轻质隔墙板应用。根据隔声的设计要求，内隔墙板厚度可选在 $100\sim140mm$，分户隔墙板的厚度可以选 $200\sim240mm$。预制隔墙板便于工业化规模生产，而且装配施工便捷，适合用于装配式建筑，中国建筑技术中心研发的轻质微孔混凝土隔墙板的技术指标见表 10-4，满足行业标准的指标要求。图 10-18 为轻质隔墙板装配施工的一实例。

表 10-4 隔墙板的主要性能指标

规格	抗冲击性能/次		抗弯破坏荷载/板自重的倍数		抗压强度（MPa）		面密度（kg/m²）		吊挂力（N）	
	标准	实测	标准	实测	标准	实测	标准	实测	标准	实测
户内隔墙板	≥5	6	1.5	2.5	5	6.5	≤90	75	≥1000	1180
分户隔墙板	≥5	8	2	3.5	5	6.5	≤156	141	≥1000	1350

图 10-18 微孔混凝土隔墙板安装现场

3. 制成钢结构外挂板使用

微孔混凝土可以制成轻质外挂板应用于钢结构建筑的外围护结构，轻质外挂板内置钢筋网片，钢筋网片与挂装节点预埋件焊接。完成轻质板的挂装后，板之间的缝隙做防水处理，整个立面以透气不透水涂料喷涂罩面，如图 10-19 和图 10-20 所示。

图 10-19 钢结构外挂板施工   图 10-20 外挂板立面透气不透水表面

4. 制成装饰保温结构一体化复合大板

用微孔混凝土与普通混凝土制成的复合外墙大板，实现了装饰、保温、防火、防水功能和结构一体化,并且与建筑工业化结合,提高了工效。由于一体化浇筑,可有效地避免冷桥,提高了节能效果。复合大板的装饰面可以选择清水混凝土或各种纹理风格的装饰混凝土,图10-21是部分装饰纹理实例,图10-22是清水混凝土表面和仿石材纹理表面的装饰保温结构一体化复合大板的断面形貌举例。至于结构形式,可以采取挂板形式或浇筑节点的装配式结构,已成功应用于四项示范工程,在第11章将较为详细地介绍相关案例。

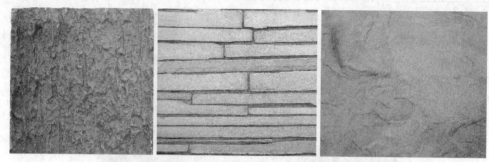

图 10-21　复合大板的面层装饰纹理举例

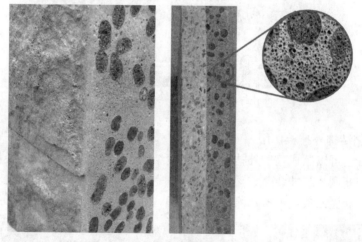

图 10-22　复合大板的断面形貌举例

10.4　与环境相协调的建筑节能措施

我国幅员广阔,区域的气候差异大,北方冬季严寒,而南方夏季炎热,还有冬季寒冷,夏季炎热且湿度高的长三角地区,与提出被动建筑的欧洲的气候条件差别很大。因此,被动建筑或低能耗、零能耗建筑采用的技术手段不能千篇一律,而应因地制宜,结合当地气候特征,根据不同地区的太阳辐射、温度、湿度和风的季节规律性等各个因素来进行建筑布局、空间形式等方面的设计来降低能耗。各地域的气候条件不同,被动式建筑的实现途径应有所调整,在寒冷地区更应关注的是围护结构的热工性能(热阻)以及太阳能的利用等。而在炎热地区关注的应是制冷方法,包括遮阳、通风以及在夏天的降温等[10-13]。

　　在人类的房屋建造的发展进程中，充分利用自然条件因地制宜地降低建筑能耗的历史由来已久，虽然没达到今天被动式建筑的节能标准，但是在当时起到充分利用自然能源来创造适宜生活环境的作用，对今天的建筑节能仍有借鉴意义。例如，我国传统的北京四合院就是适应暖温带半湿润大陆性季风气候的，特征是夏季高温多雨，冬季寒冷干燥的时间相对较长，春、秋短促。合院住宅中的庭院四周闭合而露天，冬暖夏凉，实现了节能和舒适。冬天遮挡了从北方特别是西北方向来的风沙，墙体较厚，南向的窗户面积大，可以很好地采光保暖，露天通透的庭院既是入风口也是出风口，通过自然的风压得到流畅的通风，夏天又能有效地遮阴纳凉，此外，庭院还有利于排水和收集雨水[10-12]。

　　又例如我国西藏地区是高寒地区，白天的日照强度高，拉萨南立面太阳直射辐射量是西安的 4.7 倍，是北京的 2.3 倍；水平面太阳直射辐射量是西安的 4.1 倍，是北京的 2.5 倍，而且昼夜温差大。设置大面积的南向玻璃窗，同时保证窗扇的密封性能良好，且配置保温窗帘。冬天阳光通过较大面积的玻璃窗，直接照射至室内的地面墙壁和家具上，使其吸收大部分热量，所吸收的太阳能一部分以辐射、对流方式在室内空间传递，另一部分导入蓄热体，然后逐渐释放出热量，是名副其实的被动式太阳暖房[14-15]。晚间和阴天拉上保温窗帘，使房间温度能在较长的时间内保持在可满足人体需要的范围，窗的设置如图 10-23 所示。

图 10-23　西藏传统建筑的采光设计

　　我国川西、川西南高海拔地区，冬季太阳能丰富，西昌、甘孜等地南向房外墙采用直接受益式被动太阳房，冬季可提高室温 5～8℃，九龙等部分地区在凌晨 6：00 室外气温为 -8℃ 时，室温仍高达 10℃，这些地区应采用被动式太阳能冬季取暖，可收到良好的节能效果[16-17]。

　　而对于夏季闷热潮湿、冬季阴冷少阳地区的围护结构，既要考虑保温、隔热，又要考虑散热，前后两者存在着矛盾，要在两者之间找到一个适宜的平衡点，才能做到既达到节能的效果又提供舒适的室内环境[13]·[16-18]。

本章小结

　　本章介绍了用于围护结构的微孔材料的热工和传质特点以及基本性能参数、应用于节能建筑的途径和效果。水泥基微孔材料不仅保温性能好，而且在热惰性值、隔声性能、耐久、耐火和传质特性等方面具有有机保温材料不可比拟的优点。轻质微孔混凝土无论作为外墙还是作为内墙材料，作为预制墙材还是现浇使用，在节能建筑上都有很大的利用空间。由于我国幅员广阔，各气候区的气候差异很大，轻质微孔材料应用于节能建筑的技术措施应充分考虑所在地区的气候和资源条件，合理利用自然资源，因地制宜采取最优方案。围护结构是节能建筑的很重要的组成部分，但不是全部，其他还有如设备系统、采光和遮阳系统等。所以应将我国优秀的传统建筑技术和文化与现代新材料、新工艺以及设备有机结合，与地域性条件相结合，与建筑结构形式相协调，发展具有中国特色的低能耗和超低能耗建筑技术。

本章参考文献

[1] Peleg M. Assessment of a semi-empirical four parameter general model for sigmoid moisture sorption isotherms [J]. Journal of Food Process Engineering, 1993, 16 (1).

[2] Kumaran M K. A thermal and moisture property database for common building and insulation materials [J]. Ashrae Transactions, 2006, 112 (2).

[3] Roels S, Carmeliet J, Hens H, et al. Interlaboratory comparison of hygric properties of porous building materials [J]. Jpurnal of Building Physics, 2004, 27 (4).

[4] 田辺新一. 住宅環境における課題と将来展望 [J]. パナソニック技報, 2015.6.

[5] 井口 雅登, 蜂巣 浩生, 坂本 雄三. 実戸建住宅における空気分配および温熱環境とエネルギー消費に関する検証 [C]. 住宅における床チャンバー空調の設計法に関する研究 その4, 日本建築学会環境系論文集, Vol. 81, No. 730, 2016.12.

[6] 王立华, 徐强. 被动式建筑解读及其在中国的发展 [J]. 绿色建筑, 2016 (2): 19-22.

[7] 陈烨, 何汶, 张海燕. 被动式建筑设计基础理论与方法的探讨 [J]. 住宅与房地产, 2017 (33): 73.

[8] 刘月莉, 杜争, 孟山青. 气密性是实现被动式低能耗建筑的关键因素 [J]. 建设科技, 2015 (19): 21-23.

[9] 李栋, 樊则森, 张少彪, 等. 中国首个钢结构装配式被动式建筑实践探索——山东建筑大学教学实验综合楼 [J]. 动感: 生态城市与绿色建筑, 2017 (1): 48-57.

[10] 冯雅, 杨红. 中国传统四合院式民居的生态环境 [J]. 重庆建筑大学学报, 1999, 021 (004): 24-28.

[11] 黄洁. 北京四合院与现代建筑设计 [J]. 住宅产业, 2014 (2): 70-72.

[12] 胡姗, 何爱勇. 四合院建筑构造设计的探讨 [J]. 中国住宅设施, 2015 (3): 74-80.

[13] 宋琪, 印保刚, 杨柳. 我国发展被动式建筑的障碍因素及对策分析 [J]. 建筑玻璃与工业玻璃, 2014 (7): 12-14.

[14] 王磊, 冯雅, 曹友传, 等. 西藏地区太阳能采暖建筑热工性能优化研究 [J]. 土木建筑与环境工程, 2013, 35 (2): 86-91.

[15] 冯雅, 杨旭东, 钟辉智. 拉萨被动式太阳能建筑供暖潜力分析 [J]. 暖通空调, 2013, 043 (006): 31-34, 85.

[16] 高庆龙, 冯雅. 川西高原低能耗建筑工程实践——以康定县某村活动中心为例 [J]. 建设科技, 2015, (23): 66-69.

[17] 祁清华, 冯雅, 谷晋川. 四川省被动式太阳房气候分区探讨 [J]. 四川建筑科学研究, 2010 (06): 277-280.

[18] 刘月莉, 郭成林. 超低能耗绿色建筑技术辨析 [J]. 动感: 生态城市与绿色建筑, 2016 (3): 23-27.

第11章 装饰保温结构一体化墙材的生产与工程应用

建筑工业化和建筑节能技术的结合是我国建筑业发展的方向，当前在大力推进工业化和绿色建筑的进程中，急需更多、更好的绿色、节能和便于工业化高效生产的墙材制品，中国建筑技术中心研发的轻质微孔混凝土复合墙材系列产品正是适应了这一需求，已获得多项国家发明专利[1-3]。系列产品包括装饰、保温、防水、防火与结构一体化的多功能微孔混凝土复合墙板、内隔墙板和轻型部品等。而且可以充分利用工矿废弃物作为组分材料，具有良好的技术经济和环境效益。

11.1 装配式 CFC 复合大板的构造、生产及其在节能建筑中的应用

11.1.1 装配式 CFC 复合大板的基本构造

装配式 CFC 复合大板是集装饰、保温、防水和防火等功能与结构一体化的新型节能墙材产品，由钢筋混凝土作为持力层，CFC 混凝土作为保温隔热层一次性连续浇筑而成。在持力层内依结构要求进行配筋，保温隔热层根据热工设计要求调整 CFC 的密度和厚度；如采用内保温形式，由外向内依次为防护与装饰面层、持力层和保温隔热层，基本构造和实例如图 11-1 和图 11-2 所示，在如图 11-2 所示的多功能复合大板的面层可以做成具有防水效果的装饰表面。

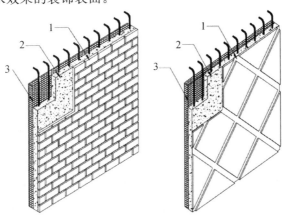

图 11-1 普通复合大板基本构造

1—装饰混凝土表面层；2—普通混凝土层；3—微孔混凝土保温隔热层

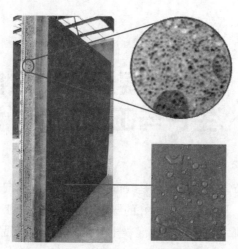

图 11-2　多功能复合大板的实例

11.1.2　复合大板的基本性能与指标

复合大板具有以下特点：

（1）保温层是由在基材和骨料中含大量封闭孔隙的 CFC 构成，其密度可以为 700～1100kg/m³；保温层与持力层一体化无缝结合，通过改变保温层厚度和密度，来满足不同气候区的建筑节能要求。

（2）持力层为普通钢筋混凝土，宜选择强度等级不低于 C40 的混凝土；选择的钢筋等级不宜低于 HRB400，受力筋和构造筋依据设计要求配置。

（3）墙体外装饰层为清水饰面或各种纹理饰面，可适应不同工程对建筑外墙造型和审美的需求。

（4）墙体外表面具有防水、耐污、耐候性强等特点；而且墙材属于无机材料制品，耐火等级达到 A1 级。

（5）墙体装饰层、持力层和保温层一体化浇筑成型，免去现场保温层湿作业，不受季节影响，缩短施工工期。

（6）有良好的隔声效果，隔声系数≥50dB。

11.1.3　复合大板的装饰与防护面层

混凝土结构的表面要受到环境的劣化作用，例如酸雨、热胀冷缩、各种污物的作用，沿海工程还要受到海风中氯离子的作用，这些劣化因素都容易使混凝土发生开裂，导致钢筋锈蚀而影响结构的耐久性。表面防护也是保持混凝土结构外观质量和耐久性的重要手段。

复合大板的装饰与防护面层由装饰层和其在表面起防护、防水和美观作用的半透明涂层构成，这里说的防护功能主要是指防止紫外线作用引起的混凝土面层的老化、环境的酸性和碱性介质对混凝土面层的侵蚀作用等。

复合大板的装饰面层有多种形式，根据建筑装饰要求可以制成清水混凝土、仿石材纹理和仿木纹理混凝土、仿条石砌体、清水砖墙风格饰面以及露骨料混凝土饰面等，分别如图 11-3～图 11-6 所示。上述纹理都可以通过制作底模和浇筑面层的反打工艺实现，清水混凝土面层按相关施工技术规程要求浇筑，其他纹理面层采用细石混凝土或砂浆浇筑，一般厚度为 4～15mm；彩色拌合物采用在其中掺入无机颜料（主要为氧化铁系列），并搅拌至充分均匀的工艺来制备，不同颜色的颜料匹配和掺量根据建筑设计对装饰效果的要求来确定。制备彩色混凝土混合料或砂浆不能和普通混凝土共用搅拌机。

除了浇筑工艺之外，面层还可以采用预铺装饰层的方式来实现。当用烧结的陶瓷砖、烧结砖薄层作为装饰面层时，采用在底模上预铺装饰层的方式，即将陶瓷砖、烧结砖薄层按照设计的图案，装饰面朝下拼接于底模之上，如图 11-3（b）所示。朝上的一面将与持力层混凝土浇筑在一起。

浇筑装饰面层采用反打法，纹理的底模可采用预先加工好纹理的橡胶板、木模板或挤塑板等，纹理面朝上铺设于钢模板底模，在大板生产时首先浇筑。

如采用露骨料装饰面仍采用反打工艺，但不需要采用上述内模，而是要在放置钢筋之前将膏状缓凝清洗剂直接均匀涂刷于底模表面，厚度为 2～4mm。露骨料混凝土的混合料要单独制备，选择颗粒均匀且洁净的石子，粒径范围以 10～20mm 为佳，采用较小的砂率，一般 25％左右即可，拌合物的坍落度以在 100mm 内为宜，直接浇筑于涂刷缓凝清洗剂的模板上即可，之后浇筑微孔混凝土层的方法与通常复合大板无异，待起吊脱模后，将反打表面用水冲掉未凝结的水泥砂浆，露出干净且排布均匀的骨料，如图 11-5（b）所示的一例。

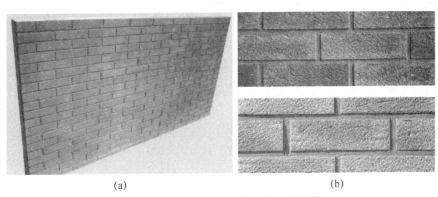

(a)　　　　　　　　　　　　　(b)

图 11-3　仿砖墙纹理装饰复合大板实例

（a）仿清水砖墙纹理；（b）预铺仿烧结砖纹理

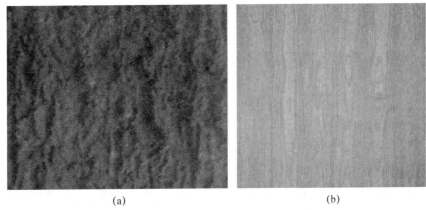

(a)　　　　　　　　　　　　　(b)

图 11-4　仿木纹理复合大板装饰面实例

（a）仿树皮纹理；（b）仿木材内部纹理

(a)　　　　　　　　　　　　　(b)

图 11-5　仿石砌体外观和露骨料装饰面实例

（a）仿条石砌体装饰面；（b）露骨料装饰面

(a)　　　　　　　　　　　　　(b)

图 11-6　仿劈裂石材装饰面实例

（a）仿花岗石材；（b）仿风化石材

　　防护层是在大板脱模后在装饰面层表面采用硅烷和硅氧烷水性涂料做成的半透明防护薄层，按施工顺序和功能一般分为三层。

　　（1）底层　底层是能渗入混凝土内部的硅烷底漆，渗入混凝土深度≥2mm，功能是防止外部有害介质侵入混凝土内部，也阻止内部液态物质侵蚀膜层。

　　（2）中层　中层是调整层，其作用是消除混凝土表面的缺陷，统一混凝土表面的颜色，而且显著提高涂层耐久性。其主要组分是硅树脂乳液、填料、颜料以及功能助剂。填料和颜料增加膜层的厚度和遮盖力，通过调整其比例可改变膜层的厚度和色度，因而使其具有不同程度的遮盖力，可使膜层在透明、半透明甚至不透明的范围内选择，而且硅树脂赋予其防水透气的特性。

　　（3）面层　面层由硅树脂和助剂组成，为半光或亚光罩面，起到保护底层和中层以及增加美观的作用，也具有耐污和防水透气的功能。

　　图 11-7 是混凝土制品表面在涂装防护层前后的外观效果比较，涂装后不仅表面质地细腻，颜色一致性更好，而且有良好的耐污性和防水性。

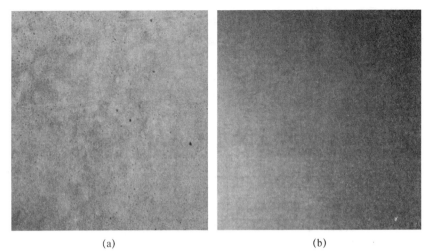

图 11-7 混凝土装饰层在涂装防护层前后的外观比较
(a) 涂装前；(b) 涂装后

11.1.4 复合大板的持力层配筋与挂装连接节点设置

1. 配筋构造

本节所述的配筋只是满足墙体作为围护结构的基本要求，对于按荷载的配筋，应按相关规程进行验算。从围护结构常规考虑的配筋有以下基本要求。

(1) 当承载层厚度超过 100mm 时，钢筋可采用 HRB400，钢筋直径为 12mm，间距为 150～200mm，混凝土采用 C40 等级，要在浇筑完装饰面层之后不超过其初凝时间内浇筑。如果微孔混凝土层超过 100mm（含 100mm），应从主筋设置弯起筋进入轻质层，配筋构造如图 11-8 所示。

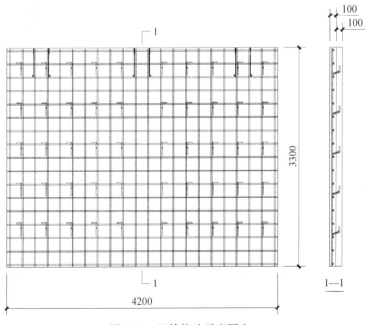

图 11-8 配筋构造示意图之一

（2）当持力层厚度超过 120mm，微孔混凝土保温隔热层厚度超过 120mm 时，钢筋采用 HRB400，钢筋直径为 14mm，并且在微孔混凝土保温层内设置构造筋，配筋构造示意图如图 11-9 所示。由侧视图可见，在结构层和保温隔热层的配筋形成闭合矩形环状，接近于桁架构造，整体性较好。

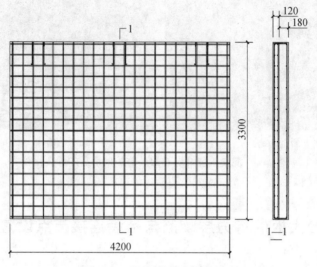

图 11-9　配筋构造示意图之二

2. 挂装节点构造

大板的挂装方式有预埋钢连接件、套筒灌浆连接或现浇节点连接（可采用预留胡子筋的方式）。预埋钢连接件的构造实例如图 11-10 所示，套筒灌浆连接实例如图 11-11 所示，胡子筋现浇节点的连接实例如图 11-12 所示。

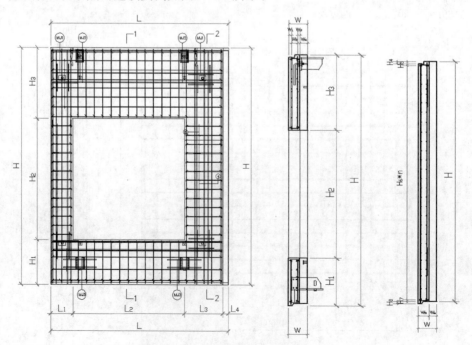

图 11-10　预埋钢件节点与配筋构造实例

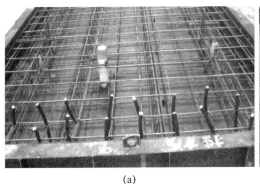
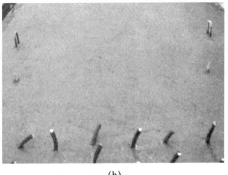

(a)　　　　　　　　　　　　　(b)

图 11-11　套筒灌浆连接节点设置举例

（a）灌浆套筒的设置；（b）成品大板的套筒外观

(a)　　　　　　　　　　　　　(b)

图 11-12　胡子筋现浇挂装节点配筋举例

（a）胡子筋设置；（b）成品实景

3. 起吊节点构造

起吊节点设置要考虑大板的尺寸、自重和起吊方式等因素，必要时要经过受力计算确定节点的位置和构造形式。节点处于板内的着力节点一定深入钢筋混凝土层，并且与主筋网进行牢固的连接（有焊接、挂钩、扣环或绑扎）。处于平面的吊环，原则上至少设置 4 个，起吊时尽量保持水平。各节点的细部构造如图 11-13 和图 11-14 所示。

11.1.5　CFC 保温隔热层及其复合大板的热工性能

1. 复合大板的传热系数实测值

本节所述 CFC 复合大板的热工性能主要是指其传热性能和热惰性指标。CFC 复合大板的传热性能包括持力层和 CFC 层的热工性能，其热阻为两层热阻之和，而复合大板的传热系数等于总热阻值的倒数。所以无论是增加持力层或 CFC 层的厚度，或是降低 CFC 的密度，都会减小复合大板的传热系数。

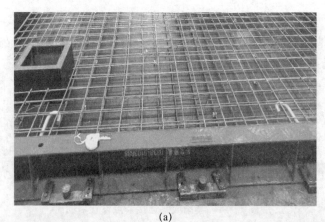

(a)

(b)

(c)

图 11-13　侧面起吊节点的设置举例

（a）侧面起吊内置吊钩节点设置；（b）侧面起吊内置扣环节点设置；（c）侧面起吊的实景

(a)

(b)

图 11-14　平面吊装节点的设置举例

（a）平面起吊环节点设置；（b）平面起吊的实景

　　保温隔热层用陶粒、火山渣或轻质工业废渣作为轻骨料的微孔混凝土浇筑而成，可以根据建筑的功能设计要求选择密度为 $600 \sim 1200 kg/m^3$、强度为 $4.5 \sim 12 MPa$ 的配合比，表 11-1 是用热流计法测得的部分常用厚度复合板的传热性能指标（详见第 5 章）。表 11-2 是建筑节能设计标准规定的指标。

表 11-1　不同厚度复合板传热系数的实测值

序号	普通混凝土层厚度（mm）	CFC 层厚度（mm）	传热系数［W/(m² · K)］
1	60	60	1.45
2	60	100	1.01
3	60	150	0.737
4	60	180	0.7
5	40＋50	100（位于中间）	0.716

以上为实测复合大板的传热系数，在已知普通混凝土和 CFC 的导热系数的情况下，也可以通过计算求得。

2. 复合大板热阻的计算

根据多层复合材料热阻计算原理，复合板的热阻 R，如式（11-1）所示。

$$R=R_1+R_2+R_3=\delta_1/\lambda_1+\delta_2/\lambda_2+\delta_3/\lambda_3 \tag{11-1}$$

式中　R_1、R_2、R_3——钢筋普通混凝土层外层、CFC 层、钢筋普通混凝土内层材料的热阻，m² · K/W，如果是只有两层的复合板，不计算 R_3 项；

　　　　δ_1、δ_2、δ_3——对应的各层材料厚度，m，如果是只有两层的复合板，不计算 δ_3 项；

　　　　λ_1、λ_2、λ_3——对应的各层材料导热系数，W/(m · K)。

3. 应用于围护结构的传热阻

应用于围护结构时，要考虑内外表面换热阻，CFC 复合板围护结构的传热阻 R_0 计算式如式（11-2）所示。

$$R_0=R_i+R+R_e \tag{11-2}$$

式中　R_i——内表面换热阻，m² · K/W（一般取 0.11）；

　　　　R_e——外表面换热阻，m² · K/W（一般取 0.04）；

　　　　R——复合板的热阻，m² · K/W。

CFC 围护结构传热系数 K 计算按式（11-3）计算。

$$K=1/R_0 \tag{11-3}$$

因此，只要备有各密度 CFC 的导热系数，普通混凝土的导热系数（可根据配筋情况乘以修正系数），就可以根据所用复合板各层的厚度情况，计算出复合板围护结构的传热系数。处于夏热冬冷地区和夏热冬暖地区的建筑围护结构的传热系数应分别符合表 11-2 和表 11-3 的要求。

表 11-2　《夏热冬冷地区居住建筑节能设计标准》（JGJ 134—2010）规定的指标

围护结构部位		传热系数 K［W/(m² · K)］	
		热惰性指标 $D \leqslant 2.5$	热惰性指标 $D > 2.5$
体形系数 $\leqslant 0.40$	屋面	0.8	1.0
	外墙	1.0	1.5
	底面接触室外空气的架空或外挑楼板	1.5	
	分户墙、楼板、楼梯间隔墙、外走廊隔墙	2.0	

表 11-3　《夏热冬暖地区居住建筑节能设计标准》（JGJ 75—2012）规定的指标

外墙平均指标	外窗平均传热系数 K [W/(m² · K)]	外窗加权平均综合遮阳系数 S_w			
		平均窗地面积比 $C_{MF} \leq 0.25$ 或平均窗墙面积比 $C_{MW} \leq 0.25$	平均窗地面积比 $0.25 < C_{MF} \leq 0.30$ 或平均窗墙面积比 $0.25 < C_{MW} \leq 0.30$	平均窗地面积比 $0.30 < C_{MF} \leq 0.35$ 或平均窗墙面积比 $0.30 < C_{MW} \leq 0.35$	平均窗地面积比 $0.35 < C_{MF} \leq 0.40$ 或平均窗墙面积比 $0.35 < C_{MW} \leq 0.40$
$K \leq 2.0$ $D \geq 2.8$	4.0	≤0.3	≤0.2	—	—
	3.5	≤0.5	≤0.3	≤0.2	—
	3.0	≤0.7	≤0.5	≤0.4	≤0.3
	2.5	≤0.8	≤0.6	≤0.6	≤0.4
$K \leq 1.5$ $D \geq 2.5$	6.0	≤0.6	≤0.3	—	—
	5.5	≤0.8	≤0.4	—	—
	5.0	≤0.9	≤0.6	≤0.3	—
	4.5	≤0.9	≤0.7	≤0.5	≤0.2

由标准对照可知，微孔混凝土复合大板适合在夏热冬暖和夏热冬冷地区的围护结构外墙，当选择较厚的 CFC 保温层时也可用于寒冷地区。

11.1.6　复合大板的生产工艺

微孔混凝土复合大板生产的工业化生产的工艺流程如图 11-15 所示。模具准备和支设、混凝土的制备和浇筑是复合大板工业化生产的主要工艺过程，其中混凝土浇筑分为装饰层混凝土浇筑、持力层混凝土浇筑和微孔混凝土层浇筑[4-6]。

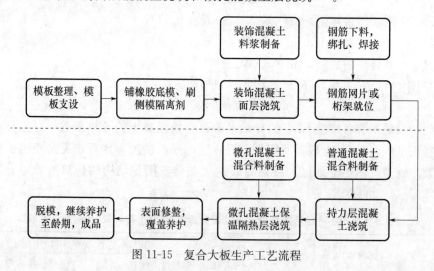

图 11-15　复合大板生产工艺流程

1. 装饰混凝土面层成型的模具以及拌合物的制备与浇筑

装饰混凝土的模具多采用薄橡胶板内模，装饰纹理可采用硅橡胶乳液作为底模材料翻模而成，再利用反打法成型装饰混凝土面层。由于硅橡胶胶乳材料价格较高，且当工程的设计图案重复不多时，底模的周转次数有限，因此容易使成本摊销较高。成本比较低的底模制作方法还有机械雕刻的方法，采用普通薄橡胶板、挤塑板和薄木板等作为底模材料，利用雕刻机将设计好的图案雕刻在上面，形成凹凸图案，然后作为大板内模，以反打法即可形成大板表面的凸凹图案。

装饰混凝土配比要视装饰层的厚度而定，厚度 10mm 以内的建议采用彩色砂浆，而且宜将粗颗粒筛除，一般砂/灰比不低于 2.5：1，否则易发生裂纹，同时掺用矿物掺合料和减水剂；厚度 10mm 以上的宜采用细石混凝土，骨料的最大粒径要与厚度相适应；对颜色有较高要求的情况下，可采用彩色石子。颜料多采用氧化铁系列无机矿物颜料，如氧化铁红、黄、黑、橙、棕等，绿色的有铬绿等，根据设计的颜色要求可进行颜料的复配；颜色的掺用量按占水泥质量的百分比使用，一般为 0.5%～2%。

装饰混凝土料浆的搅拌要避免离析泌水，否则颜料流失造成色差；制备彩色料浆的搅拌机与用于普通混凝土的搅拌机不可混用，避免颜色受到干扰，料浆要力求搅拌充分均匀，由于装饰层比较薄，务必保证摊铺厚度一致，不露底模，在浇筑完装饰层后在不超过初凝时间内浇筑持力层。

2. 持力层混凝土的制备与浇筑

持力层一般采用 C30～C40 等级的混凝土，制备过程与通常的用于构件生产的混凝土无异，只是浇筑布料时应避免由于下料高度过大可能对前面浇筑的装饰层形成冲击，不然会出现装饰层缺陷，露出普通混凝土层。浇筑方式有布料机和料斗方式浇筑，如图 11-16 所示，浇筑完承载层之后在不超过其初凝时间内浇筑 CFC 保温隔热层。

（a）　　　　　　　　　　　　　　　（b）

图 11-16　持力层的浇筑

（a）布料机浇筑；（b）料斗浇筑

3. CFC 的制备与保温层的浇筑

CFC 的原材料有水泥、粉煤灰、陶粒、水和减水剂等，必要时掺用部分细砂，常用于保温层的 CFC 的干密度为 700～1100kg/m³，浇筑厚度视工程所在地区的节能设标准而定，一般为 80～160mm，但在寒冷地区厚度可达到 200mm 以上，并尽可能采用较低密度的 CFC。

　　CFC 制备的设备采用与搅拌大型搅拌机同步运行的发泡系统，如图 11-17 所示。发泡系统通过程序控制按设定发泡时间将预定体积的泡沫直接发至大型搅拌机，发泡过程如图 11-18 所示。

图 11-17　工业化规模的大型发泡搅拌系统

图 11-18　直接发至搅拌机的泡沫

　　CFC 在加入泡沫后搅拌时间原则上不超过 60s，以泡沫和基材料浆体充分混合为度，然后加入陶粒再搅拌不超过 60s，搅拌时间过长对泡沫的稳定不利。工作性良好的拌合物不应出现消泡、泌水、骨料下沉或上浮、过于干硬不利于浇筑等情况，坍落扩展度宜为 450～500mm。工作性良好的拌合物外观如图 11-19 所示，坍落扩展度情况如图 11-20 所示。搅拌完成后要经过两次高落差的卸料过程，一次是从搅拌机卸到料罐，然后卸到浇筑料斗，两次落差加起来 5～6m，如图 11-21 所示。高落差带来的冲击对拌合物中的泡沫有明显的损伤，使其密度增高，密度随落差的变化趋势如图 11-22 所示。通过改善发泡的工艺和发泡剂的配方可以提高气泡的弹性，因而能有效地减少泡沫的损失。

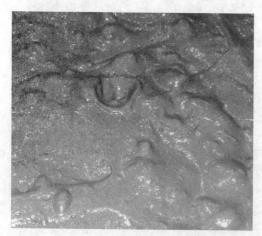

图 11-19　搅拌成的拌合物

图 11-20　坍落扩展度情况

(a)　　　　　　　　　　　　　　　(b)

图 11-21　卸料的两次高落差

(a) 从搅拌机到料罐；(b) 从料罐到浇筑料斗

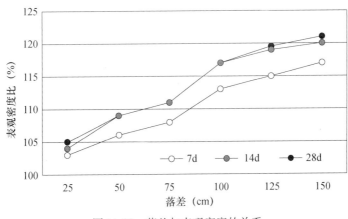

图 11-22　落差与表观密度的关系

CFC 保温隔热层要在不超过先浇筑的下层普通混凝土的初凝时间之内进行浇筑，以免出现冷接缝而形成原始缝隙，浇筑时要确认普通混凝土层的表面没有明水，否则也容易引起两层之间粘结不牢[4-5]。CFC 浇筑之后不需要振捣器振捣，浇筑过程如图 11-23 所示。浇筑后进行刮平和表面抹平修整，或进行拉毛处理，可以减轻表面裂纹的发生，图 11-24 是一表面拉毛处理的实例，图 11-25 是持力层与 CFC 保温层封接的状况。

图 11-23　CFC 层浇筑中

图 11-24　CFC 层表面拉毛的实例

图 11-25　普通混凝土层与 CFC 层
之间良好的封接

11.1.7　CFC 复合大板应用于示范工程情况简介

CFC 复合大板成功应用于中国建筑技术中心改扩建三期工程、中建科技成都绿色建筑产业园工程和中建海峡（闽清）绿色建筑科技产业园工程等五项示范工程。

CFC 复合大板按类型和挂装施工分为钢件预埋挂装节点、预留胡子筋浇筑节点和灌浆套筒等挂装方式，其中外挂板挂于钢结构龙骨的中国建筑技术中心改扩建三期工程的施工细节在第 7 章有较为详细的介绍，此不赘述。

1. 中建科技成都绿色建筑产业园工程

（1）工程概况

中建科技成都绿色建筑产业园获得绿色建筑三星认证工程的绿色被动式节能建筑，设计单位为中国建筑西南设计院。2 号楼外墙板采用了中国建筑技术中心研发的 CFC 复合外挂大板，大板生产日期为 2016 年 11 月～2017 年 3 月，挂装时间为 2017 年 2 月～5 月，CFC 复合外挂大板总挂装面积约 2800m²。

（2）所使用的复合大板的特点

该工程所用 CFC 大型复合挂板有几种不同规格，宽度为 1.4～3.6m，高度为 1.6～3.9m 不等，断面结构为 140mm 厚的普通混凝土层＋100mm 厚 CFC 层。其中 CFC 的密度为 800kg/m³，抗压强度 7MPa 以上。特别要提到的是，其正面的挂板采用了兼有遮阳作用的梯形板，模板为异型模板，这一设计给模板制作和混凝土浇筑提高了难度，在正式生产前进行了足尺寸的模板制作和混凝土浇筑的试验，图 11-26 是正式生产中的浇筑和起吊过程实景。

该工程所用复合板的挂装节点为预埋钢件的构造形式，部分节点如图 11-27 所示。

（3）挂装施工

该示范工程是框架挂板体系，在已完成的框架结构上进行大板挂装，以大板预埋钢挂件作为挂装节点，经过测量放线、吊装就位、水平与竖直调整的工序后，将大板与框架梁在节点进行固定，后续进行打胶和防水处理，节点连接实例如图 11-28 所示，顶板的吊装就位实景如图 11-29 所示；完成挂装施工的结构的实景如图 11-30 所示。工程于 2017 年 5 月竣工，并获得绿色建筑三星认证。

(a)　　　　　　　　　　　　　　　　　　(b)

图 11-26　梯形复合板（遮阳板）的浇筑和起吊过程

（a）浇筑过程；（b）起吊过程

(a)

(b)

图 11-27　预埋钢件挂装节点复合大板

（a）平板的预埋钢件节点；（b）L 形板的预埋钢件节点

(a)　　　　　　　　　　　　　(b)

图 11-28　吊装就位与节点连接（室内）

（a）上部节点；（b）下部节点

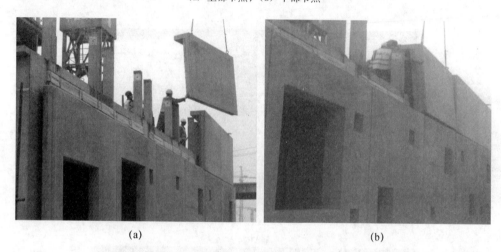

(a)　　　　　　　　　　　　　(b)

图 11-29　顶板吊装就位

（a）吊装；（b）就位

图 11-30　工程竣工实景图

2. 中建海峡（闽清）绿色建筑科技产业园

中建海峡绿色建筑科技产业园（启动区）综合楼工程位于福州闽清，由中国建筑技术中心建筑工业化研究所承担设计，外墙板采用了中国建筑技术中心研发的 CFC 复合大板，挂装面积约 2200m²。大板生产日期为 2017 年 2～6 月，挂装施工日期为 2017 年 4～8 月。

本示范工程所采用大板结构为 60mm 普通混凝土层＋190mm 厚 CFC 层，其中 CFC 的密度为 1200kg/m³，抗压强度超过 15MPa，复合大板的力学指标和热工性能满足设计要求。

本示范工程主要规格的大板配筋和脱模后的外观如图 11-31 所示。挂装时的就位调整利用螺旋杆斜撑和顶撑（图 11-32），固定后节点上部采用胡子筋与梁的现浇方式，下部采用螺栓固定连接，斜撑和顶撑在完成节点浇筑后拆除。

(a)　　　　　　　　　　　　　(b)

图 11-31　配筋和大板成品
(a) 大板配筋；(b) 浇筑完成的成品

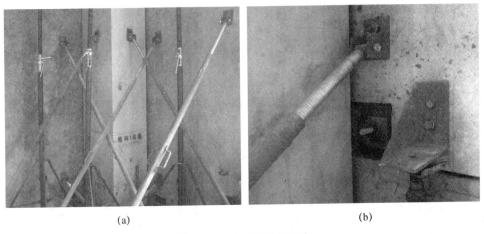

(a)　　　　　　　　　　　　　(b)

图 11-32　大板就位和固定

工程于 2017 年 8 月竣工，结构性能和节能各项指标良好，于当年 12 月顺利通过验收，工程外景如图 11-33 所示。

图 11-33　工程竣工后的外景

3. 中建科技湖南公司综合楼餐厅

中建科技湖南公司综合楼餐厅项目外墙采用微孔混凝土复合大板，大板由 CFC 保温隔热层 190mm 和普通混凝土层 60mm 构成。微孔混凝土的密度为 800kg/m³，抗压强度超过 7MPa。复合大板生产日期为 2017 年 3～4 月，挂装施工日期为 2017 年 5～6 月，生产中的大板如图 11-34 所示，主体结构完成后的实景如图 11-35 所示。

图 11-34　脱模起吊中的复合大板

图 11-35　挂装完毕的主体结构

4. 武汉同心花苑幼儿园工程

武汉同心花苑幼儿园工程为三层钢混框架外挂 CFC 复合外墙大板的结构形式，挂装面积约 1000m²，大板生产日期为 2017 年 11 月～2018 年 4 月，由中建科技武汉有限公司承担生产任务。2018 年 5 月开始大板挂装施工，8 月完成主体结构的复合大板挂装。

大板结构为 60mm 厚的普通混凝土层＋190mm 厚的 CFC 保温层，其中 CFC 密度为 1000kg/m³，抗压强度超过 10MPa。连接节点采用"蚯蚓筋"浇筑连接或灌浆套筒形式的设置，如图 11-36 所示。大板挂装施工采用预埋钢件干挂式、"蚯蚓筋"浇筑式或灌浆套筒式连接方式，挂装施工实景如图 11-37 所示。工程完成后的实景如图 11-38 所示。

(a)　　　　　　　　　　　(b)

图 11-36　大板连接节点

(a)"蚯蚓筋"浇筑连接；(b) 套筒连接

图 11-37　大板的挂装施工

图 11-38　工程完成后的实景

11.2 CFC装配式节能轻型房屋

轻型房屋用于长期居住的不算多，特别是可重复拆装的装配式节能轻型房屋更为少见。2004年开始，日本在加贺市建造了可较长时间居住的抗震轻型装配式的房屋，它的优点是节能和抗震性能好。2016年熊本地震后，这种房屋受到热捧，作为商品房批量销售。它的主体结构是用厚度为17.5cm的聚苯板拼装，外抹砂浆并做涂料防护层，有良好的保温隔热性能和抗震性能，但是不能重复拆装。由于主体是有机材料，如果房屋使用时间过长（如超过15年），材料的耐久性仍是一个应被关注的问题。房屋实景如图11-39所示。

(a)

(b)

图11-39 穹顶轻型装配式房屋

(a) 穹顶轻型装配式房屋群落；(b) 豪华型穹顶轻型装配式房屋

中国建筑技术中心研发了微孔混凝土装配式穹顶轻型房屋，在工厂内预制生产微孔混凝土异型建筑部品，运至现场组装成轻型房屋，而且可以移动重复使用，室内环境可以实现"冬暖夏凉"的效果，特别适合于干热地区、寒冷地区以及昼夜温差变化较大的高海拔地区。图 11-40 是示范工程一例的节点示意图。本技术解决了可重复拆装和耐久性问题。

室内使用面积 33m²，顶部高度 3.5m，整个结构由 16 个异型构件组成，连接节点 50 多个，全部用预埋钢件和螺栓连接，没有焊接，预制率 100%。

在生产过程中对其模板进行了精确弧度计算，严格进行每一道加工程序，保证了模板满足预期精度要求。图 11-41 和图 11-42 是按照模板的弧度进行配筋，其中纵筋为 $\phi14$ 钢筋，构造筋为 $\phi8$ 钢筋。

浇筑所使用的 CFC 的干密度为 850kg/m³，抗压强度达到 7MPa 以上，混合料的坍落扩展度为 450～500mm，微孔混凝土部品浇筑质量良好，棱角饱满，由于脱模后进行了充分的保湿养护，未发现有裂缝等质量问题，部品的外观如图 11-43 所示。

竣工后的轻型房屋的实景如图 11-44 所示，经测试在夏季不采取制冷措施的情况下，可保持室内温度比室外低 3.5～4℃，有良好的节能效果，而且由于微孔混凝土的热惰性值较大，室内温度变化缓慢，从一个周期来看，节能效果较为显著；而且整个围护结构有一定的呼吸功能，能调节湿度，室内的舒适感明显。

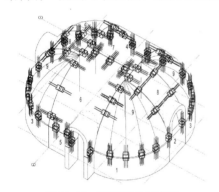

图 11-40　整体节点示意图

图 11-41　异型部品之一的结构配筋

图 11-42　异型部品之二的结构配筋

图 11-43　脱模后的异型部品

图 11-44　竣工后的轻型房屋实景图

本章小结

　　钢筋混凝土和CFC分别具有承载方面和保温隔热方面的优势，将两者相结合，连续浇筑制成用于围护结构的复合大板，能收到优势互补的效果，而且连续浇筑提高了生产效率，符合建筑工业化的要求。本章阐述了清水混凝土装饰面和各种纹理装饰面的CFC复合大板的基本结构、配筋、挂装节点以及起吊节点设置的类型和基本要求，介绍了大板工业化生产的工艺流程以及装饰层、承载层和CFC保温隔热层浇筑的施工要点。在工程应用部分，介绍了清水混凝土装饰面CFC复合大板应用于五项节能示范工程的情况以及一个装配式轻型房屋的情况。这些工程的围护结构设计和所采用复合墙材的类型以及生产与挂装工艺都各有其特点，可供相关工程参考。

本章参考文献

[1] 石云兴，宋中南，张燕刚，等.装饰保温一体化轻质混凝土板材及其生产方法，国家发明专利，ZL2012104894 90.7［P］.2015.

[2] 石云兴，蒋立红，石敬斌，等.煤制气渣轻质微孔混凝土复合板材的制备方法，国家发明专利，ZL201410847088.0［P］.2016.

[3] 石云兴，蒋立红，张燕刚，等.具有装饰、承载和保温功能的轻质微孔混凝土大板及其生产方法，发明专利，受理号201711467862.5［P］.2017.

[4] 张燕刚，石云兴，李景芳，等.轻质混凝土复合外挂板挂装施工技术［J］.施工技术，2015（3）.

[5] 石云兴，蒋立红，李景芳，等.保温复合外挂板施工工法［J］.中国建筑集团工法，2015（6）.

[6] Yunxing Shi, Yangang Zhang, Jingbin Shi, et al. An engineering example of energy saving renovation of external wall of original building with lightweight insulation composite panel. Proceedings of Concrete Solutions 6th International Conference on Concrete Repair, Taylor and Francis, June 2016 ［C］. Thessaloniki, Greece.

第12章 利用再生资源的环保型微孔混凝土

混凝土的传统原材料主要取自天然资源，近几十年来，一方面，社会建设事业的快速发展带来了对天然资源空前的消耗，使得取自天然资源的原材料出现了匮乏的局面，微孔混凝土作为混凝土大家族中的一员也面临同样的问题；另一方面，伴随着建筑工程特别是基础设施建设的大规模实施，产生大量的工矿废弃物，主要有工程下挖土、山体表层和浅层风化砂石、煤制气渣和其他工业废渣等，加上原来一直未被有效利用的天然废弃物，如火山渣、煤矸石及其自燃灰等，合计起来积存量巨大，在有些地方已造成比较严重的环境问题。目前，很多地方只采用简单运出倾倒并填埋方式处理，没有发挥出其潜在的价值。如将这些工矿废弃物根据其潜在的特性，经简单处理或加工后用于微孔混凝土制备及其制品的生产，有节约天然资源和改善生态环境的双重效益。

12.1 微孔生土材料的制备及其应用

12.1.1 生土材料与生土建筑概述

生土是指未经人类活动扰动的土，泛指熟土层以下的土，它不含腐殖质，颜色均匀，质地纯净，也可以称为原状土。轻质微孔生土材料是利用水泥、生土、水、泡沫和固化剂等制成的具有自流平和充填性的拌合物，在浇筑后硬化成具有一定承载力的轻质微孔材料。其制备原理类似泡沫混凝土，不同的是以土壤取代部分水泥，而且根据土质情况有时需加入少量土壤固化剂，促其硬化成为具有一定承载能力的轻型结构。

生土建筑（earth construction）主要指用未经焙烧，直接利用原状土或将其简单加工的制品作为主体材料来营造的建筑。生土建筑适合于干燥少雨的地区，如我国的西部黄土高原、中东地区等。生土建筑始于大约7000年前，最早出现的生土建筑形式以穴居、窑洞类为主。随着建造技术的进步，大约在5000年前出现了土坯建筑，在4000多年前出现了夯土建筑（也有文献称夯土建筑出现在前）。在我国的新疆吐鲁番地区仍有现存最大的生土建筑群"交河故城"遗址，在福建还有保存较为完整并且仍在使用中的土楼、土堡这样的生土建筑。在欧洲和中东仍有很多现存完好且在使用中的生土建筑。

生土建筑的特点是可以就地取材，节省能源，生态环保，冬暖夏凉，被称为会呼吸的房屋，居住者的舒适感明显，符合人与自然和谐共生的理念。但是它不足的方面是材料的抗弯、抗剪强度低，抗震性能较差等，而轻质微孔生土材料可以在很大程度上弥补上述不足。

轻质微孔生土具有充填性好、质轻、抗震、保温隔热的特点，而且利用工程下挖土，有良好的环境效益。由于其成本相对传统泡沫混凝土低，在土木工程中作为坑道回填、挖掘坑回填、旧矿井回填、抗震基础、管廊内和围绕管道稳定以及护坡等方面的材料有广泛的应用空间，而作为围护结构材料具有质轻、保温隔热、热惰性值高、冬暖夏凉和生态环保的优势。

12.1.2 轻质微孔生土材料的特点

1. 强度和密度

轻质微孔生土材料分为用于墙体微孔生土和填充微孔生土（又称轻质泡沫土），前者的强度和干密度一般分别为 3.5～6MPa 和 600～900kg/m³，后者的强度和干密度分别为 0.5～2MPa 和 800～1200kg/m³，以水泥或激发剂或两者共用为增强组分，相对来说前者水泥或激发剂用量较大，而后者的生土用量较大。

2. 保温隔热性能

硬化轻质微孔生土的断面外观形貌如图 12-1 所示，因含有大量微小孔隙而具有良好的保温隔热性能，干燥状态的导热系数为 0.15～0.23W/（m·K），而黏土砖的导热系数在 0.35W/（m·K）以上，因此作为围护结构材料，轻质微孔生土在热工方面较传统砖墙有明显的优势。

(a) (b)

图 12-1 轻质微孔生土硬化后的断面形貌
(a) 作为墙体材料的轻质土；(b) 作为土基填充材料的轻质土

3. 质轻且可依工程需求调整

微孔生土材料的湿密度范围一般为 700～1300kg/m³，抗压强度一般为 0.5～6MPa，根据作为墙体或土基填充材料的不同用途来选择指标范围，再通过调整原材料水泥、土、砂和泡沫的用量来确定合适的配合比，用于墙体的采用较高强度的配合比。

4. 流动性与充填性

轻质微孔生土混合料中由于在生土泥浆中引入泡沫，克服了土颗粒间的摩阻力，气泡在土颗粒之间起到滚珠轴承作用，使混合料具有较高的流动性和自流平性能（图 12-2），采用气力输送输送高度可达 20 多米，即使是狭小和复杂的空间，仍可以充填到位。混合料在泵送的条件下不发生明显的气泡破灭，浇筑过程中不需要振捣或加压，但有时需要表面刮平作业。

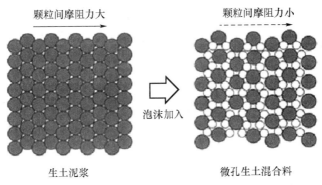

图 12-2　轻质微孔生土混合料流动性机理

5. 节省资源与环境效益

可将工程挖出土和疏浚泥浆进行资源化利用，有良好的经济技术效益和环境效益。作为围护结构材料具有生态环保特性，能调节室内温、湿度平衡，有较好的易居性。

12.1.3　轻质微孔生土材料的制备工艺

1. 生土原材料的分类与特性

不同学科对生土有不同的分类方法，而在水利和土木建筑工程领域常用的是工程分类方法，目前依据的标准有《土的工程分类标准》（GB/T 50145—2007）和《建筑地基基础设计规范》（GB 50007—2011）等。土按粒径分为巨粒类土、粗粒类土和细粒类土，而用于建筑地基的岩土进一步分为岩石、碎石土、砂土、粉土、黏性土和人工填土。用于制备微孔生土材料的生土主要是其中细粒土和粗粒土的较细的部分，或是粒径在砂土以下的土类，常用的塑性指标有液限（w_L）、塑限（w_P）和塑性指数（I_P）等。

2. 混合料制备的工艺流程

轻质微孔生土材料混合料的制备与施工工艺流程如图 12-3 所示，图中所示是比较规范的制备工艺流程，对大多数比较黏性的泥土在与其他材料混合之前，要先进行疏解，也就是先用水化解开制成泥浆，否则黏土颗粒始终以泥团状态存在。但是对于砂性土，可以与水泥等材料一起投料搅拌。现场施工的工艺布置如图 12-4 所示。

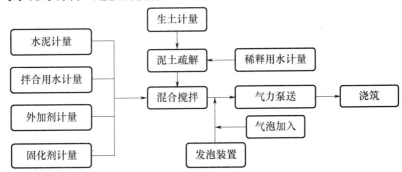

图 12-3　轻质微孔生土材料的制备与施工工艺流程

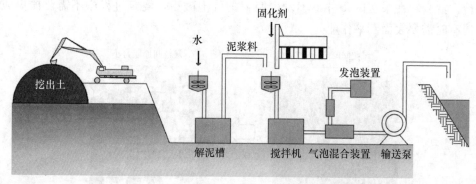

图 12-4　轻质微孔生土现场施工的工艺布置举例

混合料的流动性由水泥净浆和泥浆各自的流动性以及加入泡沫量来决定，需要通过试配优化水灰比、水土比和外加剂添加量，混合料的流动性用 JP14 漏斗来测定，流出时间指标以 20~24s 为宜（测定方法见第 2 章）。

12.1.4　混合料硬化的物理化学原理与固化剂的增强效果

1. 利用水泥基固化剂的固化机理

轻质微孔生土材料混合料的硬化主要靠固化剂与土壤中氧化硅、氧化铝成分的结合，生土固化剂主要有水泥类、石灰类和水泥基改性类，实际上水泥就直接可以作为生土固化剂使用，但是多数情况下，由于土中的有机酸会阻碍水泥的水化，使浇筑体的强度进展较为缓慢。日本研究者针对这现象，开发了水泥系固化剂（水泥基改性类），在硅酸盐系水泥的基础上调整了成分，增加了 C_3A 的含量和其他辅助成分，由于 C_3A 的水化快，在硅酸钙矿物水化释放钙离子与土中的有机酸相结合形成不溶性盐之前，来自 C_3A 的结晶型水化产物就已析出，将有机酸吸附于其表面，避免了有机酸与钙离子结合对水泥水化硬化的阻碍作用[1-2]。水泥系固化剂与普通水泥增强效果的比较如图 12-5 所示。由图中数据可见，在水泥基础上经过改良的固化剂——水泥系固化剂的增强效果明显高于普通水泥，而且用于淡水淤泥的效果优于海边淤泥的情况，这可能跟海边淤泥含有盐分和有机物有关。

2. 利用地质聚合物的固化机理

当与碱金属或碱土金属氧化物混合后，水淬矿渣、粉煤灰、偏高岭土和稻壳灰等含有活性的铝硅酸盐，在 NaOH、KOH 的作用或与硅酸钠的共同作用下发生解聚而游离出 $Al(OH)_4^-$ 和 $OSi(OH)_3^-$，然后逐渐聚合形成…—Si—O—Al—O—Si—O—…结构的聚合体，使成型体的强度不断提高。这一原理可用作生土的固化，在生土中混入一定掺量（一般 20% 左右）的水淬矿渣粉、粉煤灰、偏高岭土粉和少量 NaOH、KOH 或硅酸钠等碱性激发剂（具体配合比根据原材料情况与工程需求确定），并通过发泡和搅拌工艺制成微孔轻质生土拌合物，浇筑后硬化成为微孔轻质生土硬化体，再经较长时间固化后，生土也会和添加剂之间发生聚合，而依原材料的成分不同，可以分别形成以 ［Si—O—Al—O］、［Si—O—Al—O—Si—O］ 和 ［Si—O—Al—O—Si—O—Si—O］ 为重复单元或几种兼有的高聚合度聚合物[3-4]，使硬化体的后期强度进一步提高。

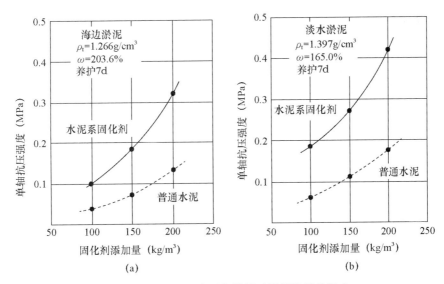

图 12-5　固化剂的类型与掺量对增强效果的影响
（a）海边淤泥；（b）淡水淤泥

12.1.5　轻质微孔生土材料的配合比与基本性能

1. 用于土木工程基础充填的轻质微孔生土材料

（1）诸力学性能的相关性

用于土木工程土基充填增强的固化土一般并不需要高强度，主要是能对土基起到固定作用即可，但是对土固化剂的研究结果对轻质微孔生土材料仍有重要的参考价值。图12-6 是日本研究者对部分固化土配比的力学性能之间的试验结果。图 12-6（a）是抗压强度与抗弯强度的关系，抗弯强度约为单轴抗压强度的 1/2，弯压比远远高于混凝土和砂浆的情况。图 12-6（b）是变形系数（静力弹性模量）与单轴抗压强度的关系，变形系数是单轴抗压强度的 50～100 倍，可见其变化的范围较大，反映出由于生土类型的差异会导致其固化后的性能也有较大差异。

用于土木工程填充和围护结构墙体的微孔生土材料，虽然引入了一定体积的泡沫而形成了微孔结构，但是通过配合比的调整和工艺的改进可以获得比固化土更高的强度，而混合料具有更好的流动性和填充性，浇筑后能够硬化成为均匀的轻质微孔结构。

（2）不同配合比微孔生土的力学性能

用于土木工程路基、矿井、矿坑等充填的轻质微孔生土材料，一般强度要求不高，根据工程情况抗压强度可以选 0.6～1.5MPa，黏土掺量可以到 50％以上。

日本研究者试验研究的用于铁路路基充填、筑堤等轻质微孔生土材料配合比部分实例[3-4]如表 12-1 所示。所用水泥为住友大阪水泥会社的矿渣系水泥，比表面积为3900cm²/g 以上；所用黏土基本性能：相对密度 2.67；液限 32.6％；塑限 22.0％；中位粒径为 6.3μm。为采用了以相同灰水比，但不含气泡的水泥-生土作为基准的对比试验，水泥与黏土的质量比为 1∶1。加入泡沫的水泥-生土各组的水泥与黏土的比例仍为

1:1，以加入的泡沫体积多少来调节拌合物的密度，泡沫加入的体积分别从 400～600L/m³ 分若干等级，每间隔 50L 为 1 个等级。

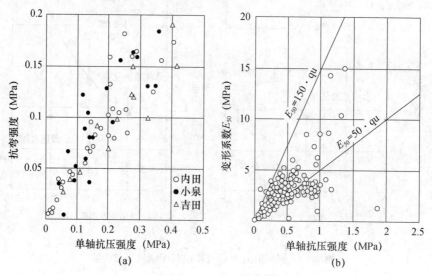

图 12-6 固化土的诸力学性能之间的关系

(a) 抗弯强度与抗压强度；(b) 变形系数与抗压强度

表 12-1 用于填充的轻质微孔生土材料配合比

编号	灰水比 C/W	湿密度	水泥	黏土	水	气泡
		kg/m³	kg/m³			L/m³
Ls1-40#		920	274	274	393	400
Ls1-50#	0.698	766	229	229	328	500
Ls1-60#		613	183	183	262	600
Ls2-40#		918	262	262	415	400
Ls2-45#		842	240	240	380	450
Ls2-50#	0.631	765	219	219	346	500
Ls2-55#		689	196	196	311	550
Ls2-60#		612	175	175	276	600
Ls3-40#		916	250	250	434	400
Ls3-50#	0.578	763	209	209	361	500
Ls3-60#		611	167	167	289	600
Mo1	0.698	15.3	457	457	655	—
Mo2	0.631	15.3	436	436	692	—
Mo3	0.578	15.3	418	418	722	—

试验结果如图 12-7 所示，抗压强度与灰水比存在正相关关系，强度随龄期的延长而增高，3 组基准组的 28d 强度分别达到 5.66MPa、3.5MPa 和 2.19MPa，在本试验条件下，没有发现强度与灰水比有明确的对应关系，而是与水泥用量有明确的正相关对应

关系。而对于泡沫-水泥-生土的各组，水泥用量约为对应基准组的 60%，加上泡沫量降低了实体体积，双重因素使强度较基准组下降幅度较大，强度为基准组的 11%～20%，在实际应用时可根据工程需求选择配合比。

本试验条件下，由试验数据回归得出的强度与气泡含量的关系式如式 12-1 所示。

$$F_c = F_{cmo}(1 - a/100)^{2.9} \tag{12-1}$$

式中　F_c——轻质微孔生土材料的强度；

　　　F_{cmo}——基准组（未加气泡）的强度；

　　　a——引入气泡的体积（%，以实际稳定的体积计）。

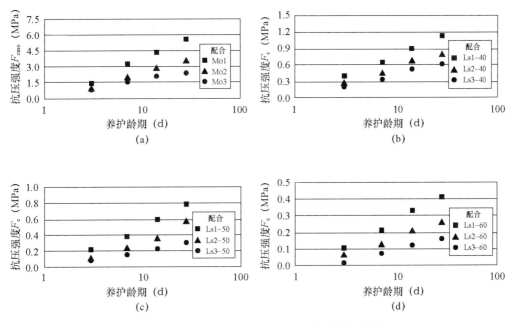

图 12-7　轻质微孔生土与基准组强度随龄期变化

(a) 基准组；(b) 气泡体积含量 40%；(c) 气泡体积含量 50%；(d) 气泡体积含量 60%

2. 用于墙体的轻质微孔生土材料

轻质微孔生土材料可用于围护结构的墙体，与土木工程基础充填的微孔生土材料制备原理基本相同，但是宜采用砂性土，尽量避免使用高塑限黏土，而土的掺量一般不要超过总粉体量的 50%，以避免黏性过高不易泵送和硬化过程中发生较大的收缩。

（1）配比与强度

用于墙体围护结构的轻质微孔生土材料 28d 强度应在 3.5MPa 以上，并且耐水性良好，软化系数不低于 0.75，配合比部分实例如表 12-2 所示。配合比中所用水泥为 P·O 42.5 等级水泥；粉土的液限和塑限分别为 34.2% 和 23.7%。7d 和 28d 抗压强度如图 12-8 所示。由图可见，通过调整配合比和选择合适的添加剂，湿密度在 830～1150kg/m³ 的轻质微孔生土材料的 7d 强度可以达到 3.5MPa 以上，28d 强度可以达到 4.8MPa 以上，可以用于浇筑围护结构非承重墙体，或先制作轻质微孔生土砌块，再用于砌筑墙体。

表 12-2　用于围护结构的微孔生土材料配合比的部分实例

编号	湿密度	配合比					
		水泥	粉土	砂	水	添加剂	泡沫
	kg/m³	kg/m³					L/m³
1#	930	320	270	54	234	6	500
2#	1020	365	316	94	220	6	475
3#	1150	428	320	110	252	8	420
4#	830	290	290	—	210	15	550
5#	970	330	330	—	240	19	500
6#	1130	420	420	—	295	25	410

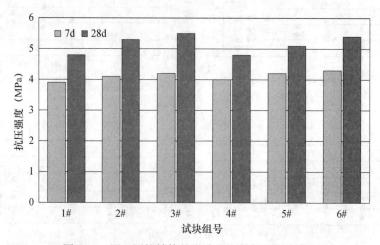

图 12-8　用于围护结构的微孔生土材料的强度实例

（2）收缩

对于土木工程基础充填用的微孔生土材料，在施工后基本上处于潮湿或湿润的环境，所以收缩的问题并不突出，但是用于墙体的微孔生土材料不同，在建筑物使用期间基本上处于干燥状态，所以收缩是一个必须关注的重要性能。

图 12-9 是中国建筑技术中心关于轻质微孔生土材料收缩试验研究中的部分试件，试件为 100mm×100mm×300mm 的棱柱体，每组 3 个试件，每一配比的试验结果的数

图 12-9　收缩测试中的试件

据取 3 个试件读数的平均值。成型的试件标准养护 2d 后脱模，脱模后的试块安装于室内自然环境（不另加调整温、湿度的措施）的测试架上开始测试，收缩值由数显电子千分表记录，上架后的第 2d 开始读数（即成型龄期的第 3d），并通过温、湿度仪记录每天的温、湿度。测试至龄期 44d（成型龄期 47d），线性收缩测试结果（300mm 长试件的实测线性收缩值）如图 12-10 和图 12-11 所示。

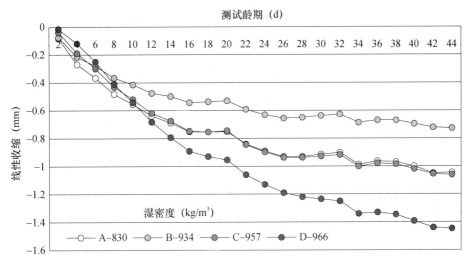

图 12-10　试件随龄期的线性收缩

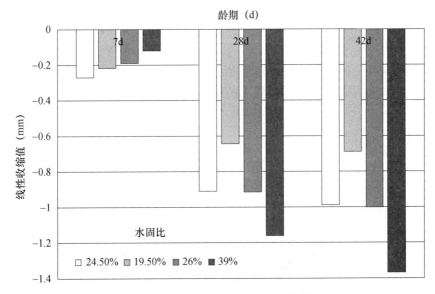

图 12-11　线性收缩随水固比的变化

试验采用 4 种配合比，分别是水泥与砂，水泥与土以及水泥与土、砂混合的配比。为了保证 4 种配比的拌合物工作性相同，以测定拌合物的 JP14 流出时间达到 22～26s 为控制指标来确定加水量，水固比（水量与粉料和细骨料之和的比）分别为 A 组：24.5%；B 组：19.5%；C 组：26%；D 组：39%。4 种配合比的固体成分的原材料分别为 A 组：水泥/砂为 3，硅灰 1%（占水泥质量%），泡沫加入量 620L/m³；B 组：水泥/砂为 1，泡沫加入量 560L/m³；C 组：水泥/（砂＋土）为 1，砂、土等量，泡沫加入量 530L/m³；D 组：水泥/土为 1，泡沫加入量 500L/m³。由图 12-10 可见，在测试龄期 6d（成型龄期 9d）之前，湿密度越高的试件组其收缩值越小，但是在两周以后，湿密度越高的试件组的收缩值反而增大。由于各组的工作性相同，湿密度高的试件组都是掺入黏土量大的配比。通过整理图 12-10 的节点数据，得出收缩值与水固比的对应关系如图 12-11 所示。

由图 12-11 并结合图 12-10 的数据可见，试件 7 天内的收缩值与湿密度呈负相关关系，即密度越高收缩越小；而 28 天以后，则与水固比呈现明确的正相关对应关系，即水固比越大的配合比，其收缩值越大。

12.2　轻质微孔生土墙材制品

12.2.1　轻质微孔生土的浇筑墙体与砌块

轻质微孔生土混合料制备所用的原材料为水泥、生土、细砂（视具体情况使用）、固化剂和发泡剂等。一般采用 P·O 42.5 等级水泥，用量为 160～260kg/m³，生土用量一般为 160～300kg/m³，物理发泡的泡沫 35%～50%（体积比，考虑泡沫损失量）和添加剂（一般 5% 以内）制备混合料。配合比应视土的类别进行调整，如属于砂类土，可直接使用；属于粉质黏土类（$10 < I_p \leqslant 17$）的情况，可掺入不超过水泥量 5%～10% 的细砂；黏土类（$I_p > 17$）因需水量大而导致收缩大，易开裂，如使用可稍增加砂的用量。图 12-12 为采用掺加粉质黏土的微孔生土浇筑的轻质墙体，墙体干密度为 950kg/m³，同条件养护试块强度为 4.3MPa；图 12-13 为掺加粉土的微孔生土浇筑的空心砌块，砌块的孔洞率为 20%，整体砌块密度为 710kg/m³，砌块强度为 4.6MPa（于孔洞竖向施压）。

图 12-12　轻质微孔生土浇筑墙体　　　　图 12-13　轻质微孔生土砌块

如第 1 章所述，轻质微孔生土墙体和砌块作为新一代生土建筑的围护结构材料，有质轻、保温隔热、隔声和节能生态一系列优点，特别是在当前由于基础设施建设的迅速发展而产生大量下挖土的背景下，发展微孔生土建筑有很大的必要性和现实意义。我国在传统生土建筑方面有很悠久的历史和深厚的技术积淀，采用轻质微孔生土作为围护结构材料，应该对传统的建筑形式和构造节点进行传承和发展，使其成为传统优势和时代特征有机结合的绿色建筑。

12.2.2　微孔生土混凝土复合板的热工性能

中国建筑技术中心在研发微孔混凝土复合板的基础上，开发了以生土作为掺合料的微孔混凝土复合板，由于在复合大板中对轻质保温隔热层的力学性能和体积稳定性要求较高，土的用量一般不超过 20%，本研究中把这类微孔材料称为微孔生土混凝土，而把生土掺量超过 20% 的称为轻质微孔生土材料。图 12-14 是微孔生土混凝土与普通混凝土复合板的传热系数测定结果，复合板以设计湿密度分别为 700、800 和 900kg/m³ 的微孔生土混凝土作为保温隔热层，其中生土掺量为 20%；复合板的传热面积为 1.2m×1.2m，普通混凝土层为 60mm 厚，保温隔热层为 200mm 厚。测试从自成型的 28d 龄期开始（测试方法同第 5 章的复合板传热系数测试的热流计方法），图中显示的是测试开始后连续 39d 的测试结果。

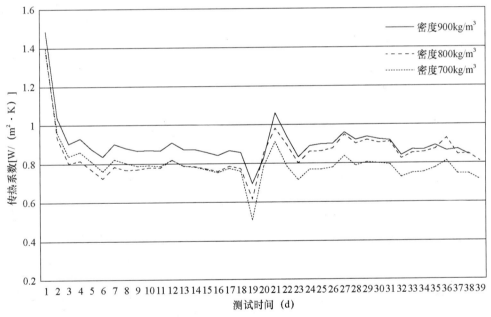

图 12-14　微孔生土复合板传热系数试验结果

由图中的测试结果可见，在测试开始时传热系数较大，而在 4d 后逐渐降低至平稳，这是由于开始时复合板自身温度低于测试温度而吸热致使热流密度增高的缘故；当复合板自身温度升至测试温度，传热系数进入平稳阶段，其中有一小段波动为测试装置调试所引起。传热系数为复合板自身热阻和内、外表面换热阻之和的倒数，测试结果显示，稳定后设计湿密度分别为 700、800 和 900kg/m³ 复合板的传热系数波动范围分别为 0.75～0.81，0.8～0.82 和 0.86～0.9W/（m²·K），与相同构造的微孔混凝土复合板传热系数相比只是数值稍小，但规律性基本一致。

12.3 煤制气渣微孔混凝土的制备与基本性能

12.3.1 煤制气渣的产生及其特点

煤制气是将燃料煤经干馏、气化、裂解制取的可燃气体，是煤洁净利用的途径之一，制取煤气后剩下的炉渣称为"煤制气渣"。近年来随着我国对环境质量要求的提高，很多数城市开始实行"煤改气"，即燃煤改为燃气，那需要首先将煤制成煤气，因此近年来煤制气的行业在我国得以快速发展，排出的废渣数量也迅速增长，在一些地方已影响到环境生态。因此探索煤制气渣的资源化利用，无论对于技术经济还是生态环境都具有很重要的现实意义。

依煤的种类不同，1t 燃料煤经制气后所产生的煤气渣数量有较大不同，但一般在20% 左右。一般情况下，煤制气渣是炉渣和灰分的混合物，其中大于 5mm 的炉渣颗粒占 10%～25%，其余为小于 5mm 细颗粒和灰分，也经常含有 5% 左右的未燃碳，制取煤气利用劣质煤的情况比较多，这时产生的炉渣量也较多。原状煤制气渣和筛出的5mm 以上的颗粒的外观如图 12-15 所示，煤制气渣的化学成分依煤的种类不同而有别，具有代表性的实例如表 12-3 所示。其物理性能指标如表 12-4 所示，据了解，各地煤制气渣的物理性能指标常有较大的差别。

(a)   (b)

图 12-15 煤制气渣的外观

（a）原状煤制气渣；（b）筛出作为骨料的颗粒

表 12-3 煤制气渣的化学组成

化学成分	SiO₂	CaO	Al₂O₃	Fe₂O₃	MgO	Na₂O	K₂O	SO₃	TiO₂	P₂O₅	烧失量
含量（%）	53.60	15.30	13.10	5.75	2.97	2.34	0.81	0.92	0.70	0.12	4.17

表 12-4　煤制气渣的物理性能指标

	紧密堆积干密度（kg/m³）	孔隙率（%）
原状灰渣	950	43.2
<5mm	922	—
≥5mm	984	46

12.3.2　煤制气渣混凝土的性能

原状煤制气渣是灰分和炉渣的混合物，且含有 5% 左右的未燃碳，直接用于混凝土不能掺量太高，所以难以获得明显的技术经济效益。如进行筛分后可将灰分和炉渣分离，并且剔除未燃碳，在实际应用中以灰分作为掺合料，炉渣作为轻骨料，根据工程需要确定各自掺用的比例，必要时采用部分陶粒作为粗骨料，再加入预制泡沫，可以制备出具有良好的热工和力学综合性能的微孔混凝土。中国建筑技术中心以煤制气渣筛出的炉渣配合部分陶粒作为轻骨料，以掺量超过 27% 的灰分作为掺合料制备轻质微孔混凝土（表 12-5 中 1♯ 配合比仅为其中 1 例），用其制作隔墙板达到行业标准 JG/T 169—2016 的技术指标要求；成功试制出以炉渣作为轻骨料，以掺量超过 40% 的灰分作为掺合料的微孔混凝土作为保温层（表 12-5 中 2♯ 配合比仅为其中 1 例），普通混凝土作为持力层的复合外墙板，并获得国家发明专利[9]。用于隔墙板和复合外墙板的煤制气渣微孔混凝土断面形貌分别如图 12-16 中的（a）、（b）所示，由断面形貌照片可见，通过合适的配合比和制作工艺，在上述两种混凝土中的气泡能够达到稳定和均匀分布的良好效果。煤制气渣轻质微孔混凝土的综合力学性能和长期性能仍在进一步研究中。

表 12-5　煤制气渣微孔混凝土的配合比（kg/m³）

编号	水泥	灰分	煤制气渣（≥5mm）	陶粒（自然堆积体积 L）	水	添加剂	泡沫（L）	湿密度	抗压强度 R_{28}（MPa）
1♯	295	110	160	310	160	4	390	900~920	7.4
2♯	260	180	320	—	177	5	450	950~980	6.6

(a)

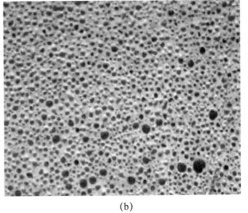
(b)

图 12-16　煤制气渣微孔混凝土的断面形貌
（a）用于隔墙板；（b）用于复合板

12.3.3 煤制气渣人工轻细骨料制备

日本是个能源较为匮乏的国家，为了充分利用煤炭资源和减少 CO_2、SO_x 和 NO_x 等气体的排放，近些年将直接燃煤发电的传统工艺改为先将煤制成燃气，然后燃烧煤制气来发电，有效地减少了有害的气体的排放，同时产生了大量的煤制气渣副产物[7-8]，主要工艺过程如图 12-17 所示。由于煤制气渣含有较多的灰分，并且常含有少量未燃碳，对于作为建筑材料组分利用有负面影响，因此日本煤制气的企业不是简单地排放原状炉渣，而是将其改造为轻细骨料，不仅消除了灰分和未燃碳，而且制成的煤制气渣人工轻细骨料（以下简称 CGS 细骨料）提高了附加值。

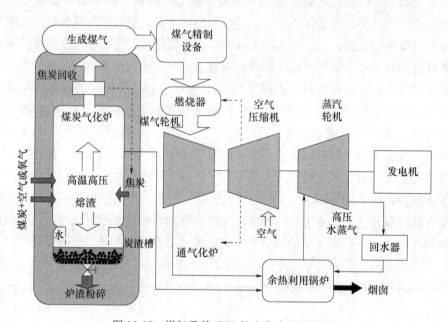

图 12-17　煤气及其 CGS 的生产流程示意图

工艺过程是将制取煤气后的炉渣进一步加热至熔融，内含的矿物分解产生气体而膨胀，使炉渣成为内含大量封闭细小孔隙的球形颗粒，经排放至水中冷却后即成为轻细骨料（CGS），其粒径多为 0.5~5mm，外观形貌如图 12-18 所示，CGS 细骨料的 X 射线衍射图谱如图 12-19 所示[6-8]。可见主要矿物组成分别为石英、钙长石和辉石。日本的研究者对 CGS 细骨料与当地的普通河砂细骨料（以下简称河砂）和市售膨胀页岩轻细骨料（以下简称页岩细骨料）指标进行对比，如表 12-6 所示。可见 CGS 细骨料的物性指标与页岩细骨料相近，而且较后者的表观密度还低一些。

日本的研究者按照 JIS A1146 中规定的骨料碱硅反应试验的砂浆棒法评价 CGS 细骨料的碱活性，结果如图 12-20 所示。可见，CGS 细骨料砂浆棒在龄期 26 周的膨胀率虽稍高于膨胀页岩轻细骨料的情况，但远低于 0.1% 的界限值，因此碱活性是安全的[7]。

图 12-18　CGS 细骨料的外观

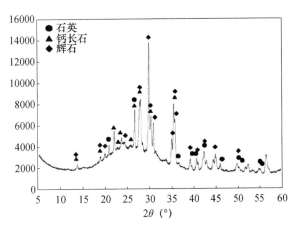

图 12-19　CGS 细骨料的 XRD 图

表 12-6　几种细骨料的物性指标的比较

细骨料种类	表观密度（kg/m³）	吸水率（%）	细度模数
河砂	2.63	1.9	2.9
页岩细骨料	1.84	9.8	2.74
CGS 细骨料	1.46	10.0	2.97

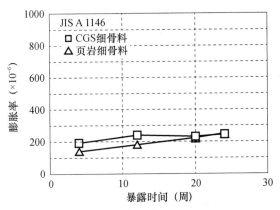

图 12-20　细骨料的碱活性对比试验

12.3.4　煤制气渣人工轻细骨料混凝土的性能

以 CGS 细骨料、河砂和页岩细骨料分别作为配合比原材料中的细骨料，并采用同样的碎石作为粗骨料制备的混凝土，其弹性模量与抗压强度的关系如图 12-21 所示。由图中数据可见，使用 CGS 细骨料与页岩细骨料的混凝土的弹性模量基本相当，但比使用河砂的混凝土约低 15%（图中的符号 N、A 和 G 分别表示使用河砂、页岩细骨料和 CGS 细骨料的混凝土）。图 12-22～图 12-24 分别是关于抗拉强度与抗压强度的相关性、抗冻融性和抗中性化的性能的试验结果[7-8]。

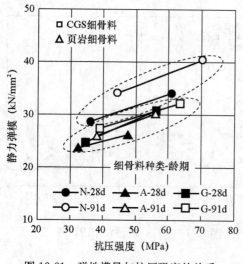

图 12-21　弹性模量与抗压强度的关系

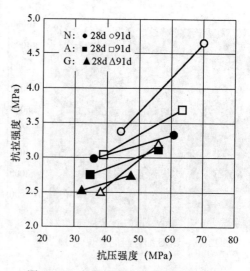

图 12-22　抗拉强度与抗压强度的关系

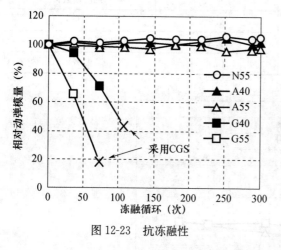

图 12-23　抗冻融性

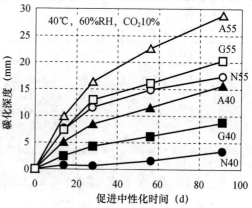

图 12-24　抵抗中性化的性能

由图 12-22 可见，CGS 混凝土的抗拉/抗压强度比与页岩骨料的情况相近，但低于同龄期的河砂混凝土的情况。图 12-23 是上述 3 种细骨料混凝土的动弹模量在冻融循环条件下的经时变化，可见，CGS 混凝土的动弹模量下降得比较快，显示其抗冻融性能远不及另两种骨料的混凝土。出现这种情况的原因：一是由于 CGS 骨料的吸水性比较强，使得 CGS 混凝土吸水性比较强；二是虽然在混凝土制备时引入了 AE 减水剂，但是由于 CGS 骨料的原因，出现比较明显的消泡现象，降低了其抗冻性。消泡现象被认为与 CGS 骨料中残留的灰分或未燃煤分有关，而另外两种骨料的混凝土没有出现明显的消泡现象。

图 12-24 是在试验条件为温度 40℃，相对湿度 60%RH，中性化介质浓度 CO_2 10% 的条件下的试验结果，CGS 骨料混凝土的抗中性化的性能远低于河砂混凝土的情况，但好于页岩细骨料混凝土。可见，选择适合的条件下使用 CGS 骨料，可以最大限度地发挥其长处。

12.4　利用现场砂石土资源制备的复合墙材

12.4.1　工程背景

　　2022 年北京-张家口冬奥会的一些场馆建设于崇礼的山谷中，施工现场开挖施工产生大量的风化砂石和渣土，如何将其在工程中就地利用，减少排放，避免对周围环境生态产生负面影响是绿色建造面临的重要问题。本研究设定的目标为：

　　（1）秉承绿色建造的理念，变废为宝，制作装饰保温一体化墙材要直接利用工程开采出来的砂石土料，实现废弃物近零排放；

　　（2）仿石材装饰面与所处山体的岩石质地和颜色有很高的相似度，达到与山体外观融为一体的效果。

12.4.2　墙材制品的特点及其制备

　　本项目研发团队根据建筑设计的风格和性能要求，对利用现场资源制备装饰保温和结构一体化复合墙材技术进行了深入的研究，并研发了系列产品。

　　工程现场的山体除去一层较薄的表层土后，基本上都是土黄色粗粒花岗石，其内分布着少量黑色云母颗粒（图 12-25），且山体浅层有大量风化石、砂岩以及山砂。根据设计要求和绿色理念，工程采用的装饰保温一体化墙材部品的试制全部的砂石料采用现场石料粉碎成的颗粒和下挖生土，经过多次试验和对质地、颜色的调整，终于达到了与现场山体石材很接近的效果，获得设计单位和业主的认可。各制品的质地和颜色如图 12-26 所示。

（a）　　　　　　　　　　　　　　（b）

图 12-25　工程现场产生的废弃砂石的状况

（a）现场堆积的砂石；（b）石材的细观形貌（水冲洗后）

　　保温隔热层采用湿密度在 $700\sim850\mathrm{kg/m^3}$ 的微孔混凝土，与装饰层依次连续浇筑，两层界面达到良好的封接效果，完全硬化成为一体，没有发生任何开裂现象。为有效利用工程现场挖出的砂、石和渣土制作高附加值的装饰保温结构一体化墙材积累了经验。

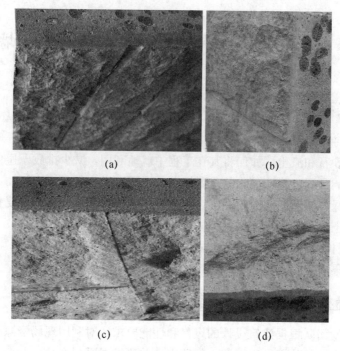

图 12-26　部分复合墙材样品
(a) 仿红色劈裂石；(b) 仿橙色劈裂石；
(c) 仿土红色风化石；(d) 仿土黄色风化石

本章小结

　　本章讨论了可利用再生资源的微孔混凝土的相关试验研究内容，重点是这类环保型混凝土的制备方法和性能特点。减少包括微孔混凝土在内的各类混凝土的生产对天然的不可再生资源的消耗以及对环境的负面影响，是混凝土行业发展面临的任务，尤其是对于我国这样一个人均资源不算多的国家更是如此。工程渣土类、工矿废弃物、工程下挖出来的砂石和生土都是可以通过一定的工艺手段，使其变为可利用的组分材料应用于微孔混凝土、微孔生土墙材或炉渣微孔混凝土材料与制品。

　　此外，介绍了结合相关工程需求，研发利用工程开挖出的砂石和生土材料试制仿石材纹理的装饰保温结构一体化墙材的情况，所探索的技术途径有重要的应用价值。但是在利用废弃物的同时也要关注其环境安全问题，特别是取自工业废渣的再生资源，要根据工程需求和材料特点扬长避短。

本章参考文献

[1] セメント協会編．セメント系固化材による地盤改良マニュアル [M]．(第二版)，技報堂，1994.

[2] 戸田尚旨．地盤改良用固化材 [J]．Gypsum & Lime，No.215，1988.

[3] 渡辺康夫，海野隆哉．盛土材料として使用する気泡モルタルの耐荷性能に関する実験的研究 [C]．コンクリート工学論文集，2002.5.

［4］渡辺康夫，海野隆哉．盛土材料として使用する気泡モルタルのせん断強度に関する実験的研究［C］．コンクリート工学論文集，2002.9.

［5］A. M. MustafaALBakri，H. Kamarudin，M. Bnhussain，etl. The processing, characterization, and properties of fly ash based geo-polymer concrete［J］. Rev. adv. Mater. Sci. 30（2012）.

［6］Roski Rolans Izack Legrans，Fumiyoshi Kondo. Strength improvement of dredged soil through solidification by Eaf slag-based geo-polymer［J］. Bull. Fac. Agr.，Saga Univ. No. 100，（2015）.

［7］蔵重勲，山本武志，市川和芳　ほか．石炭ガス化スラグの付加価値化利用技術の開発，-コンクリート用軽量細骨材への適用性評価-［J］．生産研究，Vol. 59（2），2007.

［8］石川嘉崇，友澤史紀，熊谷茂．石炭ガス化複合発電から生成するスラグのコンクリート用細骨材への利用に関する基礎研究［C］．日本建築学会構造系論文集，Vol. 75，No. 651，2010.5.

［9］石云兴，蒋立红，石敬斌，等．煤制气渣轻质微孔混凝土复合板材的制备方法，发明专利，ZL201410847088.0［P］．2016.